高职高专“十二五”规划精品教材

数字电子技术

蒋卓勤　编著

西安电子科技大学出版社

内容简介

本书根据高职高专电子技术课程教学要求编写。全书充分体现了职业教育的特点和要求，力求做到理论与实际紧密结合，通俗易懂，好学实用。本书共分8章，内容包括数字逻辑基础、逻辑门电路、组合逻辑电路、小规模时序电路及其应用、中规模时序模块及其应用、数/模和模/数转换器原理与应用、存储器与可编程逻辑器件、脉冲单元电路。

本书可作为各类高职高专院校电气、自动化、机电等专业的教材或参考书，也可供相关专业工程技术人员参考。

★本书配有电子教案，需要者可与出版社联系，免费提供。

图书在版编目(CIP)数据

数字电子技术/蒋卓勤编著.

—西安：西安电子科技大学出版社，2007.6(2018.2重印)

高职高专"十二五"规划精品教材

ISBN 978-7-5606-1830-2

Ⅰ.数… Ⅱ.蒋… Ⅲ.数字电路—电子技术—高等学校：技术学校—教材

Ⅳ.TN79

中国版本图书馆CIP数据核字(2007)第056050号

策　　划　臧延新

责任编辑　曹　昳　臧延新

出版发行　西安电子科技大学出版社(西安市太白南路2号)

电　　话　(029)88242885　88201467　　邮　　编　710071

网　　址　www.xduph.com　　电子邮箱　xdupfxb001@163.com

经　　销　新华书店

印刷单位　陕西天意印务有限责任公司

版　　次　2007年6月第1版　2018年2月第6次印刷

开　　本　787毫米×1092毫米　1/16　印张12.125

字　　数　281千字

印　　数　10 601～12 600册

定　　价　25.00元

ISBN 978-7-5606-1830-2/TN·0370

XDUP 2122001-6

前　言

为了适应职业教育的需要，作者根据教育部高教司高职高专院校课程教学要求编写了该教材。

数字电子技术是一门集电路基础、模拟电子电路、数字电路为一体的专业基础课。本书在编写过程中力求以实际应用为主线，以能力培养为根本，按照“必须、实用、够用”的原则，融入国外发达国家的教学理念，注重理论与实际的结合，并将知识进行重新组合与创新，实行整体优化，便于教学和自学。与现有的一些数字电路教材相比，本教材具有以下特点：

(1) 以数字集成电路及其应用贯穿全篇，同时考虑到当前数字电子技术飞速发展的现实，删除了晶体管开关特性、集成电路内部逻辑结构以及复杂的推导过程。内容上作到了简洁易懂、程度适中和重点突出。

(2) 突出了数字电子技术的应用性和实践性，强化了实际应用能力的培养，并配以大量的插图、表格、实物电路和实用电路，便于读者学习。

(3) 加强了中规模集成电路的介绍和应用，并适当介绍了大规模集成电路的原理和典型应用，既注意了与当前专业课的配合，又尽量考虑了今后的发展方向。

(4) 每章都有大量的计算机仿真和精心设计的习题，帮助学生理解，引导学生应用。

本教材由蒋卓勤教授主编，蒋卓勤、黄天录负责全书统稿。第1、2、3章由邓玉元编写，第4、5、6章由黄天录与蒋卓勤编写，第7、8章由蒋卓勤编写。

由于作者的学识水平和时间有限，书中难免存在不妥之处，殷切希望读者给予批评指正。

作　者

2007年3月

目 录

第 1 章　数字逻辑基础

当今世界，“数字”这一术语已成为日常词汇，如在计算机、自动化装置、交通、电信、娱乐、空间探测等几乎所有的生产生活领域中，数字技术都得到了广泛的应用。通过本课程的学习，你会了解数字系统是如何工作的，并可以把所学到的知识应用于数字系统的分析与设计中。

1.1　数字信号与数字电路

1.1.1　模拟量与数字量

自然界中存在的物理量千变万化，但就其变化规律而言，可以分为模拟量和数字量两大类。

模拟量是指在时间上和幅度上都连续变化的物理量。图 1－1(a)所示为某电路电压随时间变化的曲线。很显然，电压是随着时间的增加而连续变化的。再如一天中温度的变化也是连续的，所以，温度和电压等都属于模拟量。

数字量是指在时间上和幅度上都是不连续变化的物理量，或者说是离散的物理量，如开关的状态、生产线上产品的件数、人口统计时人口的数量等。图 1－1(b)所示为某学校近几年的招生人数变化图，从图中可以看到，每年招生人数是跳跃式变化的，而非连续变化。

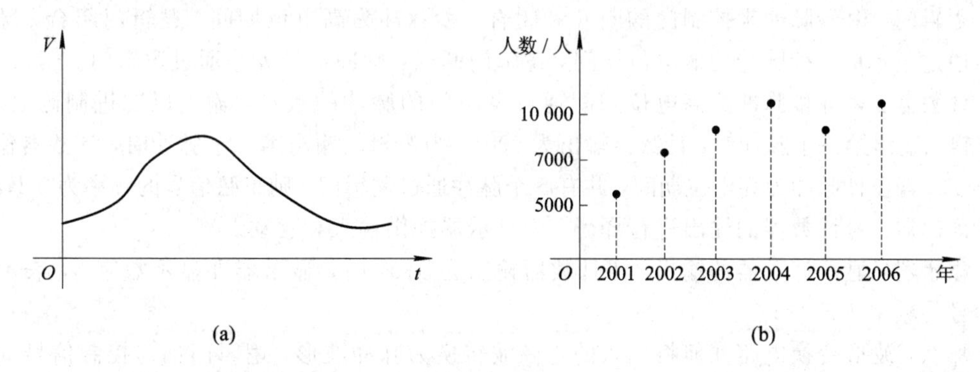

图 1－1　模拟量与数字量

(a) 电压随时间变化曲线；(b) 学校招生人数变化图

模拟量的数字化是对模拟量分离取值的过程。如对气温的统计，每间隔一定时间记录一次，只按整度数记录，最小的表示单位是“度”，而实际气温变化是连续的。所以，记录气温的过程实际上是对模拟量数字化的结果。

数字量有一个最小数量单位，每次数值变化的增量或减量都是该最小数量单位的整数倍，而小于这个最小数量单位的数值没有任何意义，如人口统计中的最小量化单位是一人。

1.1.2 数字信号和数字电路

表示数字量的信号称为数字信号，以数字信号方式工作的电路称为数字电路。一位数字信号只有 0 和 1 两个数码，用电路状态表示这两个数非常方便。相对模拟电路而言，数字电路具有误差小、抗干扰能力强、精度高等优点。

在数字电路中，我们将研究脉冲信号的产生与变换电路、分析与设计数字电路的数学工具——逻辑代数、组合电路和时序电路的分析与设计等。图 1－2 所示为一个数字频率计，它用来测量输入正弦信号的频率，其中包含了许多数字电路。

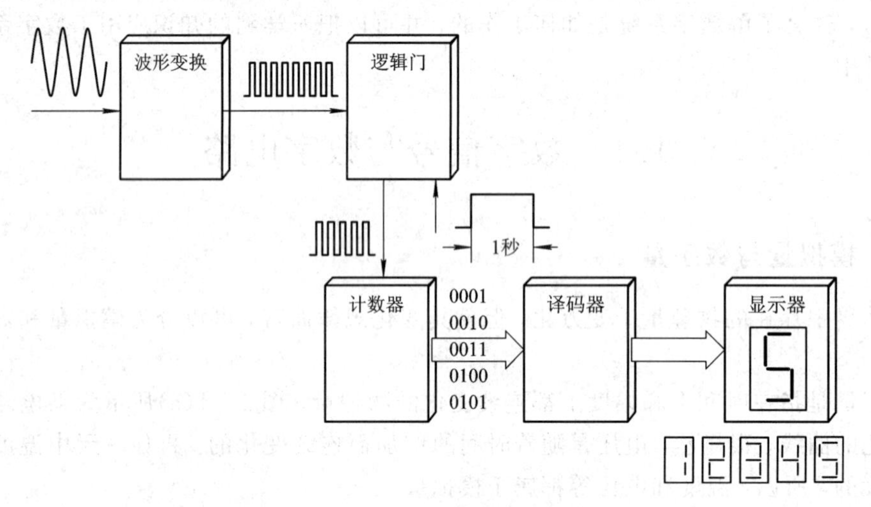

图 1－2 数字频率计组成框图

图 1－2 中各部分的功能如下：

波形变换：将输入的正弦波变换为脉冲波形输出。

逻辑门：由秒脉冲来控制门的断开和闭合。秒脉冲为高电位期间，逻辑门闭合，脉冲信号通过逻辑门；秒脉冲为低电位期间，逻辑门断开，脉冲信号无法通过逻辑门。

计数器：累计秒脉冲为高电位期间通过逻辑门的脉冲的数量，输出以二进制码表示。当逻辑门输出第一个脉冲时，计数器输出为 0001；当逻辑门输出第二个脉冲时，计数器输出为 0010。若在秒脉冲为高电位期间，共有 5 个脉冲通过逻辑门，则正弦信号的频率为 5 Hz。

译码器：对计数器的输出进行译码，为显示器提供输入和驱动。

显示器：显示计数器的输出。当计数器输出为 0101 时，显示器即显示数字 5，表示正弦信号的频率为 5 Hz。

那么，波形变换电路如何将输入的正弦波转换为脉冲波形，逻辑门如何控制信号的通与断，计数器如何统计门电路输出的脉冲数，译码器如何译码，显示器又是如何来显示门电路输出的脉冲数，所有这些问题在我们学完了这门课之后都能得到圆满的解决。

1.2 数制与编码

1.2.1 数制

用数字量表示物理量的大小时，仅用一位数码往往不够用，因此通常需要用进位计数的方法来表示多位数码。我们把多位数码中每一位的构成方法以及从低位到高位的进位规则称为数制。

在日常生活中，常用的数制有很多。除了人们熟悉并常用的十进制外，还有时间单位中秒和分之间采用的六十进制，月和年之间采用的十二进制等。在数字系统中，广泛采用的则是二进制、八进制和十六进制。

1. 十进制

十进制是日常生活和工作中最常用的进位计数制。在十进制数中，每一位可以是 0～9 这 10 个数码中的一个。我们把十进制数中每一位可能出现的数码的个数称之为十进制计数的基数，所以，十进制数的基数是 10。低位和相邻高位间的进位关系为“逢十进一”。

例如，任意一个十进制数，如$(25)_{10}$(本书中用下脚注表示括号里的数的进制数。下脚注 10 表示括号里的数为十进制数)，都可以写成下面的表达式：

$$(25)_{10}=2\times10^1+5\times10^0$$

从上式可以看出，十进制数中的每一位数码都乘上了 10 的幂次方。我们把 10^2、10^1、10^0 分别称为十进制数各位对应的权值，其大小为基数的幂次方。

2. 二进制

在数字电路中应用最广的计数进制是二进制。在二进制数中，每一位仅有 0 和 1 两个可能的数码，所以二进制数的基数为 2。低位和相邻高位间的进位关系为“逢二进一”，故称二进制。二进制数各位的权为 2^i。

例如，二进制数$(1011)_2$ 可以展开为

$$(1011)_2=1\times2^3+0\times2^2+1\times2^1+1\times2^0=(11)_{10}$$

上式表明，二进制数$(1011)_2$ 代表的十进制数的大小为 11。

二进制数的物理实现简单、易行、可靠，并且存储和传送方便，运算规则简单，在数字电路中得到了广泛的应用，但是二进制数书写位数太多，不便于记忆且不便于读出其大小。为此数字电路中也常采用八进制和十六进制。

3. 八进制

八进制数的每一位有 0～7 共 8 个可能的数码，所以计数基数为 8。低位和相邻高位间的进位关系为“逢八进一”。

例如，八进制数$(372)_8$ 可以展开为

$$(372)_8=3\times8^2+7\times8^1+2\times8^0=(250)_{10}$$

所以，八进制数$(372)_8$ 代表的十进制数的大小为 250。

4. 十六进制

十六进制数的每一位有 16 个可能的数码，分别用 0～9、A(10)、B(11)、C(12)、D(13)、E(14)、F(15)表示，字母 A～F 分别表示十六进制数的 10～15。十六进制数的基数为 16，进位规律为“逢十六进一”。

例如，十六进制数$(D7)_{16}$可以展开为

$$(D7)_{16}=13\times16^1+7\times16^0=(215)_{10}$$

所以，十六进制数$(D7)_{16}$表示的十进制数的大小为 215。

1.2.2 数制间的转换

数字电路中常使用的是二进制数，而我们熟悉的是十进制数，所以，在输入/输出接口上，经常需要进行数制之间的转换。

1. 二—十转换

把二进制数转换为等值的十进制数称为二—十转换。转换时只要将二进制数按多项展开式展开，求出系数与位权之积，然后把各项乘积相加，即可得到等值的十进制数了。

【例1.1】 把二进制数$(101111)_2$转换为十进制数。

$$(101111)_2=1\times2^5+0\times2^4+1\times2^3+1\times2^2+1\times2^1+1\times2^0=(47)_{10}$$

其它进制数转换为十进制数的方法与二—十转换的方法是类似的，在此不再叙述。

2. 十—二转换

十—二转换是指把十进制数转换为等值的二进制数。

【例1.2】 把$(21)_{10}$转换为二进制数。

转换方法采用“除2取余法”，即将十进制数的整数部分除以2，得到商和余数，该余数即为二进制数整数部分的最低位K_0；将除以2所得的商再次除以2，则所得余数为K_1；依次类推，直到商等于0为止，即可求得二进制整数的每一位了。

其整数部分的除法算式如下：

2|21…………1……K_0……最低位
2|10…………0……K_1
2| 5…………1……K_2
2| 2…………0……K_3
2| 1…………1……K_4 最高位
0

所以，$(21)_{10}=(10101)_2$。

将十进制整数转换为八进制、十六进制数的方法与十—二转换相同，即采用“除R取余”的方法。

【例1.3】 将$(53)_{10}$转换为八进制数。

其整数除法算式如下：

8|53…………5……K_0
8|6…………6……K_1
0

所以，$(53)_{10}=(65)_8$。

3. 二—八、十六转换

二进制转换为八进制或十六进制时，其整数部分从低位向高位每三位或四位为一组，最高一组不够时，用0补足，然后把每三位一组或四位一组的二进制数用相应的八进制或十六进制数表示。

【例1.4】 将$(11011100)_2$分别转换为八进制数和十六进制数。

分别将二进制数三位、四位一组可得：

$$(11011100)_2=(11,011,100)_2=(334)_8$$

$$(11011100)_2=(1101,1100)_2=(DC)_{16}$$

4. 八、十六—二转换

转换时只需将八、十六进制数的每一位用等值的三位、四位二进制数替代就行了。

【例 1.5】 将$(54)_8$、$(A8)_{16}$转换为二进制数。

$$(54)_8=(101,100)_2$$

$$(A8)_{16}=(1010,1000)_2$$

1.2.3　编码

用特定的数码来表示不同的事物的过程称为编码。日常生活中关于编码的例子有很多，如电视机的遥控器、电脑、手机、计算器的输入设备——键盘等，都是通过编码的原理将输入要求转换为电视、电脑、手机能够识别的二进制代码。

通常，经过编码后得到的特定数码已没有表示数量大小的含义，只是表示不同事物的代号而已，这些数码常称为代码。例如在举行体育比赛时，为便于识别运动员，通常给每个运动员编一个号。显然，这些号码仅仅表示不同的运动员，已失去了数量大小的含义。

为便于记忆和处理，在编制代码时总要遵循一定的规则，从而形成不同的编码形式。数字电路中常用的编码为二进制编码。常见的二进制编码如下。

1. 二—十进制码(BCD码)

二—十进制码是指用四位二进制代码表示一位十进制数的编码方式，简称BCD码。由于四位二进制数共有16种组合，从中取出10个来表示一位十进制数，可以有很多种方案，即有多种不同的编码。表1-1列出了几种常见的BCD码。

表1-1　几种常见的BCD码

十进制数	8421码	5421码	2421码	余3码
0	0000	0000	0000	0011
1	0001	0001	0001	0100
2	0010	0010	0010	0101
3	0011	0011	0011	0110
4	0100	0100	0100	0111
5	0101	1000	1011	1000
6	0110	1001	1100	1001
7	0111	1010	1101	1010
8	1000	1011	1110	1011
9	1001	1100	1111	1100

8421BCD码是BCD代码中最常用的一种。由于代码中从左到右每一位的1分别表示8、4、2、1，所以把这种码叫作8421码。每一位的1代表的十进制数称为这一位的权。所以，8421码为一种有权码，即把每一位的1代表的十进制数相加，得到的结果就是它所表示的十进制数码。如$(1001)_{8421BCD}=1\times8+0\times4+0\times2+1\times1=(9)_{10}$。

5421码、2421码是另外两种有权码，只是权值和8421码不同。如$(1001)_{5421BCD}=1\times5$

$+1\times1=(6)_{10}$。

余3码的编码规则和8421码、5421码、2421码不同。如果把每一个余3码看作四位二进制数，则它所对应的十进制数值要比它表示的十进制数多3，所以称这种码为余3码。余3码中，每一个余3码和它所表示的十进制数之间没有数值对应关系，所以，余3码属于无权码。

表示一个十进制数可以有很多种编码形式。例如，十进制数75可以表示为

$$(75)_{10}=(01110101)_{8421BCD}=(10101000)_{5421BCD}=(10101000)_{余3码}$$

***2. 格雷码**

格雷码是一种无权码，其特点是任意两个相邻码组之间只有一位代码不同。表1-2给出了四位格雷码的编码顺序。格雷码在传输过程中引起的误差较小，所以是一种高可靠性编码。

表1-2 四位格雷码

十进制数	二进制码				格雷码			
	B_3	B_2	B_1	B_0	G_3	G_2	G_1	G_0
0	0	0	0	0	0	0	0	0
1	0	0	0	1	0	0	0	1
2	0	0	1	0	0	0	1	1
3	0	0	1	1	0	0	1	0
4	0	1	0	0	0	1	1	0
5	0	1	0	1	0	1	1	1
6	0	1	1	0	0	1	0	1
7	0	1	1	1	0	1	0	0
8	1	0	0	0	1	1	0	0
9	1	0	0	1	1	1	0	1
10	1	0	1	0	1	1	1	1
11	1	0	1	1	1	1	1	0
12	1	1	0	0	1	0	1	0
13	1	1	0	1	1	0	1	1
14	1	1	1	0	1	0	0	1
15	1	1	1	1	1	0	0	0

1.3 逻辑代数的基本定律与规则

逻辑代数是英国数学家乔治·布尔(George Boll)在19世纪中叶提出的，是用来描述客观事物之间逻辑关系的数学工具，故又称为布尔代数。后来香农(Shannon)将布尔代数用到开关矩阵电路中，因而又称为开关代数。现在，逻辑代数被广泛用于数字逻辑电路和计算机电路的分析与设计中，成为数字逻辑电路的理论基础，是数字电路分析和设计的数学工具。

1.3.1　逻辑变量与逻辑函数

1. 逻辑变量

和初等代数中变量用字母表示一样，逻辑代数中的变量也用字母A、B、C等表示，这种变量称为逻辑变量。逻辑变量虽然也用字母表示，但其表示的含义以及取值都发生了变化。逻辑变量只有"1"和"0"两种可能的取值。这里"1"和"0"已不再表示数值的大小，而是代表完全对立的两种状态。例如，如果用"1"表示开关闭合，"0"则表示开关断开；用"1"表示高电位，"0"则表示低电位。

2. 逻辑函数

逻辑变量按照一定的逻辑运算规则构成的运算关系称为逻辑函数，用F=f(A，B，C，…)表示，式中，A、B、C称为输入逻辑变量(简称输入变量)，F称为逻辑函数。实际上，逻辑函数F也只有"0"和"1"两种取值，所以F也是一个逻辑变量。

3. 逻辑函数的描述

同一逻辑函数可有多种描述方法：逻辑表达式、真值表、卡诺图、逻辑图、波形图等。

(1) 逻辑表达式。用逻辑代数的基本运算表示逻辑变量之间关系的代数式叫作逻辑表达式。逻辑表达式的形式很多，基本的逻辑表达式有两种：与或式和或与式。

(2) 真值表。逻辑函数的真值表是一张用来描述输入变量与输出函数对应取值关系的表格。在真值表中，输入变量的各种取值组合和函数取值一一对应。

(3) 卡诺图。卡诺图是图形化的真值表，如果把各种输入变量取值组合下的输出函数值填入一种特殊的方格图中，即可得到逻辑函数的卡诺图。

(4) 逻辑图。用代表逻辑关系的逻辑符号所构成的逻辑函数关系图形叫作逻辑电路图，简称逻辑图。

(5) 波形图。根据输入变量的波形画出与之相对应的输出函数波形，即得到逻辑函数的工作波形图。

以上各种描述方法将在后面逐一介绍。

1.3.2　基本逻辑运算

和初等代数中有加、减、乘、除等基本运算一样，逻辑代数中也有基本逻辑运算。逻辑代数遵循逻辑运算规则，初等代数中的运算规则在逻辑代数中已不再适用，学习时一定要注意。

逻辑代数中的基本逻辑关系有三种：与逻辑、或逻辑、非逻辑。与之对应，逻辑代数中有三种基本的逻辑运算：与运算、或运算、非运算。

1. 与逻辑

为了便于理解与逻辑的含义，我们来看一个简单的开关电路。

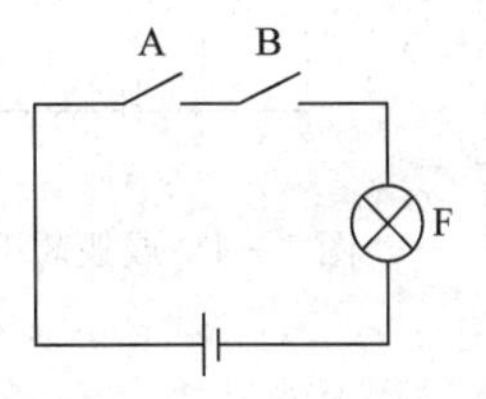

图1-3　与逻辑开关电路

图1-3中，只要A、B两个开关中有一个是断开的，指示灯F就不会发亮，而只有当

A、B两个开关同时闭合时，指示灯F才会发亮。也就是说，指示灯能否发亮取决于开关A、B的状态。如果把灯亮作为结果，决定灯亮时开关A、B的状态作为条件，我们称这种条件与结果之间的关系叫作与逻辑关系，简称与逻辑，也叫作逻辑乘。

在逻辑代数中，把与逻辑关系看作变量A、B之间的一种基本逻辑运算，简称与运算。描述与逻辑关系的表达式称为与逻辑表达式。与逻辑表达式为

$$F=A\cdot B=AB=A\times B$$

其中，“·”、“×”均表示与逻辑的运算符，读做“与”或“逻辑乘”。

若以A、B表示开关的状态，并用1表示开关闭合，用0表示开关断开；以F表示指示灯的状态，并用1表示灯亮，用0表示灯灭，则可列出用0、1表示的与逻辑关系的图表，如表1-3所示。这种图表叫作逻辑真值表，简称真值表。可见，所谓真值表是指把逻辑变量取值的所有可能组合及其对应的结果列成表格的形式。

表1-3 与逻辑真值表

输入		输出
A	B	F
0	0	0
0	1	0
1	0	0
1	1	1

由真值表可知，与运算的运算规则是：输入全1，输出才为1，即

$$0\cdot 0=0$$
$$1\cdot 0=0\cdot 1=0$$
$$1\cdot 1=1$$

2. 或逻辑

或逻辑可以用图1-4所示的开关电路来帮助理解。图1-4中A、B两个开关只要有一个或一个以上是闭合的，指示灯F就会发亮。这种条件与结果之间的关系叫作或逻辑关系，简称或逻辑，也叫作逻辑加。或逻辑表达式为

$$F=A+B$$

其中，“＋”为或逻辑的运算符，读做“或”或“逻辑加”。

和描述与逻辑一样，若以A、B表示开关的状态，并用1表示开关闭合，用0表示开关断开；以F表示指示灯的状态，并用1表示灯亮，用0表示灯灭，则可列出或逻辑关系的真值表，如表1-4所示。

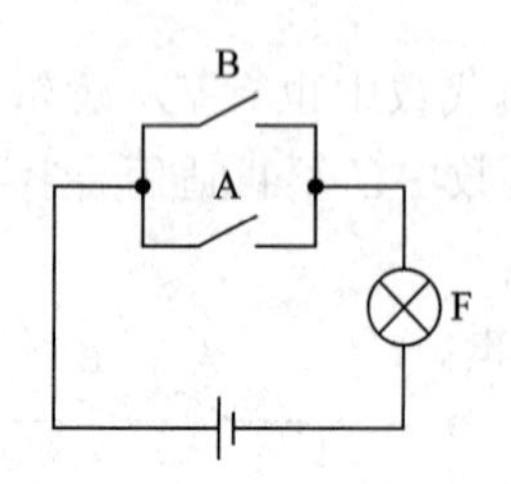

图1-4 或逻辑开关电路

表1-4 或逻辑真值表

输入		输出
A	B	F
0	0	0
0	1	1
1	0	1
1	1	1

由或逻辑的真值表可以得到或运算的运算规则是：输入有1，输出就为1，即

$$0+0=0$$
$$0+1=1+0=1$$
$$1+1=1$$

3. 非逻辑

图 1－5 中开关 A 闭合时，指示灯不亮；开关断开时，指示灯反而发亮。这种条件与结果之间的关系叫作非逻辑关系，简称非逻辑，也叫作逻辑求反。非逻辑的真值表如表 1－5 所示。

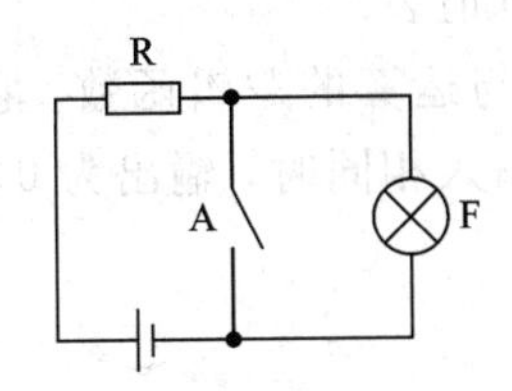

图 1－5　非逻辑开关电路

表 1－5　非逻辑真值表

输入	输出
A	F
0	1
1	0

非逻辑的运算关系表达式为

$$F=\overline{A}$$

其中，变量 A 上的短横线代表逻辑非，读作“A 非”或“非 A”。非运算的运算规则是：输出与输入相反，即

$$\overline{1}=0$$
$$\overline{0}=1$$

4. 复合逻辑关系

与、或、非是逻辑代数中最基本的逻辑运算，而复杂的逻辑问题往往需要用与、或、非的复合逻辑运算来实现。比较常见的复合逻辑运算有与非、或非、与或非、异或和同或等。表 1－6 给出了这些关系的真值表。

（1）与非逻辑。把与逻辑运算和非逻辑运算相结合可实现与非逻辑。其逻辑关系式为

$$F=\overline{AB}$$

运算顺序为：先进行与运算，然后进行非运算。由真值表 1－6 可知，只有 A、B 全部为 1 时，输出才为 0。与非运算规则是：输入全 1，输出才为 0。

表 1－6　复合逻辑关系真值表

运　算	与　非			或　非			异　或			同　或		
逻辑表达式	$F=\overline{AB}$			$F=\overline{A+B}$			$F=A\oplus B$			$F=A\odot B$		
真值表	A	B	F	A	B	F	A	B	F	A	B	F
	0	0	1	0	0	1	0	0	0	0	0	1
	0	1	1	0	1	0	0	1	1	0	1	0
	1	0	1	1	0	0	1	0	1	1	0	0
	1	1	0	1	1	0	1	1	0	1	1	1

(2) 或非逻辑。把或逻辑运算和非逻辑运算相结合可实现或非逻辑。其逻辑关系式为

$$F=\overline{A+B}$$

运算顺序为：先进行或运算，然后进行非运算。由真值表 1-6 可知，只要 A、B 中有 1，则输出为 0。或非运算规则是：输入有 1，输出就为 0。

(3) 与或非逻辑。与或非逻辑关系式为

$$F=\overline{AB+CD}$$

运算顺序为：先进行与运算，然后进行或运算，最后进行非运算。只有 A、B 全为 1 或 C、D 全为 1 时，输出为 0，否则为 1。请读者自己列出其真值表。

(4) 异或逻辑。异或逻辑是只有两个输入逻辑变量参与运算的逻辑函数。它表示这样一种逻辑关系：当两个输入不同时，输出为 1；而当两个输入相同时，输出为 0。其逻辑关系式为

$$F=A\oplus B=A\overline{B}+\overline{A}B$$

(5) 同或逻辑。同或逻辑也是只有两个输入逻辑变量参与运算的逻辑函数。它表示这样一种逻辑关系：当两个输入相同时，输出为 1；而当两个输入不同时，输出为 0。其逻辑关系式为

$$F=A\odot B=AB+\overline{A}\cdot\overline{B}$$

由真值表 1-6 可知，异或和同或互为非运算。

1.3.3 逻辑代数的基本定律

熟悉和掌握逻辑代数的基本定律和规则，将为分析和设计数字电路提供许多方便。逻辑代数的基本定律有：

(1) 交换律：$A\cdot B=B\cdot A$；$A+B=B+A$

(2) 结合律：$(A\cdot B)\cdot C=A\cdot(B\cdot C)$；$(A+B)+C=A+(B+C)$

(3) 分配律：$A\cdot(B+C)=AB+AC$；$A+BC=(A+B)(A+C)$

(4) 0-1 律：$1\cdot A=A$；$0+A=A$

$0\cdot A=0$；$1+A=1$

(5) 互补律：$A\cdot\overline{A}=0$；$A+\overline{A}=1$

(6) 重叠律：$A\cdot A=A$；$A+A=A$

(7) 还原律：$\overline{\overline{A}}=A$

(8) 反演律(德·摩根定律)：$\overline{A\cdot B}=\overline{A}+\overline{B}$；$\overline{A+B}=\overline{A}\cdot\overline{B}$

(9) 吸收律：$A+AB=A$；$A(A+B)=A$

$A+\overline{A}B=A+B$；$A(\overline{A}+B)=AB$

(10) 冗余项定理：$AB+\overline{A}C+BC=AB+\overline{A}C$

以上定律均可采用真值表法来证明。我们知道，如果两个逻辑函数具有完全相同的真值表，则这两个逻辑函数相等。

【例 1.6】 证明：$A+\overline{A}B=A+B$

证：列出等式两边的真值表，如表 1-7 所示，在逻辑变量 A、B 的所有可能取值中，$A+\overline{A}B$ 与 $A+B$ 的函数值均相等，所以等式成立。

表1-7　例1.6真值表

A	B	$\overline{A}B$	$A+\overline{A}B$	A+B
0	0	0	0	0
0	1	1	1	1
1	0	0	1	1
1	1	0	1	1

值得注意的是，虽然逻辑代数的基本定律与初等代数有某些相同或相近的形式，但是它们毕竟是两种完全不同的运算(初等代数为数值运算，而逻辑代数是逻辑变量之间的运算)。因此，不应把一些初等代数的定理错误地用到逻辑代数中。例如在逻辑代数中，只有与、或、非运算，不存在减法运算，即不能把等式两边相同的项消去。例如等式：

$$\overline{A}B+A\overline{B}+AB=A+B+AB$$

经过证明是正确的，但是若消去两边相同的AB项，则等式不成立，即

$$\overline{A}B+A\overline{B}\neq A+B$$

1.3.4　逻辑代数的三个基本规则

逻辑代数除了执行上述基本定律外，还应遵循以下三条基本规则。

1. 代入规则

在任何逻辑代数等式中，如果等式两边所有出现某一变量的位置都代以一个逻辑函数，则等式仍然成立。

例如：已知$\overline{AB}=\overline{A}+\overline{B}$，若用Z=AC代替等式中的A，根据代入规则，等式仍成立，即

$$\overline{AC\cdot B}=\overline{AC}+\overline{B}=\overline{A}+\overline{B}+\overline{C}$$

运用代入规则，可以把上述基本定律进行推广。如依据吸收律，有A+AB=A，运用代入规则，则有

$$A\overline{B}+A\overline{B}(C+DE)=A\overline{B}$$

2. 对偶规则

对任何一个逻辑函数F，如果将F中所有的“·”换成“+”，“+”换成“·”，“1”换成“0”，“0”换成“1”，而变量保持不变，那么就可得到一个新的函数，该函数称为F的对偶函数，用F'表示。

【例1.7】　已知$F=AB+\overline{A}C$，求该函数的对偶函数。

解：利用对偶规则，可得函数F的对偶函数为

$$F'=(A+B)\cdot(\overline{A}+C)$$

如果两个逻辑表达式相等，即F=G，那么它们的对偶式也相等，即$F'=G'$。同时，对一个函数求两次对偶仍等于原函数，即$(F')'=F$。因此，在证明逻辑等式时，当直接证明不太容易时，不妨试一试证明其对偶函数相等。

3. 反演规则

将逻辑函数F中的“·”、“+”互换，“0”、“1”互换，原变量变反变量，反变量变原变

量，即可得到一个新的函数，这个函数称为函数 F 的反演式(或叫做反函数)，用 $\overline{F}$ 表示。

利用反演规则可方便地求出一个逻辑函数的反函数。在运用反演规则、对偶规则时需要注意逻辑运算的优先顺序，即先变换与运算，然后再变换或运算。

【例 1.8】 利用反演规则求下列函数的反函数。

(1) $F=AB+\overline{A}C$

(2) $F=A(\overline{B}+C)$

(3) $F=A+BC$

解：(1) 该函数的反函数 $\overline{F}=(\overline{A}+\overline{B})\cdot(A+\overline{C})$。

(2) 该函数的反函数 $\overline{F}=\overline{A}+B\overline{C}$。

(3) 该函数的反函数 $\overline{F}=\overline{A}(\overline{B}+\overline{C})$。

1.3.5 逻辑函数的公式化简法

在数字电路中，同一逻辑函数表达式可以有多种不同的表达形式。即使是同一种函数形式，有时也有多种不同的表示。如：

$$\begin{aligned} F &= AC+\overline{A}B && \text{与或式} \\ &= (A+B)(\overline{A}+C) && \text{或与式} \\ &= \overline{\overline{AC}\cdot\overline{\overline{A}B}} && \text{与非-与非式} \\ &= \overline{\overline{A+B}+\overline{\overline{A}+C}} && \text{或非-或非式} \\ &= \overline{\overline{A}\cdot\overline{B}+A\overline{C}} && \text{与或非式} \end{aligned}$$

具体采用何种表达式，应视具体情况而定。表达式越简单，它所表示的逻辑关系就越明了，同时也可用最少的电子器件来实现这个逻辑函数。

求最简表达式的过程就是逻辑函数化简的过程。在各种逻辑函数表达式中，最常用的是与或表达式。因为它很容易推导出其它形式的表达式，所以在此重点讨论与或式的化简。那么，什么样的逻辑函数的与或式是最简与或式呢，我们可以从以下两个方面进行判断：

(1) 与或式中乘积项(与项)的个数是否最少；

(2) 与或式中每个乘积项包含的变量个数是否最少。

如果化简后的逻辑函数的与或式符合上面两个最少，则该函数即为最简与或式。公式化简法就是用逻辑代数的公式、定律与规则等进行逻辑函数化简的方法，化简的过程就是不断地用等式变换的方法消去函数式中多余的乘积项和因子，使函数式变的最简单。常用的方法有：并项法、吸收法、利用冗余项定理化简等。

1. 并项法

利用互补律 $A+\overline{A}=1$ 将两项合并为一项，合并时消去一个变量。

【例 1.9】 利用互补律化简下列函数。

(1) $\overline{A}\cdot\overline{B}C+\overline{A}\cdot\overline{B}\cdot\overline{C}$

(2) $A(BC+\overline{B}\cdot\overline{C})+A(B\overline{C}+\overline{B}C)$

解：(1) $\overline{A}\cdot\overline{B}C+\overline{A}\cdot\overline{B}\cdot\overline{C}=\overline{A}\cdot\overline{B}(C+\overline{C})=\overline{A}\cdot\overline{B}$

(2) $A(BC+\overline{B}\cdot\overline{C})+A(B\overline{C}+\overline{B}C)=ABC+A\overline{B}\cdot\overline{C}+AB\overline{C}+A\overline{B}C$

$=AB(C+\overline{C})+A\overline{B}(C+\overline{C})=AB+A\overline{B}=A(B+\overline{B})=A$

2. 吸收法

利用吸收律 $A+AB=A$ 吸收掉多余的项。

【例 1.10】 利用吸收法化简下列函数。

(1) $\bar{B}+A\bar{B}D$

(2) $\bar{A}B+\bar{A}BCD(E+F)$

解：(1) $\bar{B}+A\bar{B}D=\bar{B}$

(2) $\bar{A}B+\bar{A}BCD(E+F)=\bar{A}B$

3. 利用冗余项定理化简

冗余项定理可表示为 $AB+\bar{A}C+BC=AB+\bar{A}C$。在冗余项定理中，等式左边的项 BC 去掉或保留时，等式均成立，这样的项叫冗余项。冗余项是逻辑函数化简中非常有用的项。它的构成原则是：在一个与或表达式中，一个与项包含了一个变量的原变量（AB 中含变量 A），而另一个与项包含了这个变量的反变量（$\bar{A}C$ 中含反变量 $\bar{A}$），则这两项其余因子的乘积构成了新的一项（BC），称为添加项或称冗余项。

冗余项的引入或者消去对逻辑函数的结果不产生影响，如反复引用冗余项可使函数式简化。

【例 1.11】 利用冗余项定理化简下列函数。

(1) $A+\bar{A}B$

(2) $AB+\bar{A}\cdot\bar{B}C+BC$

(3) $AB+\bar{A}C+\bar{B}C$

(4) $\bar{A}+\bar{B}+AB(C+D)$

(5) $AB+\bar{A}C+\bar{B}C$

解：(1) $A+\bar{A}B=A+\bar{A}B+B$　　（B 为冗余项）

$=A+B$　　（利用吸收律）

(2) $AB+\bar{A}\cdot\bar{B}C+BC=AB+\bar{A}\cdot\bar{B}C+BC+\bar{A}C$　　（冗余项 $\bar{A}C$）

$=AB+BC+\bar{A}C$　　（消去 $\bar{A}\cdot\bar{B}C$）

$=AB+\bar{A}C$　　（BC 为 AB 与 $\bar{A}C$ 的冗余项，可消去）

(3) $AB+\bar{A}C+\bar{B}C=AB+\bar{A}C+BC+\bar{B}C$　　（BC 为冗余项）

$=AB+\bar{A}C+C$　　（合并 BC 和 $\bar{B}C$）

$=AB+C$　　（利用吸收律）

实际上，在化简逻辑函数时，往往需要综合运用以上各种方法。例如：

(4) $\bar{A}+\bar{B}+AB(C+D)=\overline{AB}+AB(C+D)$

$=\overline{AB}+(C+D)$　　（公式 $A+BC=(A+B)(A+C)$）

(5) $AB+\bar{A}C+\bar{B}C=AB+(\bar{A}+\bar{B})C$

$=AB+\overline{AB}C$　　（利用反演律）

$=AB+\overline{AB}C+C$　　（冗余项定理）

$=AB+C$

1.4 逻辑函数的卡诺图化简

公式法化简逻辑函数，除了要能熟练运用公式外，更多的是依赖于经验，而且对于比较复杂的函数，公式法化简往往有一定的难度。卡诺图化简法不需要记忆大量的公式，只要掌握了方法，总可以化简逻辑函数。

1.4.1 逻辑函数的最小项表达式

1. 最小项

最小项是这样一些"与"项(通常称为乘积项)：它包含了所有的输入变量；每个变量以原变量或反变量的形式出现一次，且仅出现一次，这样的乘积项称为最小项，用 m 表示。

以三个变量 A、B、C 为例：$\overline{A}\cdot\overline{B}\cdot\overline{C}$，$\overline{A}\cdot\overline{B}C$，$\overline{A}B\overline{C}$，$\overline{A}BC$，$A\overline{B}\cdot\overline{C}$，$A\overline{B}C$，$AB\overline{C}$，ABC，这 8 个乘积项符合最小项的特点，构成三变量 A、B、C 的所有最小项。三个变量有 8 个最小项，n 个变量有 2^n 个最小项。三变量最小项真值表如表 1－8 所示。

表 1－8 三变量最小项真值表

A B C	m_0 $\overline{A}\cdot\overline{B}\cdot\overline{C}$	m_1 $\overline{A}\cdot\overline{B}C$	m_2 $\overline{A}B\overline{C}$	m_3 $\overline{A}BC$	m_4 $A\overline{B}\cdot\overline{C}$	m_5 $A\overline{B}C$	m_6 $AB\overline{C}$	m_7 ABC
0 0 0	1	0	0	0	0	0	0	0
0 0 1	0	1	0	0	0	0	0	0
0 1 0	0	0	1	0	0	0	0	0
0 1 1	0	0	0	1	0	0	0	0
1 0 0	0	0	0	0	1	0	0	0
1 0 1	0	0	0	0	0	1	0	0
1 1 0	0	0	0	0	0	0	1	0
1 1 1	0	0	0	0	0	0	0	1

由真值表 1－8 可以看出，对最小项 $\overline{A}\cdot\overline{B}\cdot\overline{C}$，只有当 A、B、C 取 000 时，$\overline{A}\cdot\overline{B}\cdot\overline{C}=\overline{0}\cdot\overline{0}\cdot\overline{0}=1\cdot1\cdot1=1$，其它 7 组取值，$\overline{A}\cdot\overline{B}\cdot\overline{C}$ 均为 0。所以，对应变量 A、B、C 的 8 种取值，最小项 $\overline{A}\cdot\overline{B}\cdot\overline{C}$ 为 1 的概率是最小的，所以称这些项为最小项。

为方便起见，常对最小项编号。编号的方法是：把使最小项为 1 的变量取值组合看成二进制数，与这个二进制数所对应的十进制数就是该最小项的编号。例如：最小项 $A\overline{B}\cdot\overline{C}$ 为 1 时对应的变量取值组合为 100，二进制数 100 对应的十进制数为 4，故将最小项 $A\overline{B}\cdot\overline{C}$ 记作 m_4。同理，最小项 $AB\overline{C}$ 为 1 时对应的变量取值组合为 110，二进制数 110 对应的十进制数为 6，故将最小项 $AB\overline{C}$ 记作 m_6。其它最小项编号类同。

2. 最小项的性质

从表 1－8 中可看出最小项具有下列性质：

(1) 对于任一最小项，只有一组变量取值使其值为 1，在其它变量取值下，其值均为 0；

(2) 任意两个最小项的乘积恒为 0；

(3) 所有最小项之和恒为 1。

3. 最小项表达式

每个与项都是最小项的与或表达式，称为标准与或表达式，也称最小项表达式。如何把一个一般的逻辑表达式化成标准与或式呢？我们来看一个例子。

【例1.12】 写出F＝AB＋BC＋AC的标准与或表达式。

解：该函数表达式有三个输入变量，故标准与或式中的每个乘积项都应该含有三个变量。利用逻辑代数的基本定理对函数进行如下变换：

$$\begin{aligned} F &= AB+BC+AC \\ &= AB(C+\overline{C})+BC(A+\overline{A})+AC(B+\overline{B}) \\ &= \overline{A}BC+A\overline{B}C+AB\overline{C}+ABC \\ &= m_3+m_5+m_6+m_7 \\ &= \sum m(3,5,6,7) \end{aligned}$$

如果已知了逻辑函数的真值表，如何从真值表写标准与或表达式呢？依据最小项的性质，具体方法是：

(1) 找出使逻辑函数F为1的变量取值组合；

(2) 写出使F为1的变量取值组合所对应的最小项；

(3) 将这些最小项相或，即得到标准与或表达式。

【例1.13】 三变量逻辑函数真值表如表1-9所示，写出其标准与或表达式。

表1-9　三变量函数真值表

A	B	C	F
0	0	0	0
0	0	1	0
0	1	0	0
0	1	1	1
1	0	0	0
1	0	1	1
1	1	0	1
1	1	1	1

根据上述介绍的方法，可写出其标准与或表达式为

$$F(A,B,C)=\overline{A}BC+A\overline{B}C+AB\overline{C}+ABC$$

或写成

$$\begin{aligned} F(A,B,C) &= m_3+m_5+m_6+m_7 \\ &= \sum m(3,5,6,7) \end{aligned}$$

1.4.2　逻辑函数的卡诺图表示法

图形化简法是借助卡诺图求最简表达式的方法。图形化简的优点是比较直观，可从卡诺图中直接求出最简与或式和最简或与式，且化简技巧比公式化简法更易掌握。其缺点是函数的变量不能太多，四变量及四变量以下较为方便。四变量以上的函数用卡诺图化简就比较困难。

1. 卡诺图

卡诺图是美国工程师卡诺首先提出的，它是一种用来描述逻辑函数的特殊方格图。在这个方格图中，每一个小方格代表变量的一个最小项，由于n个变量有2^n个最小项，所以，n变量的卡诺图一定包含2^n个小方格。

(1) 二变量卡诺图的构成。两个变量A和B有4个最小项，即$\overline{A}\cdot\overline{B}$，$\overline{A}B$，$A\overline{B}$，AB。在图1-6(a)中用4个小方格分别表示这4个最小项。方格图的行和列分别表示变量A、B的取值。变量A、B分别可以取0和1。由A＝0的行和B＝0的列共同决定的小方格即为最小项m_0，由A＝0的行和B＝1的列共同决定的小方格即为最小项m_1，同理可以确定其

它最小项的位置。为此，我们把最小项的编号标注在最小项对应的小方格里，即最小项 m_0 的位置标注 0。

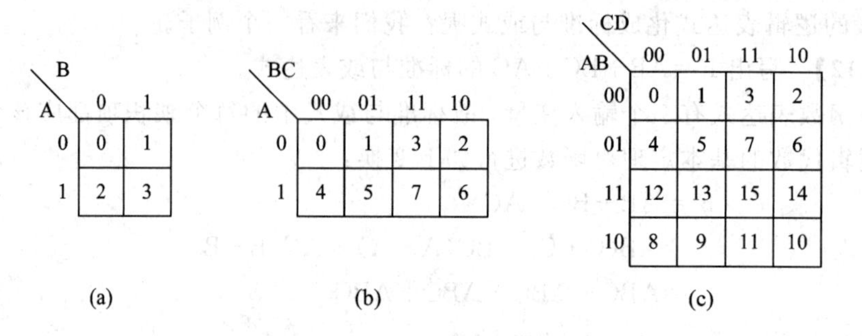

图 1-6　二、三、四变量的卡诺图

(2) 三变量卡诺图的构成。三个变量 A、B、C 共有 8 个最小项，故其卡诺图中有 8 个小方格，如图 1-6(b)所示。卡诺图的行表示变量 A，列表示变量 B、C 的组合。需要注意的是，变量 B、C 的取值顺序是按 00，01，11，10 顺序排列的。这样排列的目的是为了保证卡诺图中几何位置上相邻的最小项在逻辑上也是相邻的(我们称之为相邻项)。相邻项是指只有一个变量不同的最小项。图 1-6(b)中，m_1 与 m_3 从几何位置看是相邻的，且 $m_1=\bar{A}\cdot\bar{B}C$，$m_3=\bar{A}BC$，m_1 与 m_3 只有变量 B 不同，属于逻辑相邻项。相邻项是卡诺图化简函数中一个很重要的概念。用类似的方法可分别画出四变量卡诺图，如图 1-6(c)所示。

2. 卡诺图的特点

了解卡诺图的特点，有利于我们利用卡诺图化简函数。卡诺图具有以下特点：

(1) 卡诺图中的小方格数等于最小项总数，若变量数为 n，则小方格数为 2^n 个；

(2) 卡诺图行列两侧标注的 0 和 1 表示使对应方格内最小项为 1 的变量取值；

(3) 卡诺图是一个上下、左右闭合的图形，不但几何位置上相邻的方格在逻辑上是相邻的，而且上下、左右相对应的方格在逻辑上也是相邻的。图 1-6(c)中 m_0 与 m_2，m_8 与 m_{10} 都属于相邻项。

3. 用卡诺图表示逻辑函数

要想用卡诺图化简逻辑函数，首先必须把函数填入卡诺图，即用卡诺图表示逻辑函数。

(1) 已知逻辑函数的真值表，填写卡诺图。

【例 1.14】 将表 1-10 填入卡诺图。

解：由真值表 1-10 可知，当变量 A、B、C 取 001，011，111 时，逻辑函数 F 的值为 1，而变量 A、B、C 取其它值时，逻辑函数 F 的值为 0。填函数 F 的卡诺图时，只需在最小项 m_1、m_3、m_7 的小方格中填入 1，其余小方格填入 0 即可。也就是说，只要将真值表中每组变量取值所对应的函数值填入相应的最小项方格中即可得到函数 F 的卡诺图。函数 F 的卡诺图如图 1-7 所示。

(2) 已知逻辑函数表达式，填写卡诺图。

如果已知的逻辑函数不是标准与或式，可先把函数化成最小项之和的形式，然后再在逻辑函数所包含的最小项的位置上填入 1，在其余位置上填入 0 即可。

表 1-10　函数 F 的真值表

A	B	C	F
0	0	0	0
0	0	1	1
0	1	0	0
0	1	1	1
1	0	0	0
1	0	1	0
1	1	0	0
1	1	1	1

A \ BC	00	01	11	10
0	0	1	1	0
1	0	0	1	0

图 1-7　函数 F 的卡诺图

【例 1.15】　用卡诺图表示函数 F＝AB＋BC＋AC。

解法一：将函数 F 化成最小项之和表达式，再填卡诺图。

$$\begin{aligned} F(A、B、C) &= AB+BC+AC \\ &= AB\overline{C}+\overline{A}BC+A\overline{B}C+ABC \\ &= \sum m(3,5,6,7) \end{aligned}$$

由函数 F 的逻辑表达式可知，逻辑函数包含四个最小项 m_3、m_5、m_6、m_7。首先画出三变量 ABC 的卡诺图，在变量 ABC 的最小项 3、5、6、7 的位置上填 1，其余位置填 0，便可得到如图 1-8 所示的函数 F 的卡诺图。通常，为了使卡诺图看起来更简洁，卡诺图中的 0 可不填。

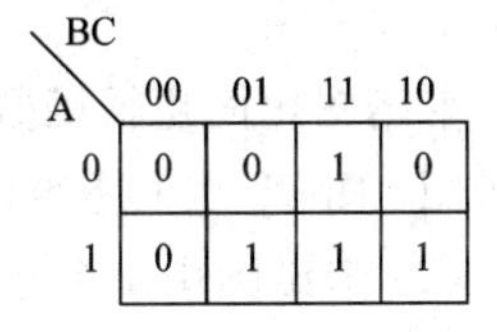

图 1-8　函数 F 的卡诺图

解法二：直接根据逻辑函数表达式填卡诺图。因为 F＝AB＋BC＋AC，且当 AB＝11，或 BC＝11，或 AC＝11 时，函数 F 均等于 1，所以，在卡诺图中找到 AB＝11、BC＝11、AC＝11 对应的小方格，分别在各个对应小方格中填入 1，即可得到逻辑函数 F 的卡诺图，如图 1-8 所示。

1.4.3　逻辑函数的卡诺图化简法

1. 化简的依据

卡诺图化简逻辑函数的依据是合并相邻项。相邻项的特点保证了逻辑相邻的两方格所代表的最小项只有一个变量不同。因此，当相邻方格为 1 时，对应的最小项就可以加以合并，合并所得的那个与项可以消去其变化的变量，只保留不变的变量，这就是图形化简法的依据。

(1) 卡诺图中两个相邻 1 格的最小项逻辑加，可以合并成一个与项，并消去一个变量。消去的变量为在这两个相邻 1 格中取值发生变化的变量。

图 1-9 所示为两个相邻 1 格合并时，消去一个变量的例子。在图 1-9(a)中，m_1 和 m_5 为两相邻 1 格，$m_1+m_5=\overline{A}\cdot\overline{B}C+A\overline{B}C=\overline{B}C(A+\overline{A})=\overline{B}C$。在 m_1 和 m_5 这两个相邻 1 格中，变量 A、B、C 的取值为 001 和 101，这两组取值中，B、C 取值均为 01，而 A 的取值既取了 0，也取了 1，取值发生了变化，所以变量 A 在合并时消去了，而 B、C 保留下来。由于 B 取值为 0，故取其反变量 $\overline{B}$；C 取值为 1，故取其原变量 C，所以，这两个相邻项合并后的与项为 $\overline{B}C$。

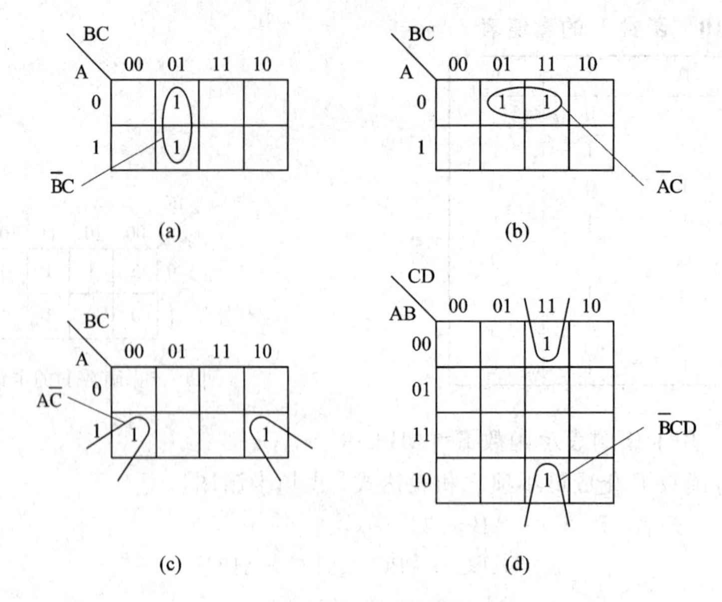

图 1-9　两个相邻 1 格合并消去一个变量

卡诺图化简逻辑函数时，我们把可以合并的相邻项用一个圈圈起来，这个过程叫作圈卡诺图。图 1-9 中还给出了其它两相邻 1 格合并的例子，请自行分析。

(2) 卡诺图中 4 个相邻 1 格排列成一个矩形组，则这 4 个相邻项可以合并成一个与项，并消去两个变量。消去的两个变量是在这 4 个相邻 1 格中取值发生变化的变量。

如图 1-10(a)中，m_1、m_3、m_5、m_7 为 4 个相邻 1 格，可把它们圈在一起合并为一项。

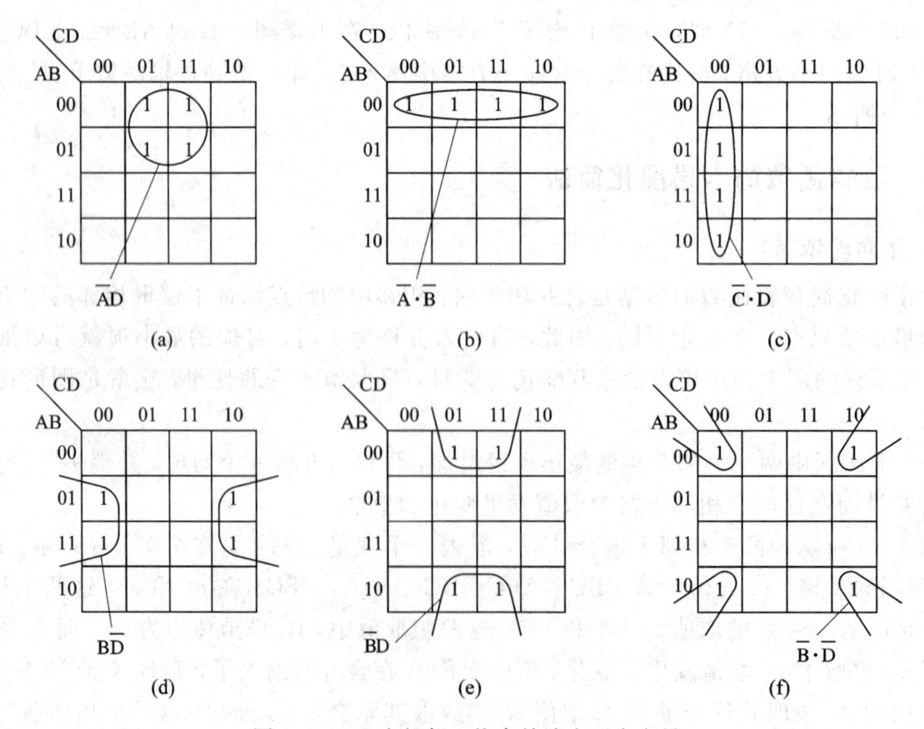

图 1-10　4 个相邻 1 格合并消去两个变量

$$
\begin{aligned}
m_1+m_3+m_5+m_7 &= \overline{A}\cdot\overline{B}\cdot\overline{C}D+\overline{A}\cdot\overline{B}CD+\overline{A}B\overline{C}D+\overline{A}BCD \\
&= \overline{A}\cdot\overline{B}D(C+\overline{C})+\overline{A}BD(C+\overline{C}) \\
&= \overline{A}\cdot\overline{B}D+\overline{A}BD=\overline{A}D(B+\overline{B})=\overline{A}D
\end{aligned}
$$

在这4个相邻的最小项中，变量AB的取值为00、01，B的取值发生了变化；变量CD的取值为01、11，C的取值发生了变化；这4个相邻项合并后，取值发生变化的变量B、C被消去了，所以这4个相邻项合并后的结果为$\overline{A}D$。

4个相邻1格合并消去两个变量的其它情况如图1-10所示。

(3) 卡诺图中8个相邻的1格排列成一个矩形组，则这8个相邻项可以合并成一个与项，并消去3个变量。消去的3个变量是在这8个相邻1格中取值发生变化的变量。

图1-11所示为8个相邻1格合并消去3个变量的例子，请自行分析。

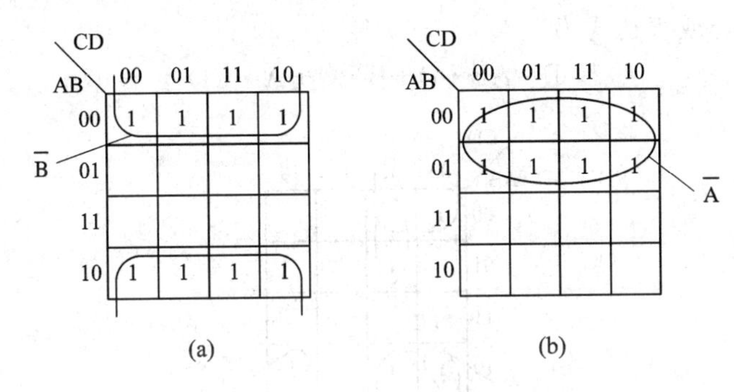

图1-11　8个相邻1格合并消去3个变量

至此，可以归纳出合并最小项的一般规则：如果有2^n个取值为1的最小项相邻且排列成一个矩形组，则它们可以合并为一项，并消去n个变量，消去的变量是在这2^n个最小项中取值发生变化的变量。

2. 用图形化简法求最简与或表达式

用卡诺图求最简与或表达式的步骤是：

(1) 画出变量卡诺图，并用卡诺图表示函数；

(2) 圈卡诺图，合并相邻项；

(3) 将每个圈对应的乘积项相加，得到最简与或表达式。

【例1.16】 用图形化简法求$F(A, B, C, D)=\Sigma m(1, 2, 4, 9, 10, 11, 13, 15)$的最简与或表达式。

解：(1) 将函数F填入卡诺图，如图1-12所示。

(2) 圈卡诺图，合并最小项。把图中所有1格都用圈圈起来。先圈孤立的单个1格，图中m_4没有可以合并的相邻项，所以把它单独圈起来，结果为$\overline{A}B\overline{C}\overline{D}$。$m_1$只有一个逻辑值为1的相邻项$m_9$，$m_2$只有一个逻辑值为1的相邻项$m_{10}$，所以把$m_1$和$m_9$，$m_2$和$m_{10}$圈起来，合并后的乘积项为$\overline{B}\overline{C}D$、$\overline{B}C\overline{D}$。$m_9$、$m_{11}$、$m_{13}$、$m_{15}$为4个逻辑值为1的相邻项，可以合并成一项，合并后的乘积项为AD。

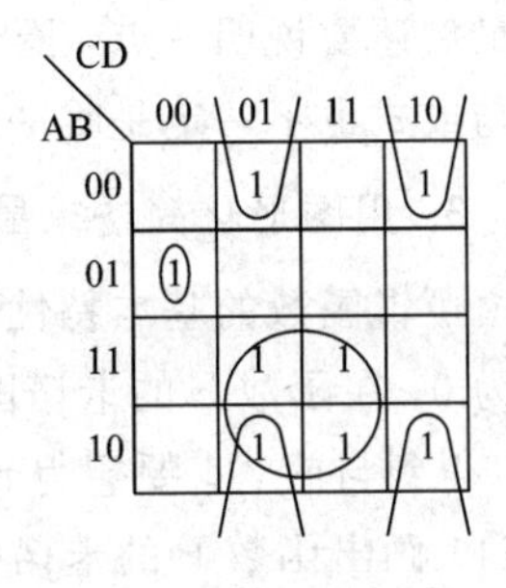

图1-12　例1.16卡诺图

(3) 将每个圈对应的乘积项相加，得到最简与或表达式：

$$F=AD+\overline{B}\cdot\overline{C}D+\overline{B}C\overline{D}+\overline{A}B\overline{C}\cdot\overline{D}$$

该函数即为化简以后的与或逻辑表达式。图 1-12 中圈卡诺图时，m_9 被圈了两次，这在逻辑代数中是允许的，因为 A+A=A。

【例 1.17】 用图形法化简函数：$F=\overline{A}\cdot\overline{B}\cdot\overline{C}+\overline{A}\cdot\overline{C}D+A\overline{B}C\overline{D}+A\overline{B}\cdot\overline{C}$

解：函数 F 中共出现了 4 个变量，所以先画一个 4 变量卡诺图。乘积项 $\overline{A}\cdot\overline{B}\cdot\overline{C}$ 含有 3 个变量，而变量 D 消去了，所以，该乘积项一定是两个相邻项相加后得到的。由于乘积项 $\overline{A}\cdot\overline{B}\cdot\overline{C}$ 中 A、B、C 取反变量，故其取值为 000，然后在卡诺图中找到 A、B 取值为 00 的行，再找到 C 取值为 0 的列，则行和列交叉的位置即为该乘积项所对应的最小项的位置（m_0、m_1），在这两个小方格中填入 1。按同样方法填剩余的几个乘积项，得图 1-13 所示卡诺图，化简后的与或表达式为

$$F=A\overline{B}\cdot\overline{D}+\overline{B}\cdot\overline{C}+\overline{A}\cdot\overline{C}D$$

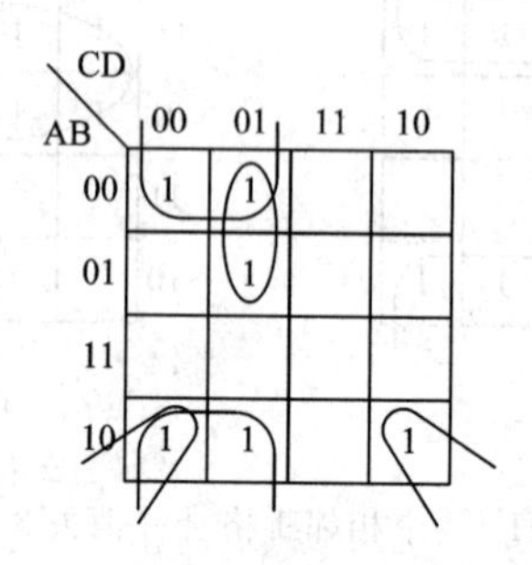

图 1-13　例 1.17 卡诺图

在用卡诺图化简逻辑函数的过程中，圈卡诺图这一步很关键。为了得到正确的最简与或式，圈卡诺图时应注意以下几个问题：

(1) “1”格一个也不能漏圈，否则最后得到的表达式就会与所给函数不等。

(2) “1”格允许被一个以上的圈所包围，因为 A+A=A。

(3) 圈的个数应尽可能少，即在“1”格一个也不漏圈的前提下，圈的个数越少越好。这是因为一个圈与一个与项相对应，圈数越少，与或表达式的与项就越少。

(4) 圈的面积尽可能大，但必须为 2^K 个方格。这是因为圈越大，消去的变量就越多，与项中的变量数就越少。

(5) 每个圈中至少应包含一个未被别的圈圈过的“1”格，否则这个圈是多余的。

最后还要说明一点，圈卡诺图时所画的圈并不一定是唯一的，所以卡诺图化简得到的最简与或式也不一定是唯一的。

***3. 用图形化简法求最简或与表达式**

由逻辑函数的基本特性可知，在函数 F 的卡诺图中为 1 的项，在反函数 $\overline{F}$ 的卡诺图中一定为 0；在函数 F 的卡诺图中为 0 的项，在反函数 $\overline{F}$ 的卡诺图中一定为 1。在卡诺图中圈 1 可以得到与或式。要想得到函数的最简或与式，可以采用下面的步骤：

(1) 画出函数 F 的卡诺图。

(2) 在 F 卡诺图中圈 0，相当于在反函数 $\overline{F}$ 的卡诺图中圈 1，按照合并相邻项的原则，写出反函数的最简与或表达式。

(3) 利用反演规则，求反函数的反函数，即可得到函数的最简或与式。

【例1.18】 用卡诺图化简法，求函数 F(A, B, C, D) = Σm(0, 1, 2, 5, 8, 9, 10) 的最简或与式。

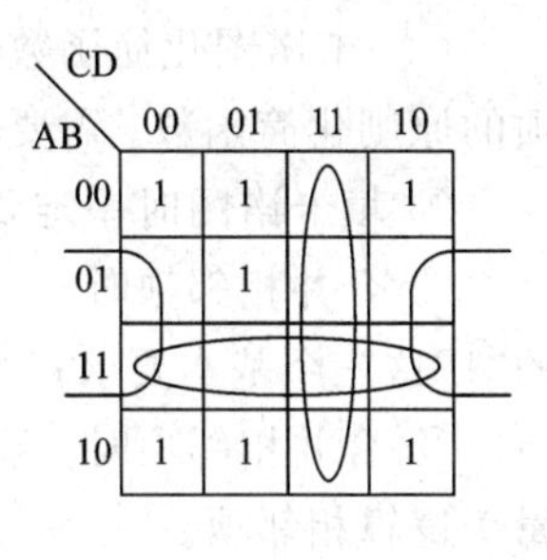

图 1-14　例 1.18 卡诺图

解：函数 F 的卡诺图如图 1-14 所示，合并 0 方格得反函数的与或表达式为

$$\overline{F}(A, B, C, D)=AB+CD+B\overline{D}$$

对函数 $\overline{F}$ 利用反演规则，得函数 F 的最简或与式为

$$\begin{aligned}F(A, B, C, D)&=\overline{AB+CD+B\overline{D}}\\&=\overline{AB}\cdot\overline{CD}\cdot\overline{B\overline{D}}\\&=(\overline{A}+\overline{B})(\overline{C}+\overline{D})(\overline{B}+D)\end{aligned}$$

1.4.4　包含任意项的逻辑函数的化简

在实际的逻辑设计中，常常会遇到这样的情况：在真值表中，某些最小项的取值是不允许的、不可能出现的或不确定的。我们把这些最小项称为任意最小项(简称任意项)，任意项的值用 Φ 或 X 表示。

例如，8421BCD 码中，1010～1111 这 6 种组合是不会出现的，这 6 组取值对应的最小项在 8421BCD 码中即为任意项。

既然任意项是不会出现的一种输入组合，或者说，即使出现，人们对其函数值是不关心的，那么任意项的取值可以视为“0”，也可以视为“1”。对于含有任意项的逻辑函数，合理地利用任意项，往往能使逻辑函数的表达式进一步简化。

在逻辑函数表达式中常用 ΣΦ 表示逻辑函数所包含的所有任意项。

【例1.19】 化简函数 F(A, B, C, D) = Σm(0, 1, 7, 8, 11, 14) + ΣΦ(3, 9, 12, 15)。

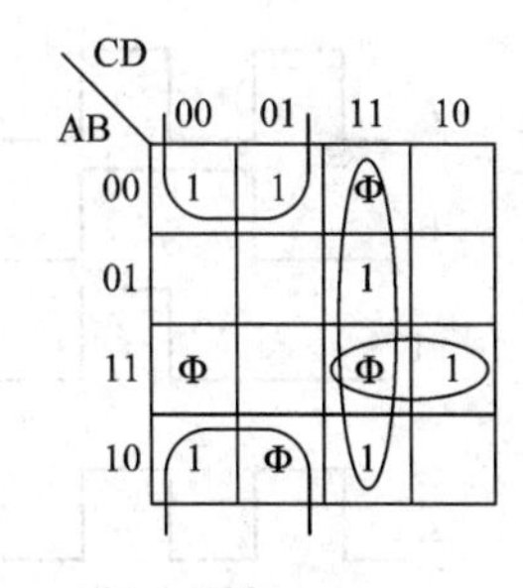

图 1-15　例 1.19 卡诺图

解：该函数共包含 6 个最小项，4 个任意项，其卡诺图如图 1-15 所示。任意项 3、9、15 对化简函数有利，我们可以认为它取值为“1”，而任意项 12 对化简函数没有帮助，可以认为它取值为“0”。

最后可得最简与或式为

$$F=\overline{B}\cdot\overline{C}+CD+ABC$$

从圈卡诺图可以看出，利用任意项后得到的逻辑函数比没有利用任意项时简单了。

本章小结

本章主要介绍了逻辑函数化简的两种方法——代数法和卡诺图法。

(1) 用代数法化简函数时，需熟练掌握逻辑代数的基本公式、定理和规则。化简的大致思路是：

① 看有没有可以直接合并、吸收的项。如果有，则先利用 $A+\overline{A}=1$，$A+AB=A$ 进行合并、吸收；

② 合理地引入冗余项，再寻找可以合并、吸收的项。

(2) 卡诺图化简函数比公式法要直观。首先要将函数填入卡诺图，然后利用合并相邻项的原则化简函数。需要注意的是：

① 填卡诺图时一定要将最小项的位置与变量的标示一致起来；

② 合并相邻项时，一定要符合"圈尽量大，圈的个数尽量少，每个圈中至少有一个新的"1"这三个基本要求；

③ 合并相邻项时，不要忘了卡诺图中左右两列、上下两行虽然几何位置不相邻，但仍属于逻辑相邻项。

本章还介绍了常用数制的特点及其相互转换，常用的编码等知识。

习　　题

1-1　完成下列数制的转换。

(1) 将十进制数转换成等效的二进制数、八进制数及十六进制数。

(a) $(26)_{10}$　　(b) $(16)_{10}$

(2) 将二进制数转换成八进制和十六进制数。

(a) $(10101)_2$　　(b) $(1001101)_2$

(3) 将下列各数转换成二进制数。

(a) $(26)_8$　　(b) $(16)_{16}$

1-2　已知某逻辑函数的输入为A、B，输出为F，且其输入/输出波形如题1-2图所示，请分别列出各函数的真值表，并写出其函数表达式。

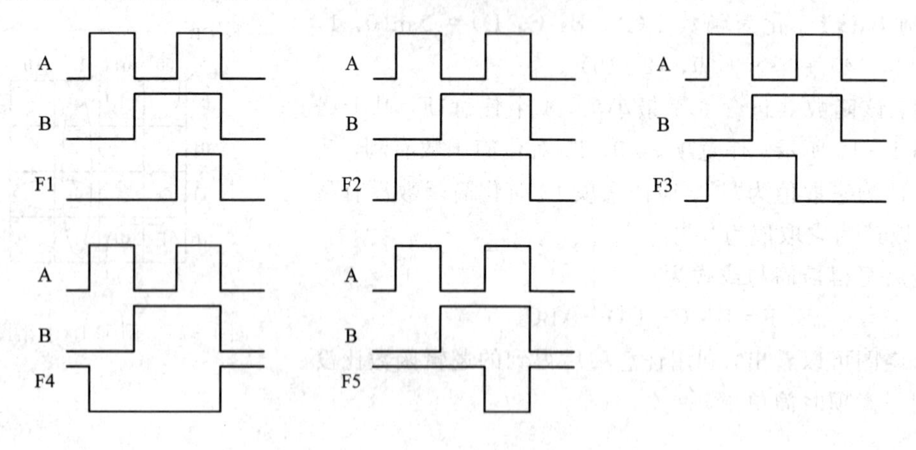

题1-2图

1-3　用逻辑代数的基本公式证明下列等式。

(1) $A+\overline{A}\cdot\overline{B+C}=A+\overline{B}\cdot\overline{C}$

(2) $A\overline{B}+\overline{A}B=(\overline{A}+\overline{B})(A+B)$

1-4　求下列函数的反函数。

(1) $F=A(\overline{C}D+B)$

(2) $F=\overline{A+B}\cdot AC$

1-5　求下列函数的对偶式。

(1) $F=A\overline{B}+(C+D)$

(2) $F=(\overline{B}+C)(\overline{C}+D)$

1-6　用公式法化简下列逻辑函数。

(1) $F=ABC+\overline{A}B+\overline{B}$

(2) $F=AB+BCD+\overline{A}C$

(3) $F=ABC+(\overline{A}+\overline{B})C$

(4) $F=\overline{A}\cdot\overline{B}+AC+\overline{B}C$

1-7　将下列函数展开为最小项之和。

(1) $F=\overline{A}B+BC$

(2) $F=A(\overline{B}+C)+\overline{A}BC$

1-8　写出下列真值表对应的最小项表达式，并画出F1，F2的卡诺图。

A	B	C	F1
0	0	0	0
0	0	1	0
0	1	0	1
0	1	1	1
1	0	0	0
1	0	1	0
1	1	0	1
1	1	1	1

A	B	C	F2
0	0	0	0
0	0	1	1
0	1	0	0
0	1	1	1
1	0	0	1
1	0	1	0
1	1	0	1
1	1	1	0

1-9　用图形化简法化简下列函数。

(1) $F=\overline{A}\cdot\overline{B}+AC+\overline{B}C$

(2) $F=XY+\overline{X}\cdot\overline{Y}\cdot\overline{Z}+\overline{X}Y\,\overline{Z}$

(3) $F=D(\overline{A}+B)+\overline{B}(C+AD)$

1-10　用图形化简法化简下列函数。

(1) $F(A,B,C)=\Sigma m(0,2,4,5,6)$

(2) $F(A,B,C)=\Sigma m(0,4,6)$

(3) $F(X,Y,Z)=\Sigma m(2,3,6,7)$

(4) $F(A,B,C,D)=\Sigma m(0,2,5,7,8,10,13,15)$

(5) $F(A,B,C,D)=\Sigma m(1,3,4,6,7,9,11,12,14,15)$

(6) $F(A,B,C,D)=\Sigma m(0,1,2,3,4,5,6,7,8,9,12,13,14,15)$

1-11　用图形化简法化简下列函数。

(1) $F(A,B,C,D)=\Sigma m(0,2,7,13,15)+\Sigma\Phi(1,3,4,5,6,8,10)$

(2) $F(A,B,C,D)=\Sigma m(0,3,5,6,8,13)+\Sigma\Phi(1,4,10)$

(3) $F(A,B,C,D)=\Sigma m(0,2,3,5,7,8,10,11)+\Sigma\Phi(14,15)$

(4) $F(A,B,C,D)=\Sigma m(2,3,4,5,6,7,11,14)+\Sigma\Phi(9,10,13,15)$

第2章 逻辑门电路

逻辑门电路是指能够实现基本逻辑运算和复合逻辑运算的电路。逻辑门是构成数字系统最基本的单元电路。基本的逻辑门有与门、或门和非门三种，如果把它们组合起来，还可以构成功能更为复杂的逻辑门。其中，常用的有与非门、或非门、与或非门、异或门等。

逻辑门电路可以用分离元件构成，也可以用三极管、场效应管构成。本章主要介绍常用逻辑门的功能，集成TTL电路的工作原理、逻辑功能和外部特性以及MOS门电路。

2.1 常用逻辑门

逻辑门分为基本逻辑门和复合逻辑门。基本逻辑门是指能实现基本逻辑运算与、或、非的门电路，而复合逻辑门是指能实现与非、或非、异或、同或等逻辑运算的门电路。

在逻辑电路中，数字信号1和0是用高、低电位来表示的，并且将该高、低电位称作逻辑电平。实际数字电路中，逻辑电平表示一个电压范围，如图2-1所示，范围的大小依各电路构成的不同而有所差异。当电压在 $V_{H(min)}$ 与 $V_{H(max)}$ 之间时，属于高电平，用1表示；当电压在 $V_{L(min)}$ 与 $V_{L(max)}$ 之间时，属于低电平，用0表示。

数字电路中的信号还经常以波形的形式出现，图2-2所示为理想脉冲波形。当信号由低电平变成高电平时，称作脉冲波形的上升沿；当高电平变为低电平时，则称为下降沿。

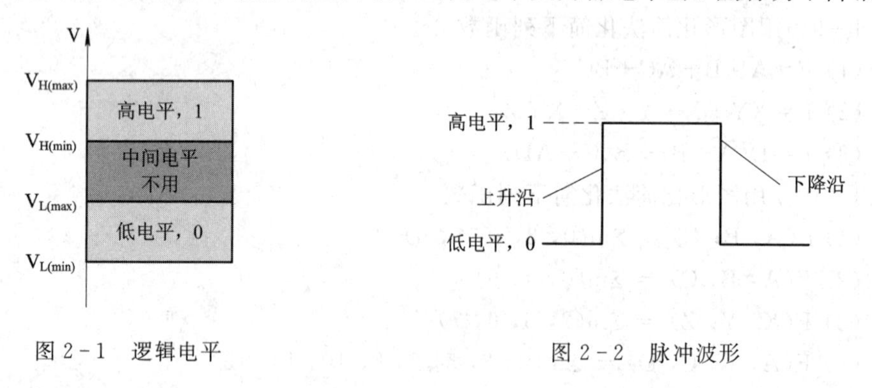

图2-1 逻辑电平　　　　图2-2 脉冲波形

2.1.1 基本逻辑门

1. 与门

能够实现与逻辑关系的电路称为与门电路。与门含有两个或更多的输入，但只有一个输出。通常，输入画在与门的一边，输出画在与门的另一边。两输入与门的逻辑符号如图2-3所示。其中A、B为输入，F为输出，且 $F=A\cdot B$。

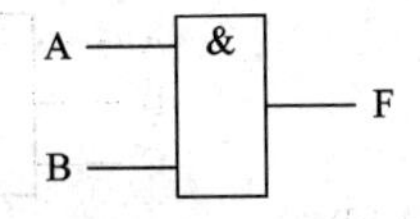

图 2-3　与门逻辑符号

当给与门的输入端加上各种不同的输入电平时，其输出是不同的，如图 2-4 所示。由于与门实现的是与逻辑关系，所以具有和与逻辑关系一样的特点，即 A、B 输入全 1 时输出为 1，否则为 0。

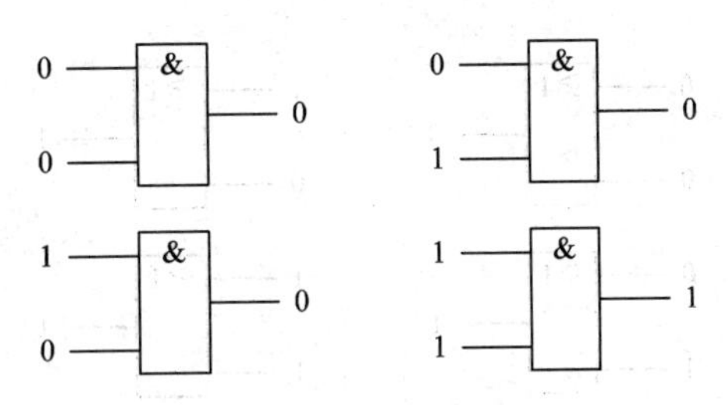

图 2-4　与门的输入与输出

若与门的输入端为 3 个，则其逻辑符号如图 2-5 所示，其输入为 A、B、C，输出为 F，且 F=A·B·C。

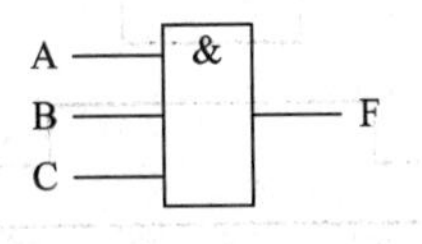

图 2-5　3 输入与门

在大多数实际电路中，加到与门输入端的并不是固定的电压信号，而是按一定频率变化的波形。若在与门输入端加上信号 A、B，则根据与门的输入、输出关系，当 $t<t_1$ 时，A、B 为 0，则输出为 0；当 $t_1<t<t_2$ 时，A、B 为 1、0，则输出为 0。依次分析，可得到其输出波形，如图 2-6 所示。

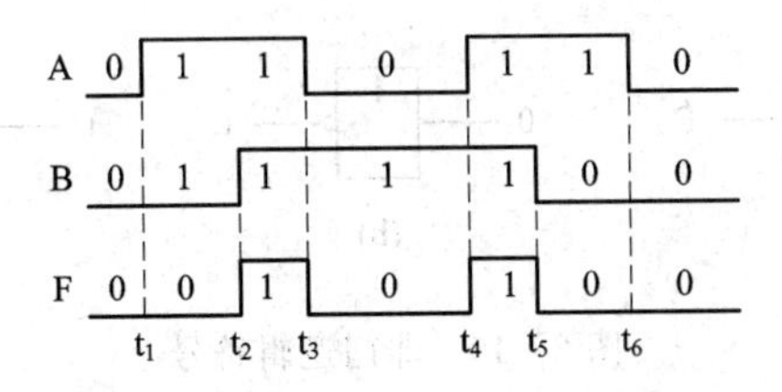

图 2-6　与门输入、输出波形图

2. 或门

能够实现或逻辑关系的电路称或门电路。或门含有两个或更多的输入，也只有一个输出。两输入、三输入或门的逻辑符号如图 2-7 所示。其中两输入或门中，A、B 为输入，F 为输出，且 F=A+B。

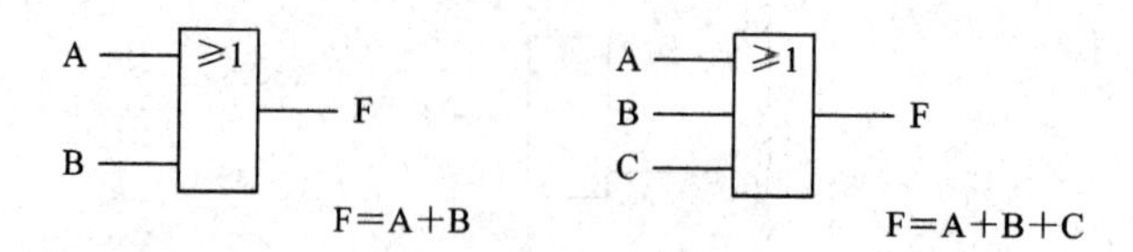

图 2-7 或门电路与逻辑符号

当给或门的输入端加上各种不同的输入电平时，其输出如图 2-8 所示。由于或门实现的是或逻辑关系，所以具有和或逻辑关系一样的特点，即 A、B 输入有 1 时输出就 1，输入全 0 时输出为 0。

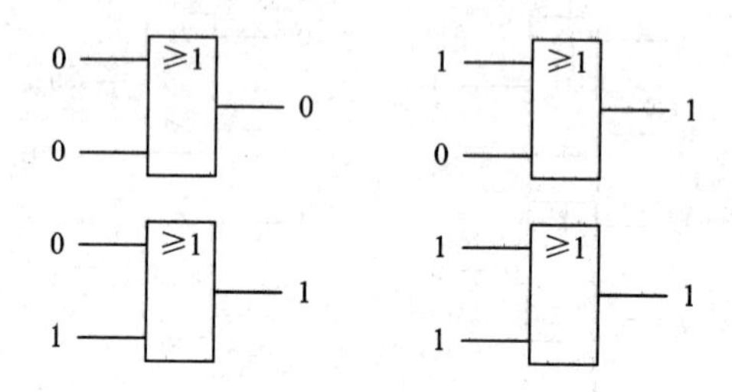

图 2-8 或门输入、输出关系

若给两输入或门加上输入波形，则依据或门的特点，即可画出其输出波形，如图 2-9 所示。

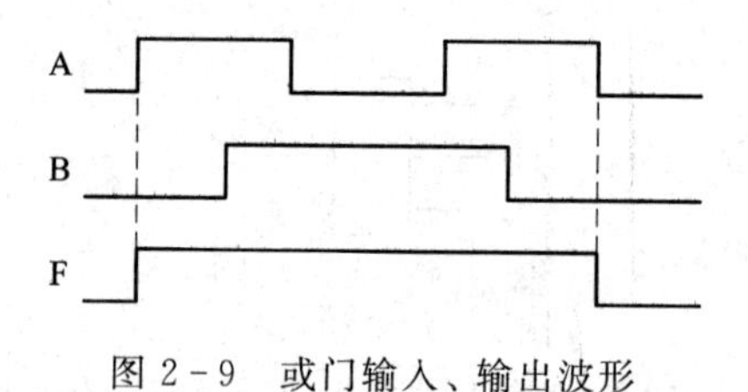

图 2-9 或门输入、输出波形

3. 非门

能够实现非逻辑关系的电路称非门电路。非门电路的逻辑符号如图 2-10 所示。非门只有一个输入，一个输出。当输入为高电平时输出为低电平，输入为低电平时输出为高电平。非门电路输出 $F=\overline{A}$。

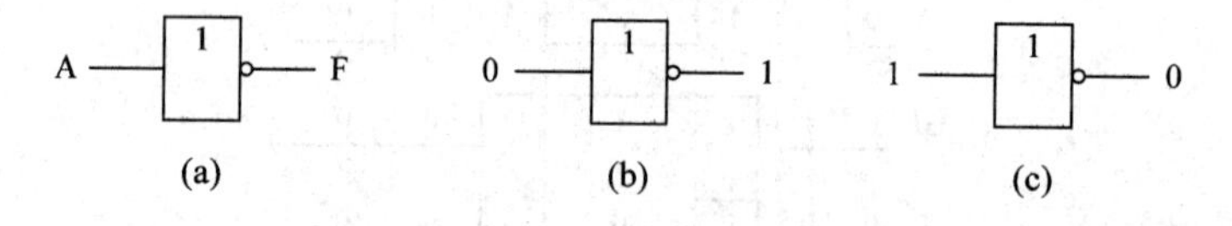

图 2-10 非门逻辑符号

若在非门输入端加上输入波形，则依据非门的逻辑关系，可得到如图 2-11 所示的输出波形。

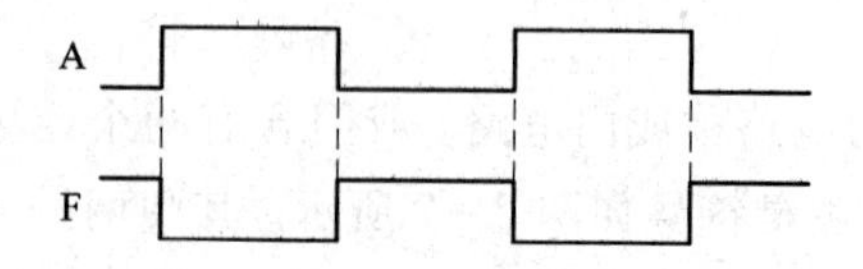

图 2-11 非门输入、输出波形

2.1.2　复合逻辑门

除了与门、或门和非门三种基本门电路外，还有其它常用的复合逻辑门。如与非门、或非门、与或非门、异或门和同或门等。

1. 与非门和或非门

与非门和或非门的逻辑符号如图 2－12 所示，逻辑符号中左边为输入，右边为输出，且逻辑符号右边的小圆圈代表取非。

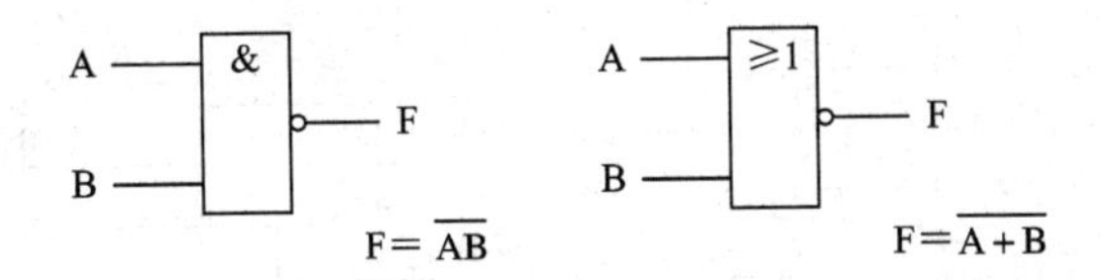

图 2－12　与非门、或非门逻辑符号

依据与非、或非逻辑关系，当输入端加上不同的输入电平或输入波形时，其输出如图 2－13 和图 2－14 所示。

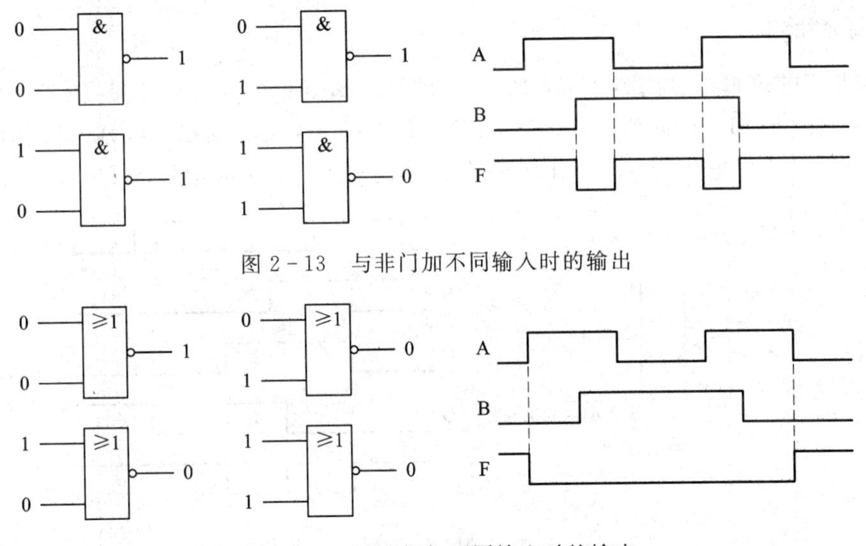

图 2－13　与非门加不同输入时的输出

图 2－14　或非门加不同输入时的输出

2. 异或门和同或门

异或门和同或门的逻辑符号如图 2－15 所示。

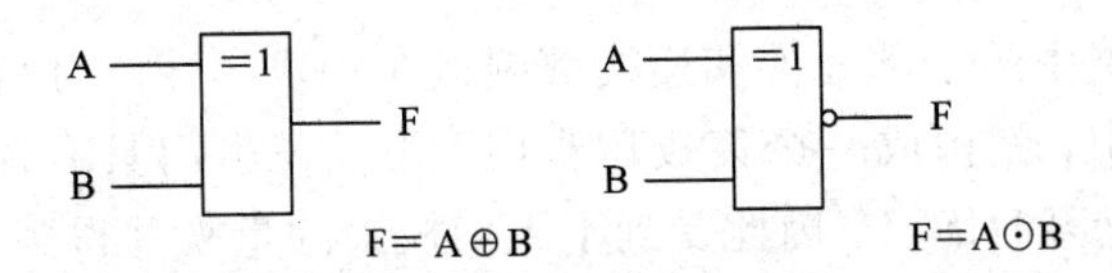

图 2－15　异或门、同或门逻辑符号

对异或门来说，输入不同时输出为 1，输入相同时输出为 0。对同或门来说，输入相同时输出为 1，输入不同时输出为 0。异或门、同或门加不同输入时的输出波形如图 2－16 和图 2－17 所示。

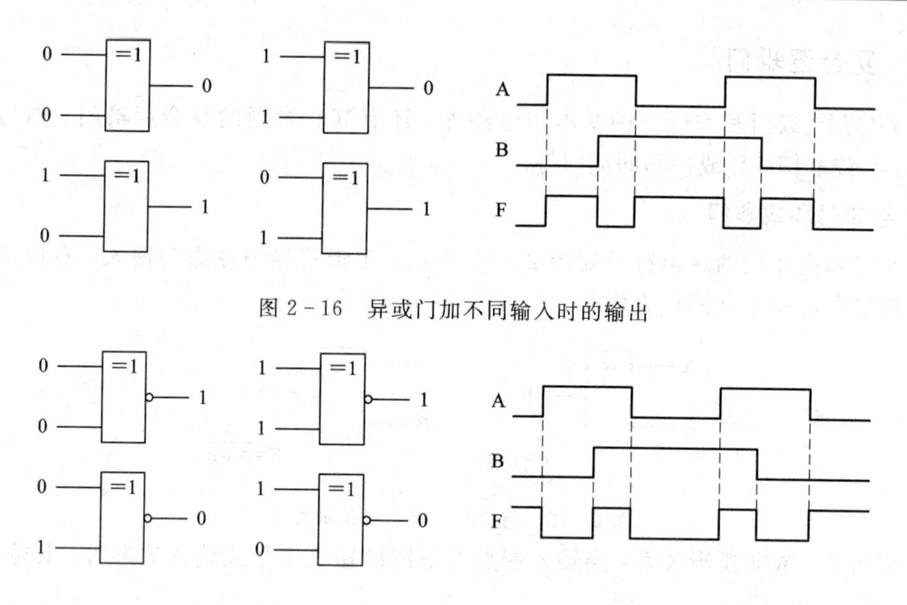

图 2-16　异或门加不同输入时的输出

图 2-17　同或门加不同输入时的输出

3. 与或非门

与或非门的逻辑符号如图 2-18 所示，依据与、或、非逻辑关系可知：对$F=\overline{AB+CD}$，当 AB=11 时，$F=\overline{1+CD}=0$；当 CD=11 时，$F=\overline{AB+1}=0$。所以，当 A、B 同时为 1，或者 C、D 同时为 1 时输出为 0，否则为 1。与或非门输入、输出波形如图 2-18 所示。

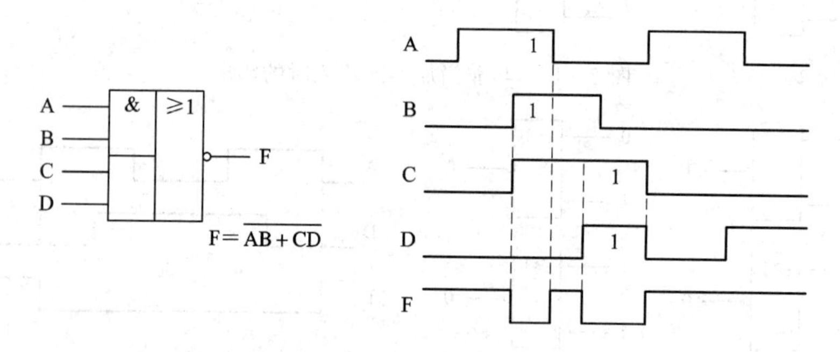

图 2-18　与或非逻辑符号与输入、输出波形

2.2　TTL 逻辑门

如果把逻辑门电路中的全部元件和连线都制造在一块半导体材料的芯片上，再把这个芯片封装在一个壳体中，就构成一个集成逻辑门。集成逻辑门具有体积小、耗电少、重量轻、可靠性高等许多显著的优点，因此受到了人们极大的重视并得到了广泛的应用。

目前，在数字系统中使用的集成逻辑门，按其所使用的半导体器件的不同，可分为 TTL 逻辑门和 MOS 型逻辑门。TTL 逻辑门是指输入、输出电路全是三极管的逻辑门电路，而 MOS 逻辑门是指由场效应管构成的逻辑门电路。

数字集成电路的封装形式很多，常用的多为双列直插式，图 2-19 所示为两个双列直插式的 TTL 逻辑门 74LS20 和 74LS00。集成电路剖面图如图 2-20(a)所示，中心部分为集成电路芯片，从芯片引出的为集成电路的管脚。图 2-20(b)所示为集成电路的俯视图，一般在集成电路上会标明该器件的型号，同时在集成电路上会有一个小的凹口，或在第一个管脚上标注有一个小圆点。我们面向标有型号的器件，同时将凹口朝上，逆时针方向从1开始即为器件的管脚排列顺序。

图 2-19 集成电路照片、管脚

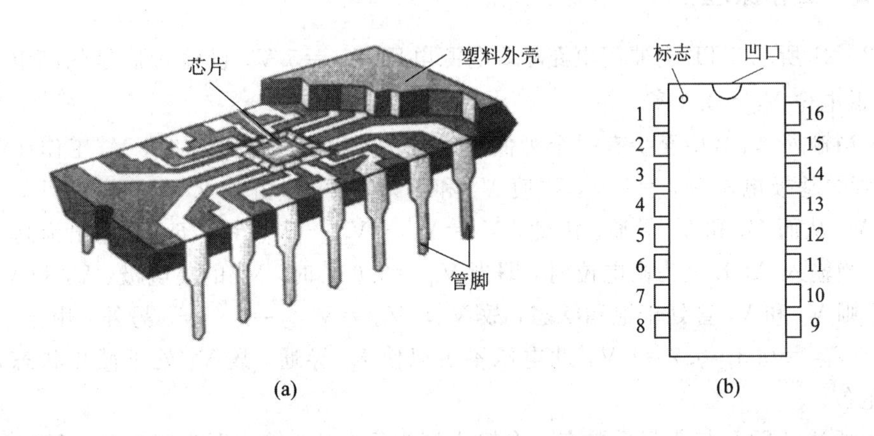

图 2-20 集成电路剖面图与俯视图

由于与非门是门电路中最重要的一种电路，所以本节主要介绍 TTL 电路中的 TTL 与非门电路。

2.2.1 TTL 与非门电路组成

TTL 与非门电路是构成各种逻辑功能的中小规模 TTL 电路的基本单元电路。其典型电路如图 2-21(a)所示，该电路由输入级、中间级和输出级三部分组成。

输入级由 V_1、R_1 组成。图 2-21(a)中 V_1 是多发射极晶体管，可以把它看成是两个发射极独立，基极和集电极共用的三极管；也可以把 V_1 视为如图 2-21(b)所示的等效电路，V_1 的两个发射极等效为两个二极管，集电极等效为一个二极管，实现输入变量 A、B 的与逻辑关系。

中间级由 V_2、R_2 和 R_3 组成。从 V_2 集电极和发射极同时输出两个相位相反的信号，分别驱动 V_3 管和 V_5 管，完成放大和倒相作用。

推拉式输出级由 V_3、V_4、V_5 和 R_4、R_5 组成。输出级的工作特点是 V_3+V_4 和 V_5 构成的两组三级管总是一组导通而另一组截止。通常把这种形式的电路称为推拉式输出电路。

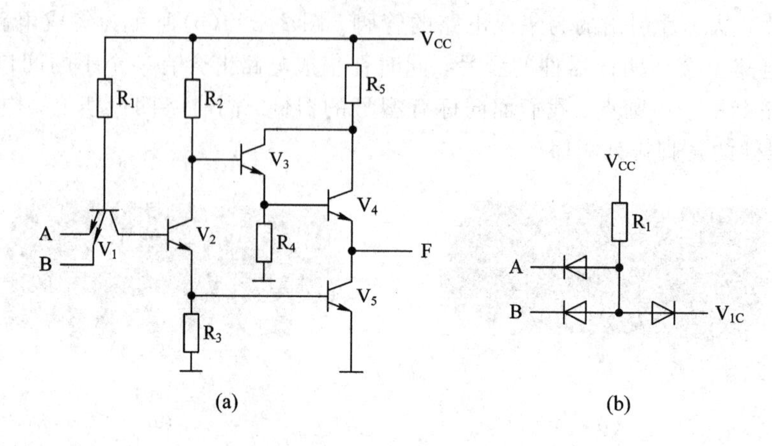

图 2-21　典型 TTL 与非门电路图

*2.2.2　工作原理

图 2-21 所示 TTL 与非门电路中，电源电压 $V_{CC}=5$ V，设输入信号的高电位 $V_{IH}=3.6$ V，低电位 $V_{IL}=0.3$ V。

(1) 当输入 A、B 中至少有一个为低电位时，即当 $V_{IL}=0.3$ V 时，V_1 工作在深饱和状态，V_1 管的基极电位 $V_{B1}=1$ V，致使 V_2 和 V_5 管截止。由于 R_2 上压降很小，故 $V_{B3}\approx V_{CC}=5$ V，从而 V_3 和 V_4 导通。因此，$V_O=V_{CC}-V_{BE3}-V_{BE4}\approx3.6$ V，输出为高电位。

(2) 当输入 A、B 全为高电位时，即当 $V_{IH}=3.6$ V 时，V_1 的集电极、V_2 和 V_5 发射极均导通，则 V_2 和 V_5 管处于饱和状态，故 $V_O=V_{OL}=V_{CES5}=0.3$ V。另外，由于 $V_{C2}=V_{B3}=V_{CES2}+V_{BE5}=0.3+0.7=1$ V，此电压不足以使 V_4 导通，故 V_4 处于截止状态，因此输出为低电位。

综上所述，TTL 与非门只要有一个输入端为低电位，输出即为高电位；只有当所有的输入端均为高电位时，输出才为低电位，实现了与非逻辑的功能，即 $F=\overline{AB}$。

2.2.3　TTL 与非门的外部特性

TTL 与非门作为一种集成电路，对于使用者来说，重点应放在掌握其外部特性上。TTL 与非门的外部特性包括：电压传输特性、输入/输出特性、带负载能力和传输延迟时间等。

1. 电压传输特性

电压传输特性是指 TTL 与非门的输出随输入变化而变化的曲线。在图 2-22(a)所示电路中改变输入电压 V_I 的大小，从电压表 V_2 读取输出电压值，测得 TTL 与非门的输出电压 V_O 随输入电压 V_I 的变化关系曲线，如图 2-22(b)所示。

由电压传输特性可得如下参数：

(1) 输出逻辑高电平 V_{OH} 和输出逻辑低电平 V_{OL}。V_{OH} 和 V_{OL} 的典型取值分别为 3.6 V 和 0.3 V，但是，由于器件制造中存在不可避免的差异，因此通常规定 $V_{OH}\geqslant3.0$ V，$V_{OL}\leqslant0.3$ V。器件手册规定，在额定负载情况下，$V_{OHmin}>2.4$ V，$V_{OLmax}<0.8$ V。

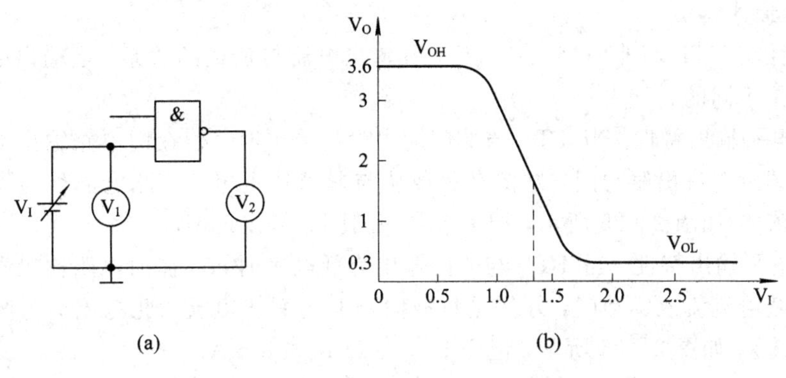

图 2-22 TTL 与非门电压传输特性

(2) 输入高电平 V_{IH} 和输入低电平 V_{IL}。V_{IH} 和 V_{IL} 的典型值分别为 3.6 V 和 0.3 V。器件手册规定，$V_{IHmin}>2$ V，$V_{ILmax}<0.8$ V。通常 V_{IHmin} 称为开门电平，用 V_{ON} 表示，意为能保证与非门输出低电平时的最小输入高电平。同时 V_{ILmax} 称为关门电平，用 V_{OFF} 表示，意为能保证与非门输出高电平时的最大输入低电平，即 $V_{OFF}=V_{ILmax}$。

因此，在 TTL 与非门中，当输入端电压 $V_I\leqslant 0.8$ V 时，输入为低电平，用 0 表示。当输入端电压 $V_I\geqslant 2$ V 时，输入为高电平，用 1 表示；在与非门输出端，当 $V_O\leqslant 0.8$ V 时，输出为低电平，当 $V_O\geqslant 2.4$ V 时，输出为高电平。

(3) 噪声容限 V_N。V_N 是指在保证逻辑门完成正常逻辑功能的情况下，逻辑门输入端所能承受的最大干扰电压值。噪声容限分为输入低电平时的噪声容限 V_{NL} 和输入高电平时的噪声容限 V_{NH}。若输入的高、低电位分别用 V_{IL}、V_{IH} 表示，则

$$V_{NL}=V_{OFF}-V_{IL}, \quad V_{NH}=V_{IH}-V_{ON}$$

噪声容限越大，则允许的干扰电压越大，说明与非门抗干扰能力越强。

2. 输入/输出特性

1) 输入特性

TTL 与非门的输入电流随输入电压 V_I 变化的关系称为输入特性。当 $V_I<V_{OFF}$，$V_I>V_{ON}$ 时，与非门输入端的电流是不同的。

(1) 高电平输入电流 I_{IH}。I_{IH} 为与非门输入高电平时流入输入端的电流，如图 2-23 所示。一般 $I_{IH}\leqslant 40\ \mu$A。

(2) 低电平输入电流 I_{IL}。I_{IL} 为与非门输入低电平时流出输入端的电流，如图 2-24 所示，一般 $I_{IL}\leqslant 0.4$ mA。

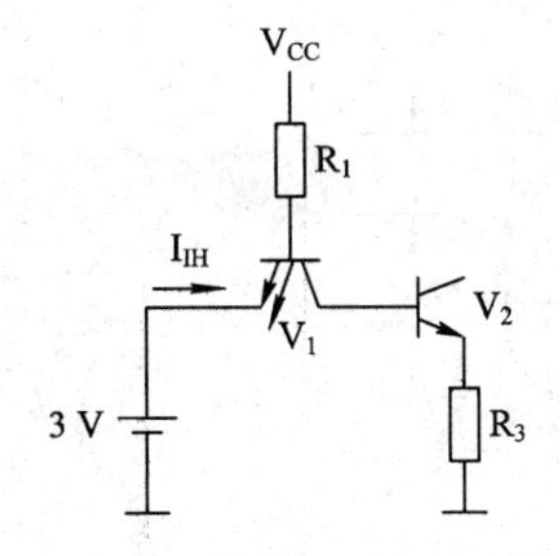

图 2-23 TTL 与非门高电平输入特性

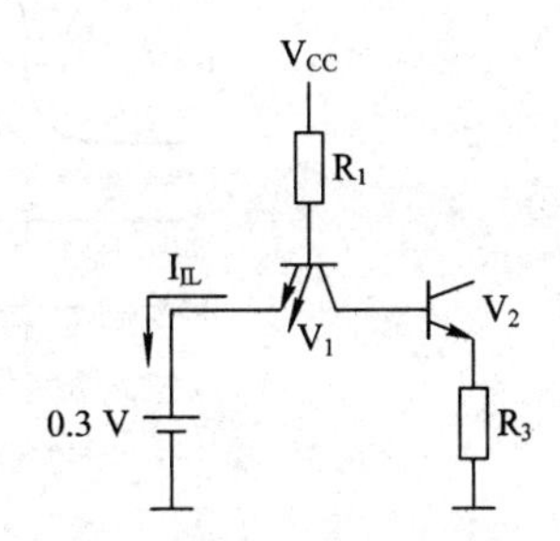

图 2-24 TTL 与非门低电平输入特性

2）输出特性

输出特性是 TTL 与非门接入负载后，其输出电流与负载的关系。当输出电平不同时，其输出特性是不同的。

（1）高电平输出特性。当 TTL 与非门输出为高电平时，若在门电路输出端接入负载，这时将有负载电流流出驱动门，好像是负载从与非门拉走电流，此电流称为拉电流（或高电平输出电流），如图 2-25 所示，记为 I_{OH}。一般 $I_{OH} \leqslant 0.4$ mA。

（2）低电平输出特性。当 TTL 与非门输出为低电平时，若在门电路输出端接入负载，这时将有负载电流流入驱动门，好像是负载向与非门灌入电流，此电流称为灌电流（或低电平输出电流），如图 2-26 所示，记为 I_{OL}。一般 $I_{OL} \leqslant 8$ mA。

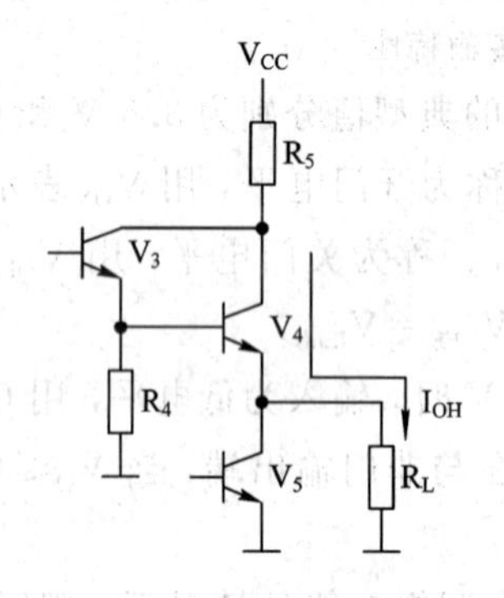

图 2-25 拉电流负载

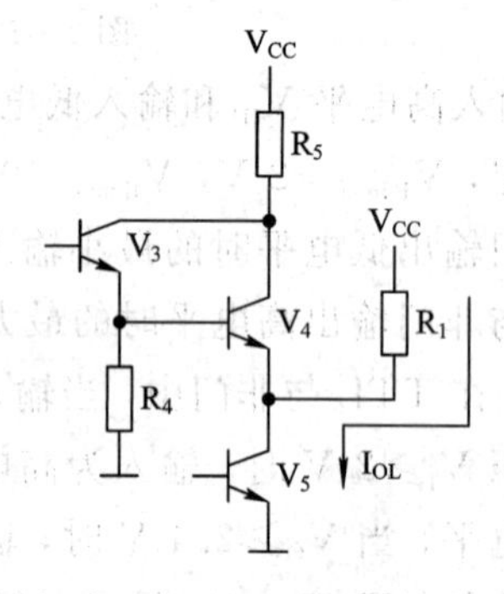

图 2-26 灌电流负载

3. 带负载能力

TTL 与非门的带负载能力用扇出系数 N_0 表示。N_0 表示了一个与非门所能驱动同类负载门的最大数目。例如 74LS20，其 N_0 大于 8。

4. 传输延迟时间

在理想情况下，当 TTL 与非门的输入有变化时，输出应立即按其逻辑关系发生响应。但实际上，由于三极管内部存储电荷的积累和消散都需要时间，故输出电压 V_O 的波形不仅要比输入电压 V_I 的波形滞后，而且上升沿和下降沿均变缓，如图 2-27 所示。通常把输出电压由高电平变为低电平的传输时间记作 t_{PHL}，由低电平变为高电平的传输时间记作 t_{PLH}。通常在器件手册中给出的是平均传输延迟时间 t_{pd}。平均延迟时间反映了与非门的开关速度。t_{pd}越小，其工作速度越快。产品规定 t_{pdmax} 为 15 ns。

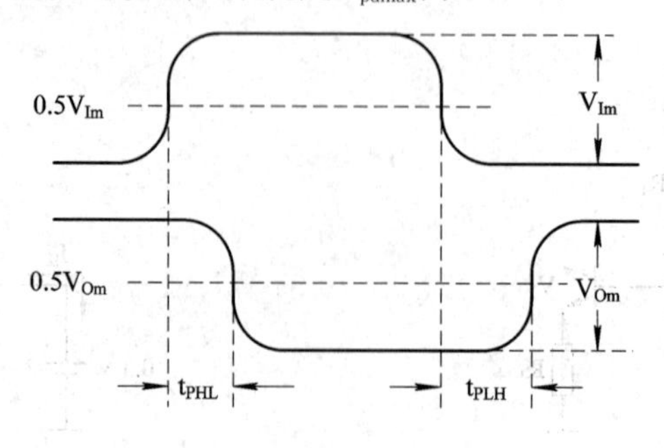

图 2-27 输出与输入波形图

2.2.4　其它逻辑功能的 TTL 门电路

在 TTL 系列产品中，常用的还有与门、或门、或非门、异或门、集电极开路与非门和三态门等。这些门电路虽然各有特点，但都是由与非门变化而来的。因此，只要掌握了与非门的工作原理和分析方法，其它门电路就不难理解了。本节主要介绍集电极开路与非门和三态门。

1. 集电极开路与非门(OC 门)

前面所介绍的 TTL 与非门电路，无论输出高电平还是低电平，其输出电阻都很低，因此在组成逻辑电路时，绝不能将两个门的输出端直接连在一起。否则有可能把管子烧坏。

为了使门电路的输出端能够直接并联使用，可以把 TTL 与非门电路的推拉式输出级改为三极管集电极开路输出，称为集电极开路输出门，简称 OC 门，其电路结构和逻辑符号如图 2-28 所示。

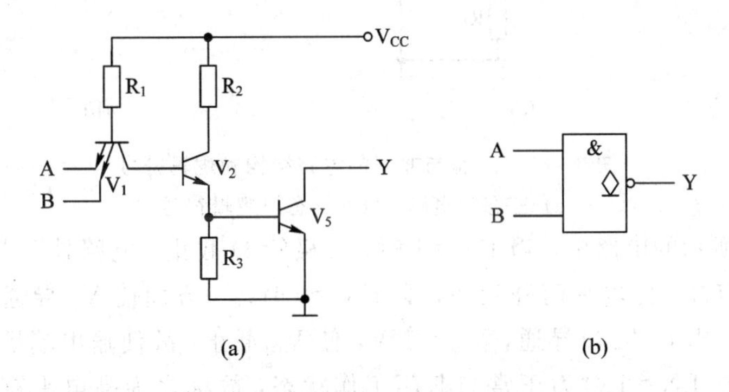

图 2-28　集电极开路与非门

(a) OC 门电路；(b) OC 门逻辑符号

OC 门仍然是个与非门，如图 2-29(a)所示。不过，需要注意的是：OC 门工作时，其输出端需要外接负载电阻和电源，否则电路不会正常工作。

将多个 OC 门的输出端并联后可只用一个集电极负载电阻 R_L 和电源 V_{CC}，如图 2-29(b)所示。此时，$F=\overline{AB}\cdot\overline{CD}=\overline{AB+CD}$。显然，该电路通过一根连线实现了与的逻辑功能，所以称 OC 门具备“线与”逻辑功能，也称 OC 门可以实现与或非功能。

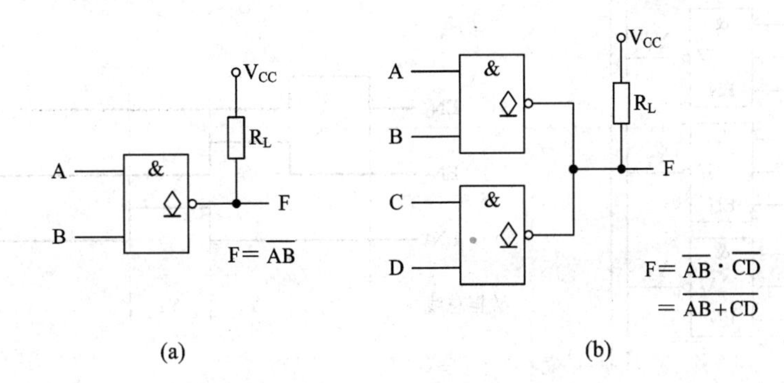

图 2-29　OC 门实现线与时的连接

需要注意的是：为了使“线与”输出的高、低电平值符合所在数字电路系统的要求，对

外接负载电阻 R_L 的阻值应作适当选择(有兴趣的读者，请参看其它参考书)。

2. 三态输出门(TSL 门)

所谓三态门，是指其输出不仅有高电平和低电平两种状态，还有第三态——高阻输出态。三态门的电路结构和逻辑符号如图 2-30 所示。由图 2-30 可知，三态门是在 TTL 与非门的基础上添加了一个二极管 V_{D1} 和一个输入端 EN 而构成的。

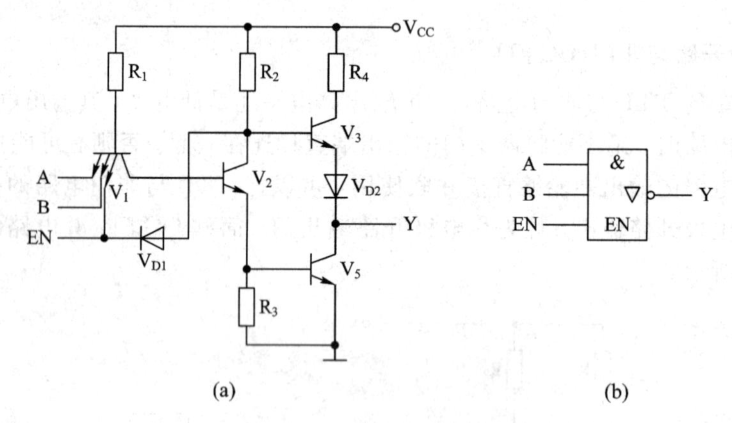

图 2-30 三态与非门的电路结构和逻辑符号

(a) 三态门电路；(b) 三态门逻辑符号

在图 2-30 所示的电路中，当 EN=1 时，二极管 D 截止，电路处于与非门工作状态，$F=\overline{AB}$，输出具有高、低电平两种状态；当 EN=0 时，一方面使 V_1 导通，$V_{B1}<1$ V，V_2 和 V_5 管均截止，同时，因 D 导通，$V_{B3}<1$ V，使 V_{D2} 截止，故使输出端呈高阻状态。

由于此电路在 EN=1 时为正常与非门工作状态，故称之为高电平有效三态门。即当 EN=1 时，$Y=\overline{AB}$；当 EN=0 时，输出为高阻态。

三态门的基本用途是在数字系统中构成总线数据传输，如图 2-31(a)所示，当 $EN_1=1$，$EN_2=0$，$EN_3=0$ 时，数据总线中传输数据为 Y_1；当 $EN_1=0$，$EN_2=1$，$EN_3=0$ 时，数据总线中传输数据为 Y_2；当 $EN_1=0$，$EN_2=0$，$EN_3=1$ 时，数据总线中传输数据为 Y_3，如图 2-31(b)所示。

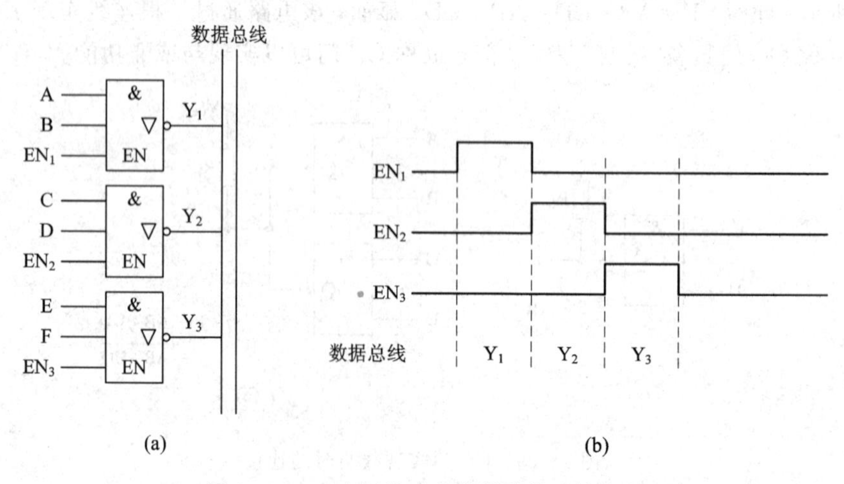

图 2-31 三态门构成的数据总线及其波形

2.3　MOS 门电路

MOS 门电路是指由绝缘栅场效应管构成的逻辑门电路。MOS 逻辑电路与前述的双极型 TTL 逻辑电路相比具有如下特点：

(1) 制造工艺简单，集成度和成品率较高，成本低；

(2) 工作电源允许变化的范围大，功耗小；

(3) 输入阻抗高，一般可达 500 MΩ 以上，扇出系数大；

(4) 抗干扰性能较好。

鉴于上述特点，MOS 逻辑电路已成为与双极型逻辑电路并行发展的另一重要分支，它特别适用于制造大规模和超大规模集成器件。由于 MOS 管种类较多，可分为增强型 N 沟道和 P 沟道及耗尽型 N 沟道和 P 沟道，所以，MOS 逻辑门的种类也比 TTL 电路多。本节主要讨论应用最为广泛的 N 沟道增强型 MOS(简称 NMOS)门电路及由 P 沟道增强型 MOS(简称 PMOS)和 N 沟道增强型 MOS(称 NMOS)互补构成的逻辑门(简称 CMOS)。

2.3.1　NMOS 电路

1. NMOS 非门

NMOS 非门电路如图 2-32 所示。图中 V_{N1} 为驱动管，V_{N2} 为负载管。当输入 A 为低电平时，即 $V_{GS1} < V_{TH}$，则 V_{N1} 截止，输出 F 为高电平。当输入 A 为高电平时，V_{N1} 导通，输出为低电平。

由以上分析可知，该电路实现了非逻辑功能，即 $F=\overline{A}$。

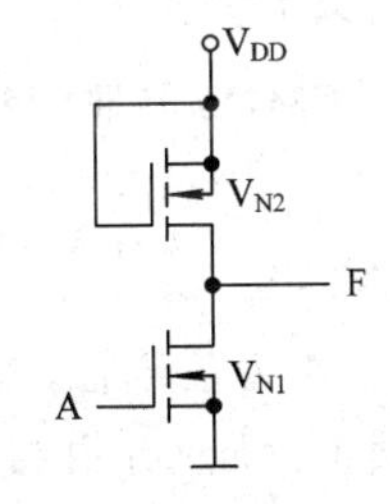

图 2-32　NMOS 非门电路

2. NMOS 与非门和或非门

NMOS 与非门电路如图 2-33 (a)所示，其中 V_{N1} 和 V_{N2} 为驱动管，V_{N3} 为负载管。当输入 A、B 全为高电平时，V_{N1}、V_{N2} 同时导通，输出 F 为低电平；若 A、B 中至少有一个为低电平，则 V_{N1}、V_{N2} 中至少有一个截止，致使输出 F 为高电平。因此，图 2-33(a)所示电路实现了与非逻辑功能，即 $F=\overline{AB}$。

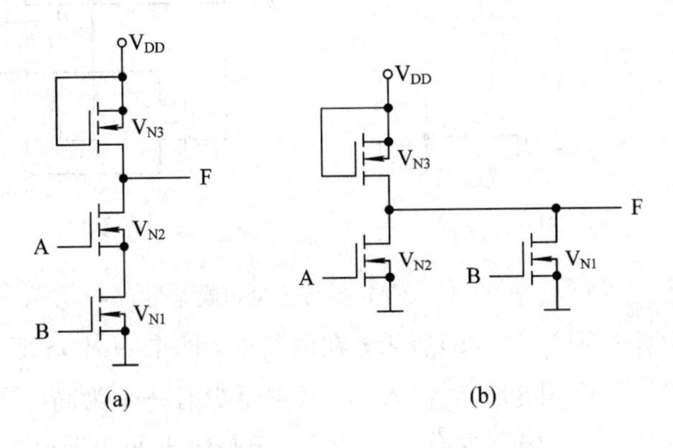

图 2-33　NMOS 与非门和或非门

NMOS 或非门电路如图 2-33(b)所示。其中 V_{N1}、V_{N2} 为驱动管，V_{N3} 为负载管。只要 A、B 中至少有一个为高电平，则驱动管 V_{N1}、V_{N2} 中至少有一个导通，致使输出 F 为低电平；当输入 A、B 全为低电平时，两个驱动管 V_{N1}、V_{N2} 都截止，致使输出 F 才为高电平。因此，图 2-33(b)电路实现或非逻辑功能，即 $F=\overline{A+B}$。

若要求增加门电路的输入端数，可通过增加驱动管的个数来实现。

2.3.2 CMOS 电路

CMOS 电路是指由 NMOS、PMOS 互补构成的 MOS 电路。

1. CMOS 非门

CMOS 非门电路如图 2-34 所示，其中 NMOS 管 V_N 为驱动管，PMOS 管 V_P 为负载管，两管的栅极相连作输入端，两管漏极相连作输出端。

(1) 当输入 A 为高电平时，V_N 导通而 V_P 截止，于是输出 F 为低电平，$V_O=V_{OL}\approx 0$ V。

(2) 当输入 A 为低电平时，V_P 导通而 V_N 截止，于是输出 F 为高电平，$V_O=V_{OH}\approx V_{DD}$。

由以上分析可见，该电路具有非门的逻辑功能，即 $F=\overline{A}$。

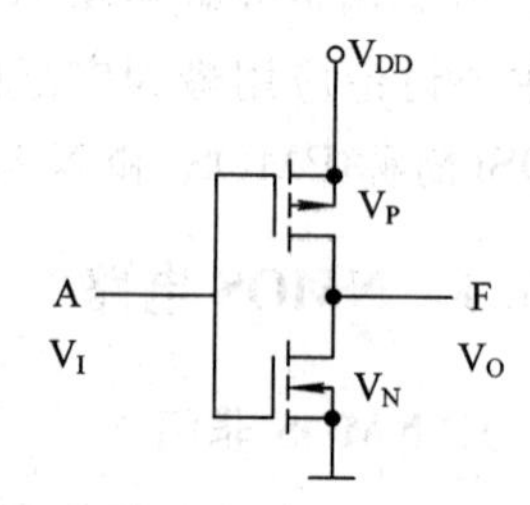

图 2-34 CMOS 非门电路

2. CMOS 与非门和或非门

基本的 CMOS 与非门如图 2-35(a)所示，在电路中，两个 NMOS 管 V_{N1}、V_{N2} 串接作为驱动管，两个 PMOS 管 V_{P1}、V_{P2} 并接作为负载管。输入 A、B 中只要有一个为低电平，两个串接的 NMOS 管中至少有一个截止，而两个并接的 PMOS 管必然有一个导通，于是输出 F 为高电平；当输入 A、B 全为高电平时，串接的 V_{N1}、V_{N2} 均导通，并接的 V_{P1}、V_{P2} 全截止，于是输出为低电平。因此，电路实现与非逻辑功能，即 $F=\overline{AB}$。

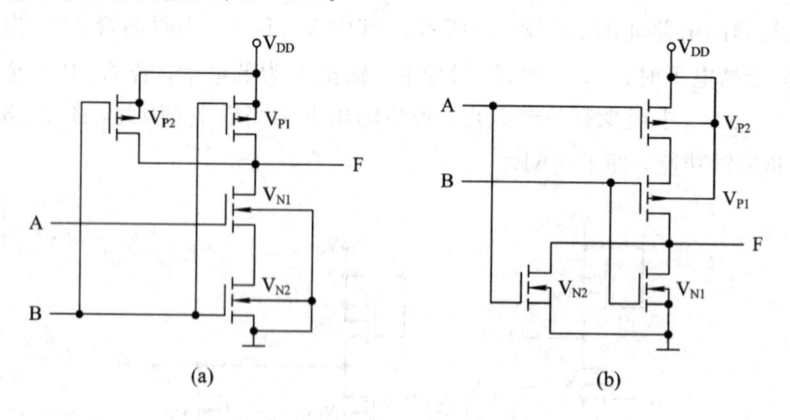

图 2-35 CMOS 与非门和或非门

CMOS 或非门电路如图 2-35(b)所示，在电路中，两个 NMOS 驱动管 V_{N1}、V_{N2} 并接，两个 PMOS 负载管 V_{P1}、V_{P2} 串接。当输入 A、B 中至少有一个为高电平时，则 V_{N1}、V_{N2} 中至少有一个导通，而 V_{P1}、V_{P2} 中至少有一个截止，于是输出 F 为低电平；只有当 A、B 均为低电平时，驱动管 V_{N1}、V_{N2} 都截止，负载管 V_{P1}、V_{P2} 都导通，于是输出 F 为高电平。因此，电路实现或非逻辑功能，即 $F=\overline{A+B}$。

3. CMOS 传输门

图 2-36 所示为 CMOS 传输门电路及逻辑符号，它由一个 NMOS 管 V_N 和一个 PMOS 管 V_P 并接而成，C 和 $\overline{C}$ 为两个控制端，分别连在 NMOS 管 V_N 和 PMOS 管 V_P 的栅极。A 为输入端，B 为输出端。

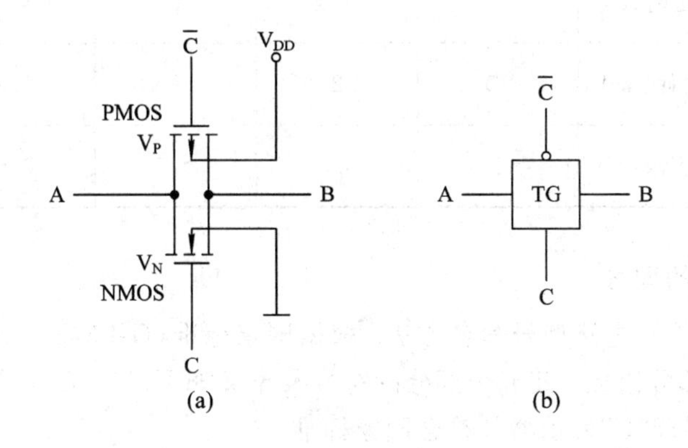

图 2-36 传输门电路及逻辑符号

(1) 当 C=0，$\overline{C}$=1 时，V_N 和 V_P 同时截止，输入与输出之间呈现高阻(大于 10^{10} Ω))状态，相当于开关断开，输入信号不能传输到输出端，传输门关闭。

(2) 当 C=1，$\overline{C}$=0 时，V_N 和 V_P 中至少要有一个导通，输入和输出之间呈现低阻(小于 1 kΩ)状态，相当于开关接通，传输门开通。

由于 MOS 管的漏极和源极在结构上是对称的，因此，CMOS 传输门也成为双向器件，其输入和输出端可以互换使用。

2.4 集成电路使用常识

2.4.1 TTL 电路使用常识

1. TTL 门系列电路

为满足提高工作速度及降低功耗等需要，TTL 电路有多种标准化产品，尤其以 54/74 系列应用最为广泛。其中 54 系列为军品，工作温度为−55～+125℃，工作电压为 5 V±10%；74 系列为民品，工作温度为 0～70℃，工作电压为 5 V±5%，它们同一型号的逻辑功能和外引线排列均相同。

常见的 TTL 门电路系列有：74 系列(标准 TTL 系列)，74L 系列(低功耗 TTL 系列)，74H 系列(高速 TTL 系列)，74S 系列(肖特基 TTL 系列)，74LS 系列(低功耗肖特基 TTL 系列)，74AS 系列(先进肖特基系列)，74ALS 系列(先进低功耗肖特基系列)等。以上各系列的不同主要反映在工作速度和平均功耗上。表 2-1 给出了几种主要 TTL 系列两输入与非门的参数对照表。

表 2-1 几种主要 TTL 系列的参数对比表

系列名称	标准 TTL	LSTTL	ASTTL	ALSTTL
	7400	74LS00	74AS00	74ALS00
工作电压(V)	5	5	5	5
平均延时(ns)	9	9.5	3	3.3
平均功耗(mW)	10	2	8	1.2
噪声容限(V)	1	0.6	0.5	0.5

2. TTL 逻辑门的型号

(1) 国产集成 TTL 电路型号命名方法。根据国家标准(GB 3430—1989)，半导体集成电路的型号由五个部分组成，其五个部分的符号及意义如下。

第 1 部分：用字母“C”表示器件符合国家标准。

第 2 部分：用字母表示器件的类型。其中，“T”表示 TTL 电路，“H”表示 HTL 电路。

第 3 部分：用阿拉伯数字和字母表示器件的系列品种。例如，TTL 分为 54/74 系列、54/74H 系列、54/74L 系列、54/74S 系列、54/74LS 系列、54/74ALS 系列等。

第 4 部分：用字母表示器件的工作温度范围。其中，“C”表示 0～70℃，“G”表示 −25～70℃，“L”表示 −25～85℃等。

第 5 部分：用字母表示器件的封装。其中，“P”表示塑料双列直插，“J”表示黑瓷双列直插，“D”表示多层陶瓷双列直插等。

例如，肖特基双 4 输入与非门 CT54S20MD 各部分代表含义如下。

C　T　54S20　G　D

多层陶瓷双列直插

−25～70℃

肖特基系列双 4 输入与非门

TTL 电路

符合国家标准

(2) 国外集成 TTL 电路型号命名方法。国外的集成电路型号，各个生产厂家可能都稍有不同。

例如，DN　74LS00——日本电气公司产品

器件编号

电路种类。DN 为数字器件，AN 为模拟器件

表 2-2 给出了 CMOS 和 TTL 门的常用型号。

表 2-2　CMOS 和 TTL 门常用型号

逻辑功能	名　称	型　号
与门	2 输入端四与门	CC4081，74LS08
	2 输入端四与门(OC)	74LS09
	3 输入端三与门	CC4073，74LS11
	3 输入端三与门(OC)	74LS15
或门	2 输入端四或门	CC4071，74LS32
	4 输入端双与门	CC4072
与非门	2 输入端四与非门	CC4011，74LS00
	3 输入端三与非门	CC4023，74LS10
	4 输入端双与非门	CC4012，74LS20
或非门	2 输入端四或非门	CC4001，74LS02
	3 输入端三或非门	CC4025
	4 输入端双或非门	CC4002
	5 输入端双或非门	74LS60
与或非门	2-2 输入端双与或非门	CC4085，74LS51
	3-2 输入端双与或非门	74LS54
异或门	四异或门	CC4086，74LS86

3. TTL 门电路中无用输入端的处理

对与非门来说，无用输入端可以采用如下方法处理。

(1) 无用端接 1，可接+5 V 电源，如图 2-37(a)所示。

(2) 与有用端并联，如图 2-37(b)所示。

(3) 悬空。与非门输入端悬空为 1，但悬空的输入端易接受干扰，导致工作不可靠，所以不推荐这种处理方法。电路连接如图 2-37(c)所示。

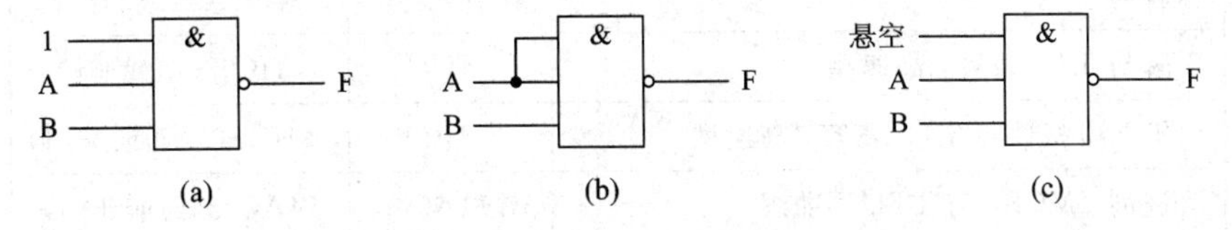

图 2-37　TTL 与非门无用输入端的处理

对或非门来说，无用输入端可接 0(地)或与有用端并联，分别如图 2-38 所示。

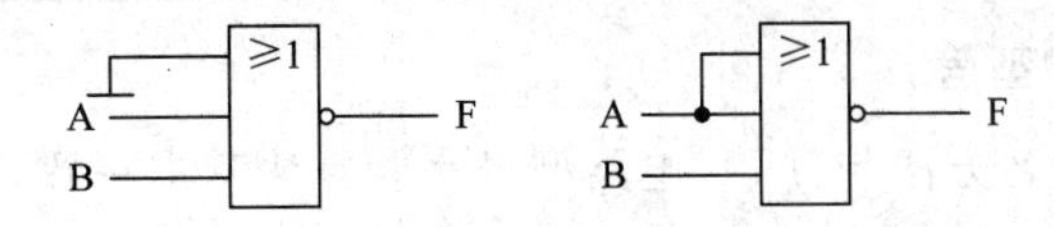

图 2-38　或非门无用输入端的处理

4. TTL 门电路的开门电阻和关门电阻

图 2－39 所示为 TTL 非门电路输入端外接电阻 R 的电路。当 R 趋于∞时，相当于输入端悬空，V_R 为高电位；当 R 为 0 时，相当于输入端接地，V_R 为 0。

实际上，只要 $R>R_{ON}$，则 $V_R>V_{ON}$，R_{ON}称为开门电阻。若 $R<R_{OFF}$，则 $V_R<V_{OFF}$，R_{OFF}称为关门电阻。产品系列不同，R_{ON}、R_{OFF}也不同，详细数值请查阅相关手册。对于 54/74 系列产品通常取：$R_{OFF}=0.8\ k\Omega$，$R_{ON}=1.9\ k\Omega$。

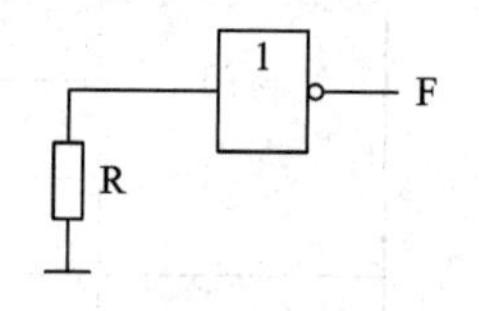

图 2－39 TTL 非门输入端外接电阻

所以，当 TTL 逻辑门的输入端外接电阻到地时，阻值不同，在输入端产生的电位就不同。

5. 电源电压及输出端的连接

TTL 电路正常工作时的电源电压为 5 V，允许上下波动±5%。使用时不能将电源与"地"线颠倒接错，否则会因电流过大而损坏器件。

除三态门和集电极开路门外，其它 TTL 门电路的输出端不允许直接并联使用，输出端不允许直接与电源或地相连。集电极开路门输出端在并联使用时，在其输出端与电源 V_{CC}之间应外接电阻；三态门输出端在并联使用时，同一时刻只能有一个门工作，其它门输出处于高阻状态。

2.4.2 CMOS 电路使用常识

1. CMOS 门系列电路

CMOS 门系列电路的工作电压范围大，具有功耗低、噪声容限大、驱动能力强等优点。CMOS 门电路有很多种系列，表 2－3 给出了几种常用的 CMOS 门系列。

表 2－3 常用 CMOS 系列

CMOS 系列	前 缀	举 例
早期的 CMOS	40	4001(四或非门)
引脚与 TTL 兼容	74C	74C02(四或非门)
引脚与 TTL 兼容，高速型	74HC	74HC02(四或非门)
引脚及电特性与 TTL 兼容，高速型	74HCT	74HCT02(四或非门)
改进型 CMOS，与 TTL 不兼容	74AC	74AC02(四或非门)
改进型 CMOS，引脚与 TTL 不兼容，但电特性与 TTL 兼容	74ACT	74ACT02(四或非门)

2. CMOS 逻辑门的型号

CMOS 电路型号命名方法与 TTL 电路型号命名方法基本一致。国产集成 CMOS 也由五个部分组成。

第 1 部分：用字母"C"表示器件符合国家标准。

第 2 部分：用字母"C"表示 CMOS 电路。

第 3 部分：用阿拉伯数字和字母表示器件的系列品种。CMOS 分为 4000 系列、54/74HC 系列、54/74HCT 系列等。

第 4 部分：用字母表示器件的工作温度范围。其中，“C”表示 0～70℃，“G”表示 −25～70℃，“L”表示 −25～85℃等。

第 5 部分：用字母表示器件的封装。其中，“P”表示塑料双列直插，“J”表示黑瓷双列直插，“D”表示多层陶瓷双列直插等。

例如，引脚与 TTL 兼容 4 或非门 CC54C02GD 各部分代表含义如下。

C　C　54C02　G　D

多层陶瓷双列直插
−25～70℃
引脚与 TTL 兼容 4 或非门
CMOS 电路
符合国家标准

3. 常见 TTL 系列和 CMOS 系列的参数对照

为了方便大家使用，表 2-4 列出了几种常见 TTL 系列和 CMOS 系列的参数对照表。

表 2-4　TTL 和 CMOS 参数对照表

参数名称 \ 电路种类	TTL 74 系列	TTL 74LS 系列	CMOS 4000 系列	高速 CMOS 74HC 系列	高速 CMOS 74HCT 系列
V_{CC}/V	5	5	5	5	5
$V_{OH(min)}$/V	2.4	2.7	4.6	4.4	4.4
$V_{OL(max)}$/V	0.4	0.5	0.05	0.1	0.1
$I_{OH(max)}$/mA	−0.4	−0.4	−0.51	−4	−4
$I_{OL(max)}$/mA	16	8	0.51	4	4
$V_{IH(min)}$/V	2	2	3.5	3.5	2
$V_{IL(max)}$/V	0.8	0.8	1.5	1	0.8
$I_{IH(max)}$/VA	40	20	0.1	0.1	0.1
$I_{IL(max)}$/mA	−1.6	−0.4	-0.1×10^{-3}	-0.1×10^{-3}	-0.1×10^{-3}
t_{pd}/ns	10	10	45	10	10
P(功耗/门)/mw	10	2	5×10^{-3}	1×10^{-3}	1×10^{-3}
N_0(扇出系数)/个	8	8	15	15	15

对照表 2-4 和图 2-40、图 2-41，我们将 CMOS4000 系列与 TTL74 系列作一比较。

(1) 开门电平与关门电平。CMOS 电路的关门电平为 1.5 V，开门电平为 3.5 V，而 TTL74 系列的关门电平为 0.8 V，开门电平为 2 V。所以，CMOS 电路的抗干扰能力强。

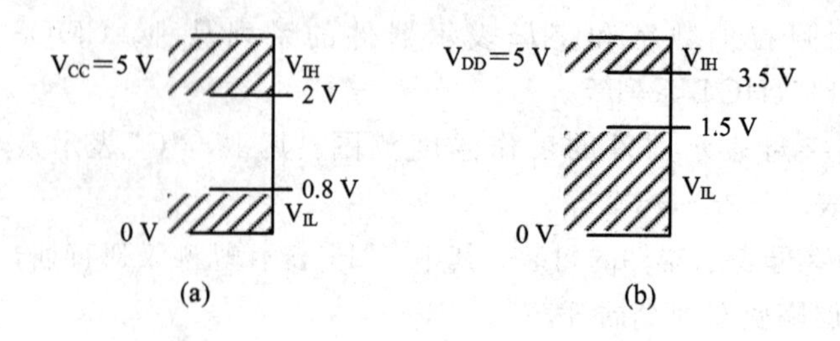

图 2-40 TTL、CMOS电路输入电平图
(a) TTL电路输入高、低电平图；(b) CMOS电路输入高、低电平图

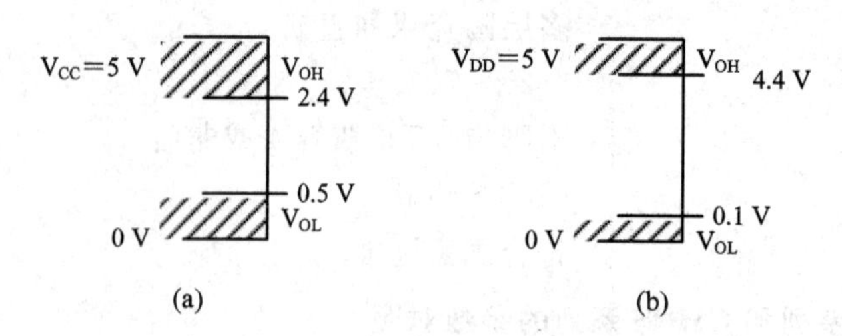

图 2-41 TTL、CMOS电路输出电平图
(a) TTL电路输出高、低电平图；(b) CMOS电路输出高、低电平图

(2) 输出高电平与低电平。CMOS电路的输出低电平小于0.1 V，输出高电平大于4.4 V。而TTL电路的输出高电平大于2.4 V，输出低电平小于0.5 V。所以，当同一电路中，同时使用了TTL、CMOS逻辑门时，一定要注意二者之间的输入、输出电平是否匹配。

(3) 传输延迟时间。CMOS电路的传输延迟时间为45 ns，而TTL电路为10 ns。所以，CMOS电路工作速度要慢一些。

(4) 平均功耗。CMOS电路的平均功耗为5×10^{-3} mW，而TTL电路为10 mW。所以，CMOS电路的功耗要远远小于TTL电路。

(5) 扇出系数。CMOS电路驱动同类负载门的个数可以高达50个，而TTL电路仅能驱动8个同类负载门。

4. CMOS电路使用常识

尽管CMOS电路的输入端均有保护电路，但这些电路吸收的瞬时能量有限，过大的干扰信号也会破坏保护电路，甚至烧坏芯片。因此，使用时应注意以下几点。

(1) 注意静电防护，预防栅极击穿损坏。最好用金属容器存放和运输CMOS器件，以防止外来感应电荷将栅极击穿。焊接时，电烙铁外壳应接地。

(2) 正确识别器件的输入和输出端，并正确连接它们。CMOS电路的输入端不得悬空，应该按要求接V_{DD}(电源正极)或V_{SS}(电源负极，通常接地)。一个集成CMOS芯片中，不用的门电路的输入端也不得悬空。

(3) 在连接电路和插拔电路元器件时必须切断电源，严禁带电操作。

(4) 因电路输入阻抗极高，故不用的输入端不能开路，以免感应较高的电压。

(5) 栅极接一电阻到地，相当于栅极为低电位，即构成低电平输入方式。

2.5　逻辑门电路的计算机仿真实验

【练习1】 创建如图2-42所示的TTL电路和CMOS电路传输特性测试电路，并进行电路仿真和测试。

(1) 改变图2-42中输入电压V_I的数值，用示波器观察输出电压V_O的变化(考虑接负载和不接负载两种情况)，并将两者关系用坐标曲线表示(纵坐标－V_O，横坐标－V_I)。

(2) 接负载和不接负载测试时，有哪些异同点?

【练习2】 将图2-42所示的TTL与非门7400换成CMOS与非门74HC00，并进行电路仿真和测试。

(1) 改变输入电压V_I的数值，用示波器观察输出电压V_O的变化(考虑接负载和不接负载两种情况)，并将两者关系用坐标曲线表示(纵坐标－V_O，横坐标－V_I)。

(2) 接负载和不接负载测试时，有哪些异同点?

(3) 比较TTL电路与CMOS电路的电压传输特性有哪些异同点。

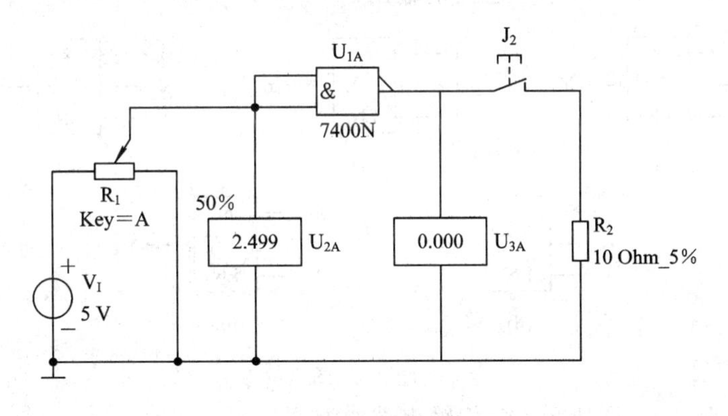

图2-42　练习1图

本 章 小 结

本章介绍了集成逻辑门的两大类型：TTL逻辑门和MOS逻辑门。重点介绍了这两种逻辑门的内部结构、工作原理和外部特性。

1. TTL逻辑门

TTL逻辑门由输入级、中间级和输出级三部分组成。其外部特性包括：电压传输特性(开门电平、关门电平、干扰容限)、扇入(出)系数和传输延迟时间等。

TTL与非门包括集电极开路的与非门(OC门)、三态门(TSL)等其它类型。OC门可以实现线与逻辑功能，而三态门有0、1、高阻三种状态。

2. CMOS逻辑门

CMOS逻辑门由NMOS、PMOS互补构成。利用CMOS技术构成的传输门，能够接通或断开模拟信号。CMOS逻辑门的电特性同样包括：电压传输特性(开门电平、关门电平、干扰容限)、扇入(出)系数和传输延迟时间等。

无论使用的逻辑门是 TTL 逻辑门，还是 CMOS 逻辑门，同一种功能的逻辑门其功能始终是一样的，不同的只是其参数，包括输入、输出高低电平，扇出系数、工作速度等，这一点一定要注意。

习　　题

2－1　逻辑图和输入 A、B 的波形如题 2－1 图所示，试画出输出 F 的波形。

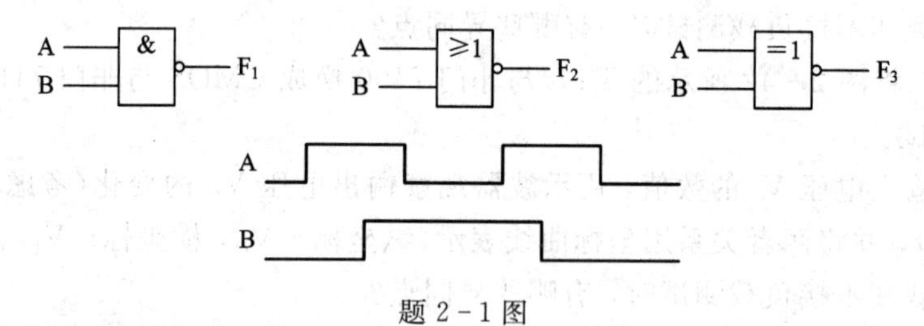

题 2－1 图

2－2　写出题 2－2 图所示三态门的输出。

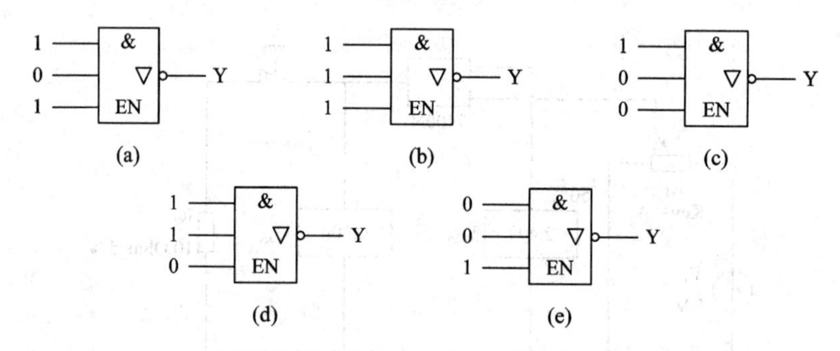

题 2－2 图

2－3　写出题 2－3 图所示 OC 门输出端的电位。

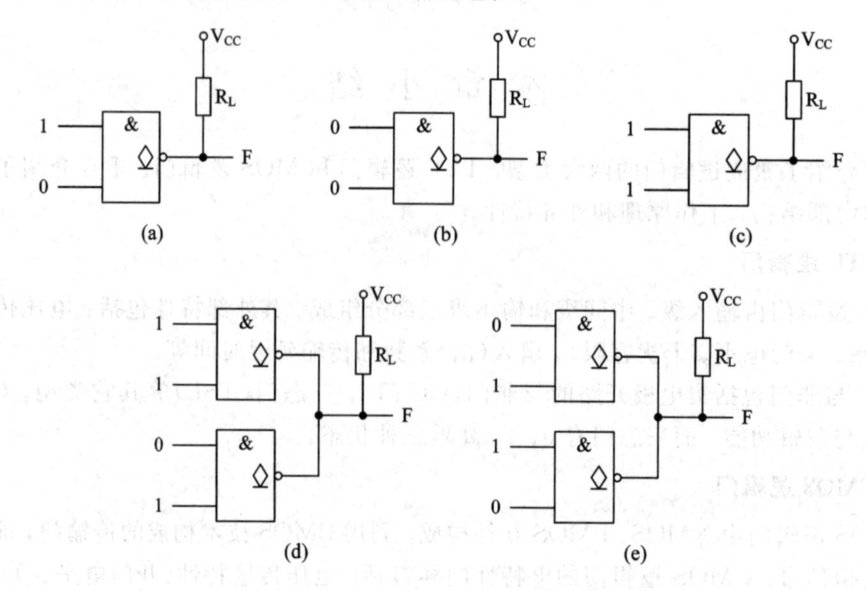

题 2－3 图

2－4　TTL 逻辑电路如题 2－4 图所示，写出各逻辑表达式。

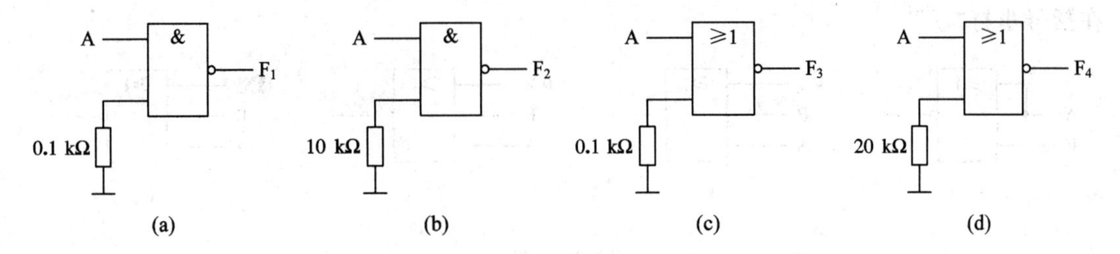

题 2－4 图

2－5　逻辑电路如题 2－5 图所示，写出逻辑表达式。

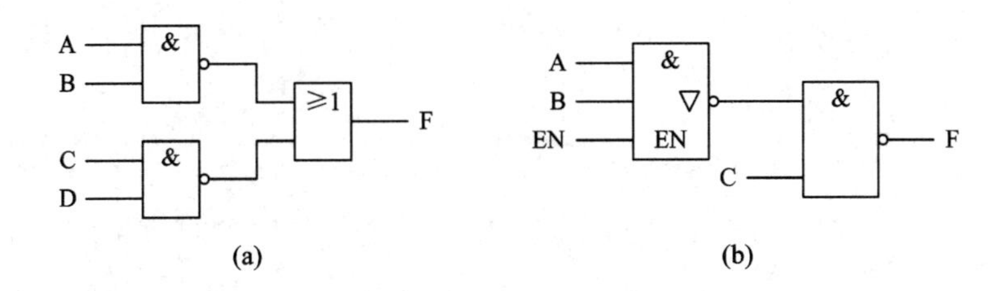

题 2－5 图

2－6　以下 TTL 门电路中，要实现 $F=\overline{A}$，多余端的处理哪些是正确的？正确的在括号里打"√"。

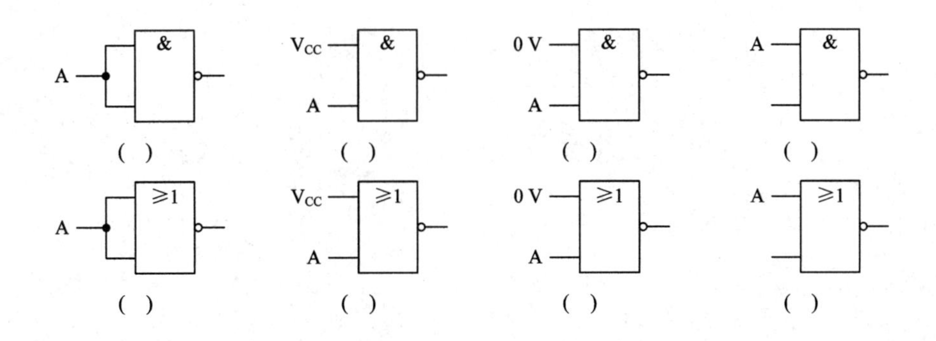

题 2－6 图

2－7　以下 CMOS 门电路中，要实现 $F=\overline{AB}$，多余端的处理哪些是正确的？正确的在括号里打"√"。

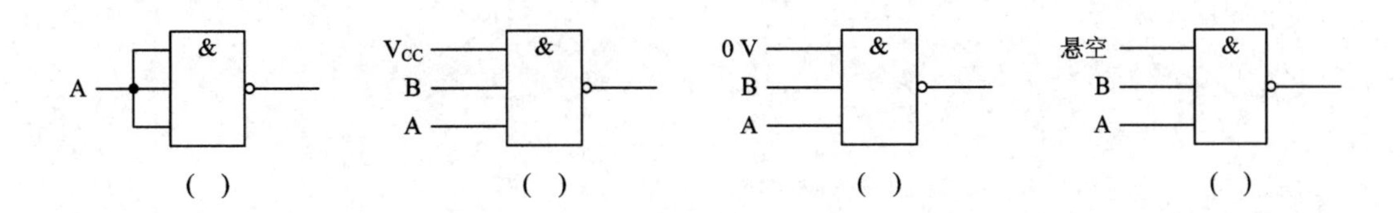

题 2－7 图

2-8 以下CMOS门电路中，要实现$F=\overline{A+B}$，多余端的处理哪些是正确的？正确的在括号里打“√”。

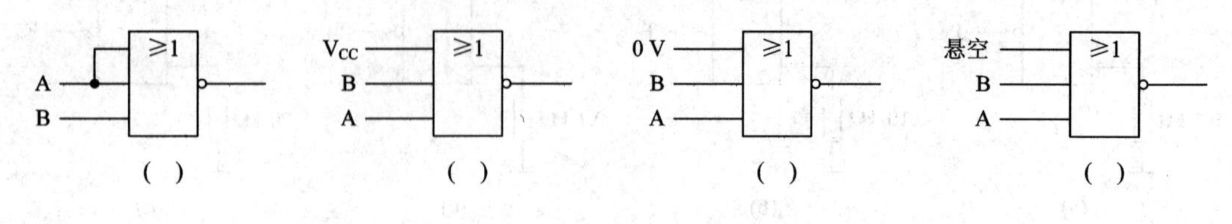

题2-8图

第 3 章　组合逻辑电路

根据逻辑功能的不同，通常把数字电路分为两大类，即组合逻辑电路(简称组合电路)和时序逻辑电路(简称时序电路)。通过上两章的学习，我们掌握了分析和设计数字电路的数学工具——逻辑代数，以及构成数字电路的基本单元电路——逻辑门电路。本章将运用这些基本知识分析和设计组合逻辑电路。

那么，什么样的电路属于组合电路呢？日常生活中应用组合电路的地方很多。如汽车驾驶系统中，汽车点火后 5 秒钟之内，如果驾驶员还未放下手制动，则汽车安全系统会报警给予警示；再如电子密码锁，当开启者输入的密码不正确时，系统会发出报警声；再如十字路口的交通灯控制系统中的时间显示电路等都属于组合电路，这些系统中都用到了组合电路。

组合电路可用图 3-1 所示框图来表示，图 3-1 中，X_1、X_2…X_m 为输入，Y_1、Y_2…Y_n 为输出，输出随输入的变化而立即变化。从逻辑上来描述，组合电路是指：任意时刻的输出仅仅取决于该时刻的输入，与电路原来的状态无关。从电路结构来看，组合电路具有两个特点，即电路仅由门电路构成，且电路无记忆功能。图 3-2 所示为一个实际的译码显示电路，图中的译码器、显示器都是本章将介绍的组合电路。

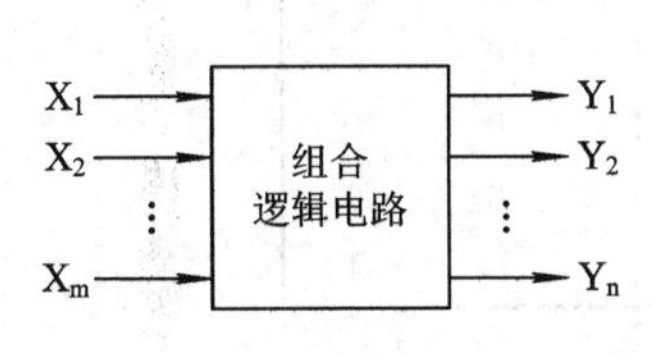

图 3-1　组合电路框图

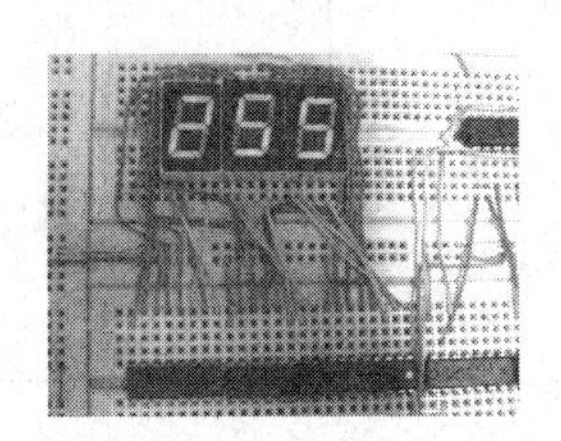

图 3-2　实际的译码显示电路

3.1　组合电路的分析与设计

随着数字电路的广泛应用，掌握数字电路的分析和设计的方法就显得非常重要。而任何复杂的数字系统都是用门电路来组成的，因此，本节将讨论门电路构成的组合电路的分析与设计方法，为分析与设计中、大规模集成电路所构成的数字系统提供基础。

3.1.1　组合电路的分析

组合逻辑电路的分析，就是通过对一个给定的组合逻辑电路的分析，找出其输出和输入之间的逻辑关系，从而了解给定逻辑电路的逻辑功能。

组合电路的分析一般按下列步骤进行：

(1) 根据给定的逻辑图，从输入到输出逐级写出逻辑函数式；

(2) 用公式法或卡诺图化简逻辑函数；

(3) 由已化简的输出函数表达式列出真值表；

(4) 从逻辑表达式或从真值表概括出组合电路的逻辑功能。

【例 3.1】 组合电路如图 3-3 所示，设输入为 8421BCD 码，试分析电路的逻辑功能。

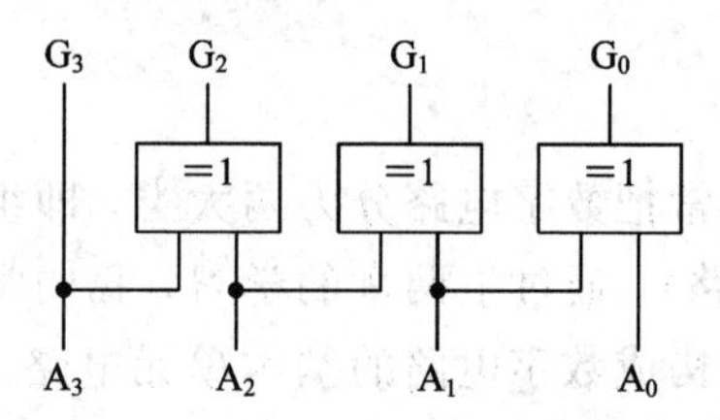

图 3-3 例 3.1 逻辑图

解：由图 3-3 可知，该电路输入为 $A_3 \sim A_0$，输出为 $G_3 \sim G_0$，且

$$G_3 = A_3,\ G_2 = A_3 \oplus A_2,\ G_1 = A_2 \oplus A_1,\ G_1 = A_1 \oplus A_0$$

由于输入为 8421BCD 码，则依据上述函数关系可列出真值表如表 3-1 所示。

表 3-1 例 3.1 的真值表

A_3	A_2	A_1	A_0	G_3	G_2	G_1	G_0
0	0	0	0	0	0	0	0
0	0	0	1	0	0	0	1
0	0	1	0	0	0	1	1
0	0	1	1	0	0	1	0
0	1	0	0	0	1	1	0
0	1	0	1	0	1	1	1
0	1	1	0	0	1	0	1
0	1	1	1	0	1	0	0
1	0	0	0	1	1	0	0
1	0	0	1	1	1	0	1

由表 3-1 可知，输出 $G_3 \sim G_0$ 为 BCD 格雷码。所以，图 3-3 所示电路把输入的 8421BCD 码转换为 BCD 格雷码输出。

【例 3.2】 试分析图 3-4 所示的组合电路。

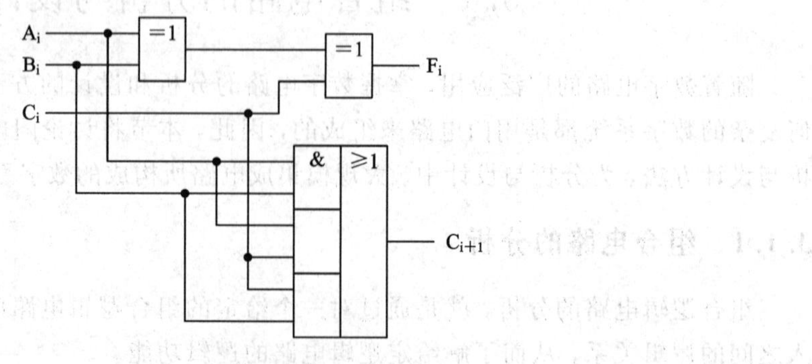

图 3-4 例 3.2 的逻辑电路图

解：该电路由一个与或门和两个异或门组成。A_i、B_i 和 C_i 是输入变量，C_{i+1} 和 F_i 为输出变量。由逻辑电路图可写出输出函数的逻辑表达式为

$$F_i = A_i \oplus B_i \oplus C_i$$

$$C_{i+1} = A_iC_i + A_iB_i + B_iC_i$$

据此可列出 F_i 和 C_{i+1} 的真值表，如表 3-2 所示。

表 3-2　例 3.2 的真值表

A_i	B_i	C_i	F_i	C_{i+1}
0	0	0	0	0
0	0	1	1	0
0	1	0	1	0
0	1	1	0	1
1	0	0	1	0
1	0	1	0	1
1	1	0	0	1
1	1	1	1	1

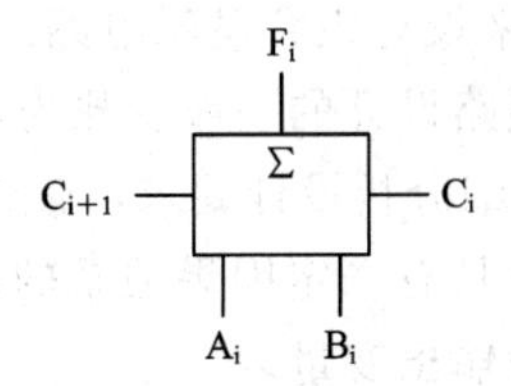

图 3-5　一位加法器逻辑符号

由表 3-2 可以看出，若把 A_i、B_i 和 C_i 看作三个一位二进制数，则 F_i 就是它们的和，而 C_{i+1} 是向高位的进位。若把 C_i 看作是由低位来的进位，则该电路就是一个一位加法器，完成两个一位二进制数 A_i、B_i 的加法运算。其逻辑符号如图 3-5 所示。

【例 3.3】 组合电路如图 3-6 所示，试分析该电路，并根据输入波形画出输出波形。

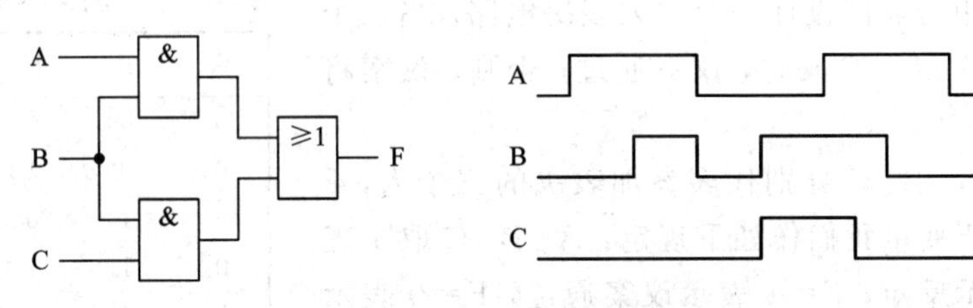

图 3-6　例 3.3 逻辑图

解：由逻辑图写出输出表达式，F=AB+BC。由输出表达式列输出函数真值表，如表 3-3 所示。

表 3-3　例 3.3 的真值表

A	B	C	F
0	0	0	0
0	0	1	0
0	1	0	0
0	1	1	1
1	0	0	0
1	0	1	0
1	1	0	1
1	1	1	1

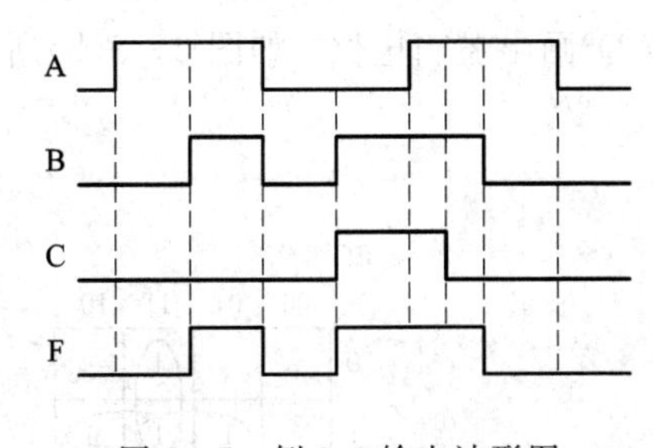

图 3-7　例 3.3 输出波形图

由真值表 3-3 可知，当 ABC 取 011，110，111 时，输出为 1，在其它输入情况下，输出均为 0。据此可画出输出波形，如图 3-7 所示。

3.1.2 组合电路设计简介

组合逻辑电路的设计，就是根据给定的逻辑设计要求，设计出能实现该逻辑功能的最简逻辑电路。所谓“最简”，是指电路所用的器件数最少，器件的种类最少，而且器件之间的连线也最少。

要实现一个逻辑功能，可以采用小规模集成门电路实现，也可以采用中规模集成器件或大规模集成器件来实现。本节将主要讨论如何采用小规模集成门电路(即集成与非门和或非门等)来设计组合逻辑电路。

组合电路设计的一般步骤为：

(1) 仔细分析设计要求，确定输入、输出变量。一般来说，给定的设计要求都是用文字描述的一个具有一定因果关系的事件。通常把引起事件结果的原因作为输入变量，把事件的结果作为输出变量。

(2) 对输入和输出变量赋予 0，1 值，并根据输入、输出之间的因果关系，列出输入、输出对应关系表，即真值表。

(3) 根据真值表填卡诺图，写输出逻辑函数表达式的适当形式。例如，采用与非门实现逻辑函数时，应将函数变换为与非—与非式；而采用或非门实现时，则应将函数变换为或非—或非式。

(4) 画出逻辑电路图。

【例 3.4】 用与非门设计一个三人表决电路。当三个人中有两个或两个以上赞成时，议案通过；否则，议案将被否决。

表 3-4 例 3.4 的真值表

A	B	C	F
0	0	0	0
0	0	1	0
0	1	0	0
0	1	1	1
1	0	0	0
1	0	1	1
1	1	0	1
1	1	1	1

解：(1) 设 A、B、C 分别代表参加表决的三个人，F 为表决结果。对于变量我们作如下规定：A、B、C 取 1 表示赞成，取 0 表示反对；F=1 表示议案通过，F=0 表示议案被否决。由设计要求可列出真值表，如表 3-4 所示。

(2) 由真值表画出卡诺图，如图 3-8(a) 所示，因设计要求采用与非门，故圈卡诺图得输出逻辑函数表达式

$$F=AB+AC+BC=\overline{\overline{AB}\cdot\overline{AC}\cdot\overline{BC}}$$

(3) 画出逻辑电路，如图 3-8(b)所示。

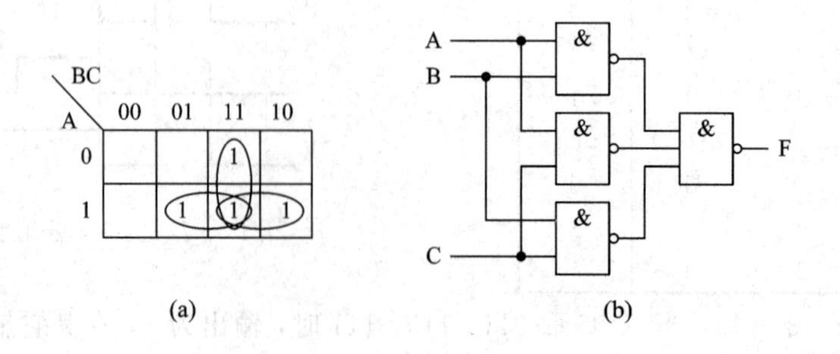

图 3-8 例 3.4 的卡诺图及逻辑图

【例3.5】 试用或非门设计一组合电路。当输入的三位二进制数所对应的十进制数能被2，6，7整除时，电路输出为1，否则输出为0。

解：(1) 设输入的三位二进制数用变量A、B、C表示，电路输出用变量F表示。三位二进制数A、B、C所对应的十进制数能被2，6，7整除的数有：000，010，100，110，111。依据题意，输入变量的这些取值组合所对应的输出为1，其余输入变量组合对应的输出为0。由此可以列出逻辑函数的真值表，如表3-5所示。

表3-5　例3.5的真值表

输入			输出
A	B	C	F
0	0	0	1
0	0	1	0
0	1	0	1
0	1	1	0
1	0	0	1
1	0	1	0
1	1	0	1
1	1	1	1

(2) 由真值表3-5填逻辑函数F的卡诺图，如图3-9(a)所示。因设计要求中要求用或非门设计电路，所以，应首先求出逻辑函数F的最简或与式。

$$\overline{F}=\overline{A}C+\overline{B}C$$

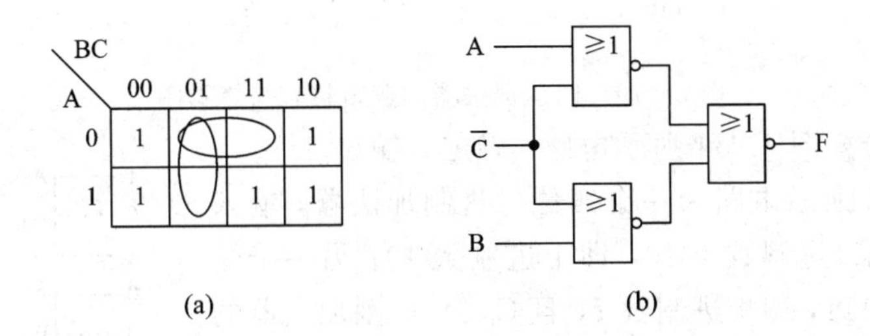

图3-9　例3.5的卡诺图和逻辑电路图

利用反演规则，得逻辑函数的最简或与式：$F=(A+\overline{C})(B+\overline{C})$。

(3) 利用逻辑代数的还原律和摩根定律，将最简或与式化成或非—或非式：

$$F=\overline{\overline{F}}=\overline{\overline{A+\overline{C}}+\overline{B+\overline{C}}}$$

(4) 画逻辑图，如图3-9(b)所示。

3.2　中规模组合逻辑模块及其应用

中规模集成部件因其工作稳定性高、兼容性强、体积小、使用方便等优点而受到人们的重视，应用范围也越来越广。在这一节里，将介绍几种常用的集成组合部件，包括加法器、译码器、数据选择器、编码器、数字比较器等。

由于中规模集成部件已有大量的定型产品，对使用者来说，重点应了解这些部件的外部功能特性，以及如何利用其功能特性分析与设计组合电路。

3.2.1 加法器

加法器是一种能完成二进制数加法运算的逻辑器件。它除能实现二进制加法运算外，还广泛用于完成其它逻辑功能，如码制转换、减法运算等。

74HC283 是一个四位加法器，能完成两个四位二进制数的加法运算。其简化逻辑符号如图 3-10(a)所示。图 3-10(a)中，方框上部的 Σ 为加法器的定性符，$A_0 \sim A_3$ 和 $B_0 \sim B_3$ 为参与加法运算的两个四位二进制加数，$F_0 \sim F_3$ 为两个四位二进制数相加的和，C_{i0} 为低位片来的进位输入信号，C_{04} 是本片向高位片产生的进位输出信号。该电路所实现的运算可表示为

$$C_{04}F_3F_2F_1F_0 = A_3A_2A_1A_0 + B_3B_2B_1B_0 + C_{i0}$$

图 3-10(b)所示为集成加法器的集成电路管脚排列图。

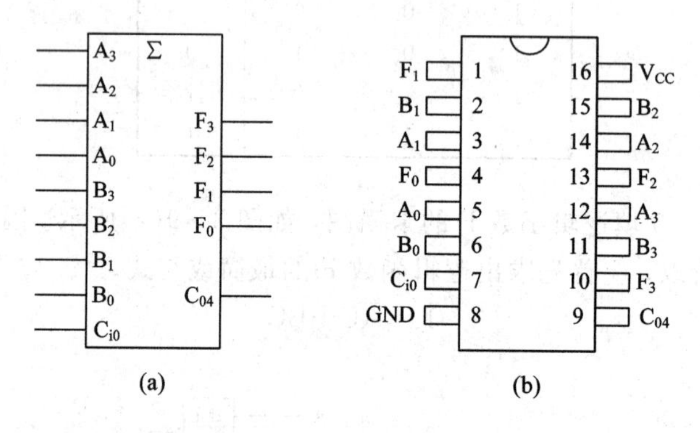

图 3-10 四位加法器的逻辑符号与管脚图

【例 3.6】 分析图 3-11 所示电路，确定其输出。

解：图 3-11 所示电路为一个四位二进制加法器，输入 $A_3 \sim A_0$ 接入四位二进制数 1010，即十进制数 10；另一个输入 $B_3 \sim B_0$ 接入 0111，即十进制数 7，且 C_{i0} 为 0。则加法器的输出——$C_{04}F_3 \sim F_0$ 即为 1010 和 0111 相加的和。所以，加法器的输出为 $C_4F_3F_2F_1F_0 = 10001$，即十进制数 17。

$$\begin{array}{rr} C_{i0} & 0 \\ A_3\ A_2\ A_1\ A_0 & 1010 \\ +\ \ B_3\ B_2\ B_1\ B_0 & +\ 0111 \\ \hline C_{04}\ F_3\ F_2\ F_1\ F_0 & 10001 \end{array}$$

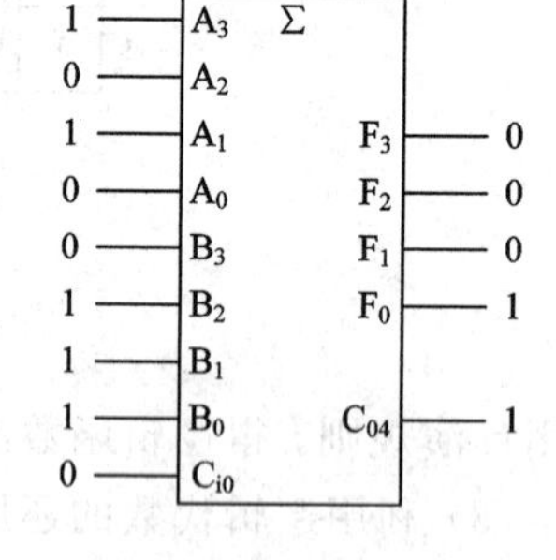

图 3-11 例 3.6 的逻辑连接图

【例 3.7】 分析图 3-12 所示电路，确定输入、输出之间的逻辑关系。

解：由图 3-12 中输入可知，加数 A 为 8421BCD 码，加数 B 固定接 0011，且 C_{i0} 为 0，输出为加法器的和，即 8421BCD 码和二进制数 0011 相加的和。依据加法器逻辑功能，列真值表如表 3-6 所示。

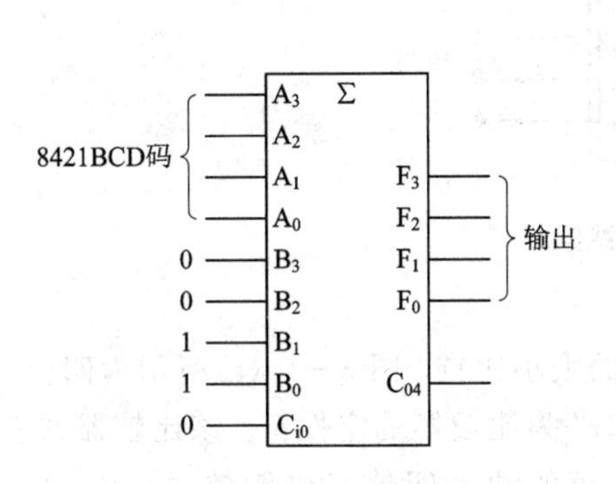

图 3-12　例 3.7 的逻辑连接图

表 3-6　例 3.7 真值表

A_3	A_2	A_1	A_0	F_3	F_2	F_1	F_0
0	0	0	0	0	0	1	1
0	0	0	1	0	1	0	0
0	0	1	0	0	1	0	1
0	0	1	1	0	1	1	0
0	1	0	0	0	1	1	1
0	1	0	1	1	0	0	0
0	1	1	0	1	0	0	1
0	1	1	1	1	0	1	0
1	0	0	0	1	0	1	1
1	0	0	1	1	1	0	0

由真值表 3-6 可知，对每一组输入 8421BCD 码，输出总比输入多 3，即输出构成余 3 码。所以，该电路完成的是 8421BCD 码到余 3BCD 码的转换。图 3-13 所示为该电路的仿真电路图，拨动开关 ABCD 至不同位置，即可产生 8421BCD 码输入。为便于观察输入、输出的数值大小，在输入、输出数据端连接了数字显示器。由图 3-13 可知，当输入为 3 时，输出为 6，比输入多 3。

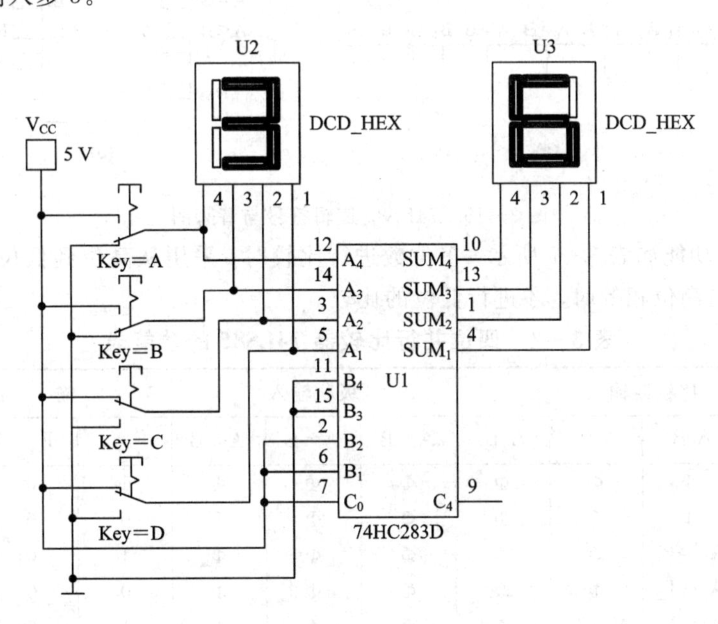

图 3-13　例 3.7 仿真图

3.2.2　数字比较器

数字比较器是对两个位数相同的二进制数进行数值比较并判定其大小关系的逻辑电路。我们知道，两个数 A、B 比较的结果只有 3 种可能：A<B、A=B 和 A>B。图 3-14 所示为两个二进制数比较大小的框图。当数 A 为十进制数 10，数 B 为十进制数 8 时，比较结果 A>B，所以，$F_{A>B}$端输出为 1，其它两个输出端输出为 0。

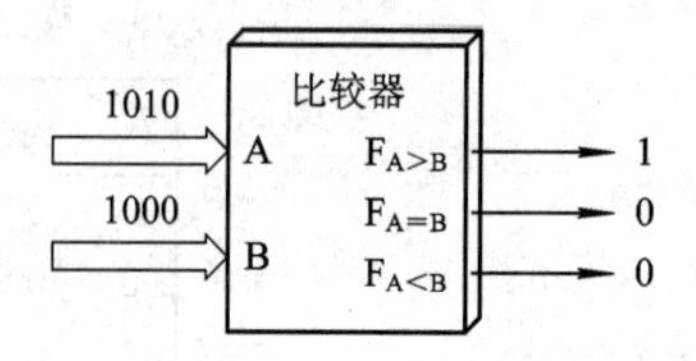

图 3-14 比较器框图

1. 四位并行比较器

四位并行比较器用来完成两个四位二进制数的大小比较，图 3-15(a)所示为四位并行比较器 74LS85 的逻辑符号，图 3-15(a)中“COMP”为比较器的定性符。该比较器共有 11 个输入端，其中 $A_3A_2A_1A_0$、$B_3B_2B_1B_0$ 为参与比较的两个四位二进制数 A、B；A＜B、A＝B 和 A＞B 为三个扩展输入端，又称级联输入端，用于片与片之间的连接；$F_{A<B}$、$F_{A=B}$ 和 $F_{A>B}$ 为比较器的比较结果输出端。图 3-15(b)所示为 74LS85 的集成电路管脚排列图。

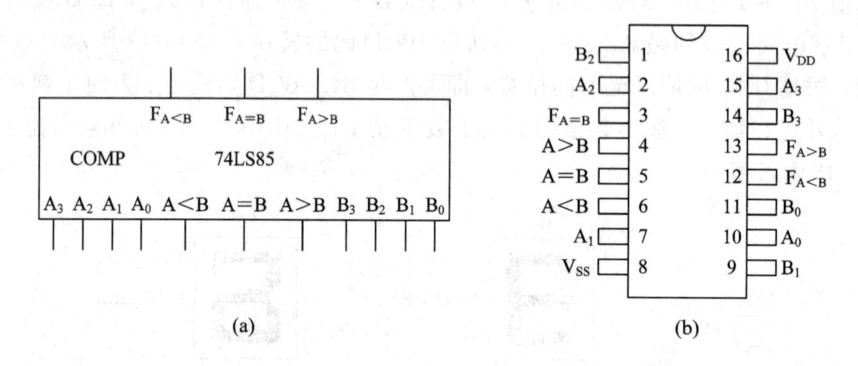

图 3-15 74LS85 逻辑符号与管脚图

74LS85 的功能如表 3-7 所示。多位数进行比较时，采用从高位到低位逐位进行比较的方法，只有当高位相等时，才进行低位的比较。

表 3-7 四位并行比较器 74LS85 的功能表

比较器输入				级联输入			输　出		
A_3B_3	A_2B_2	A_1B_1	A_0B_0	A＞B	A＝B	A＜B	$F_{A>B}$	$F_{A=B}$	$F_{A<B}$
$A_3>B_3$	Φ	Φ	Φ	Φ	Φ	Φ	1	0	0
$A_3<B_3$	Φ	Φ	Φ	Φ	Φ	Φ	0	0	1
$A_3=B_3$	$A_2>B_2$	Φ	Φ	Φ	Φ	Φ	1	0	0
$A_3=B_3$	$A_2<B_2$	Φ	Φ	Φ	Φ	Φ	0	0	1
$A_3=B_3$	$A_2=B_2$	$A_1>B_1$	Φ	Φ	Φ	Φ	1	0	0
$A_3=B_3$	$A_2=B_2$	$A_1<B_1$	Φ	Φ	Φ	Φ	0	0	1
$A_3=B_3$	$A_2=B_2$	$A_1=B_1$	$A_0>B_0$	Φ	Φ	Φ	1	0	0
$A_3=B_3$	$A_2=B_2$	$A_1=B_1$	$A_0<B_0$	Φ	Φ	Φ	0	0	1
$A_3=B_3$	$A_2=B_2$	$A_1=B_1$	$A_0=B_0$	1	0	0	1	0	0
$A_3=B_3$	$A_2=B_2$	$A_1=B_1$	$A_0=B_0$	0	1	0	0	1	0
$A_3=B_3$	$A_2=B_2$	$A_1=B_1$	$A_0=B_0$	0	0	1	0	0	1

由表3-7可知：

(1) 当两个输入数据 $A_3A_2A_1A_0$ 和 $B_3B_2B_1B_0$ 不相等时，比较器从高位到低位依次比较，比较结果以高电位有效输出。如第1行，当 $A_3>B_3$ 时，则无论 $A_2A_1A_0$ 和 $B_2B_1B_0$ 取何值，A一定大于B，所以，$F_{A>B}$端输出为1，而 $F_{A<B}$、$F_{A=B}$端输出均为0。表3-7中前8行均描述A与B不等，可以直接比较出大小的情况。

(2) 当两个输入数据相等时，比较器的输出由级联输入(A<B，A=B，A>B)决定。若 $A_3A_2A_1A_0=B_3B_2B_1B_0$，且A=B=1，则比较器 $F_{A=B}$端输出为1，其余两端输出为0。表3-7后3行均描述A、B相等时比较器输出与级联输入之间的关系。

2. 比较器的应用

比较器常用在需要对两个二进制数进行大小判别的电路中。

【例3.8】 图3-16中，$A_3A_2A_1A_0$ 为输入的8421BCD码。试分析电路，判断发光二极管何时发光，并描述该电路的功能。

解：该电路为四位并行比较器的应用电路，输入 $A_3A_2A_1A_0$ 为8421BCD码，输入 $B_3B_2B_1B_0$ 固定接入二进制数0100(即十进制数4)，级联输入A=B端接1，而A<B、A>B端均接0。电路将对输入的8421BCD码和十进制数4进行大小比较。$F_{A>B}$端输出为1时，发光二极管将发光。依据比较器的功能，可列出该电路的真值表，如表3-8所示。

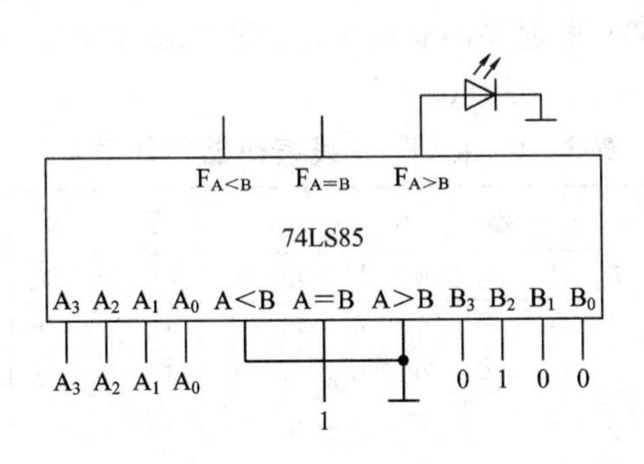

图3-16　例3.8电路

表3-8　例3.8真值表

A_3	A_2	A_1	A_0	$F_{A>B}$	发光二极管
0	0	0	0	0	灭
0	0	0	1	0	灭
0	0	1	0	0	灭
0	0	1	1	0	灭
0	1	0	0	0	灭
0	1	0	1	1	亮
0	1	1	0	1	亮
0	1	1	1	1	亮
1	0	0	0	1	亮
1	0	0	1	1	亮

由真值表3-8可知，当输入8421BCD码大于0100(即十进制数4)时，$F_{A>B}$端输出为1，发光二极管发光。所以，该电路完成对输入8421BCD码大小进行判别的任务，为一个四舍五入判别电路。

*3.2.3　编码器

编码就是将某些特定的数或字符编成二进制代码。编码器即是完成编码功能的逻辑电路。日常生活中见到的编码器很多，如计算器的按键、计算机键盘、电视机的遥控等都属于编码器。图3-17所示为计算器键盘的编码电路示意图。当按下数字键“9”时，键盘给出一个高电位1，该高电位1加到编码器的输入端“9”，经编码器编码后输出对应的二进制数1001(对应按键“9”)，完成对按键“9”的编码过程。同理，当按下其它各按键时，会编出与之对应的二进制码。

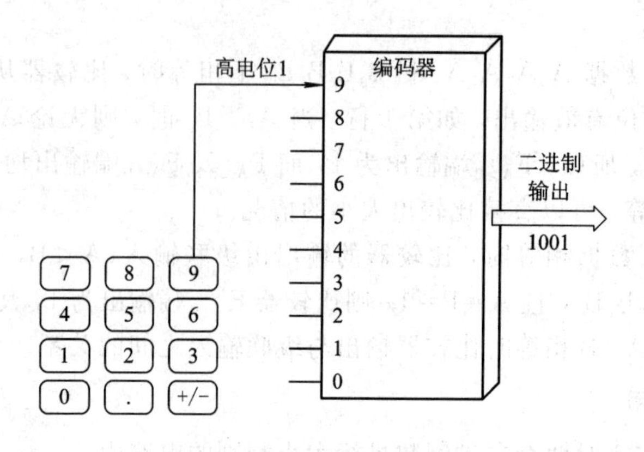

图 3-17 计算器编码示意图

编码器的每个输入端代表一个需要编码的信息，图 3-17 中的编码器共有 10 个输入端。编码器的全部输出端表示与这个被编信息对应的二进制代码，如按下按键"9"时，输出为四位二进制码 1001。

1. 二进制编码器

用 n 位二进制代码对 2^n 个信息进行编码的电路称为二进制编码器。图 3-18 所示为二进制编码器的逻辑符号，它有 8 个输入端 $I_0 \sim I_7$，分别代表需要编码的 8 路信息；3 个输出端 $Y_2 \sim Y_0$，表示 8 路信息编成的 3 位二进制代码。根据编码器的输入、输出端的数目，这种编码器又称为 8 线—3 线编码器，其功能表如表 3-9 所示。

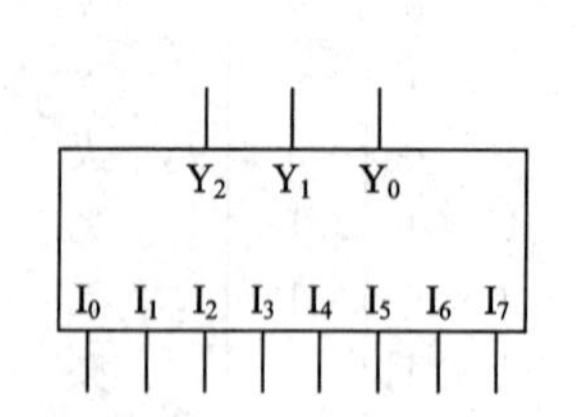

图 3-18 8 线—3 线编码器逻辑符号

表 3-9 8 线—3 线编码器功能表

输入								输出		
I_0	I_1	I_2	I_3	I_4	I_5	I_6	I_7	Y_2	Y_1	Y_0
0	0	0	0	0	0	0	1	1	1	1
0	0	0	0	0	0	1	0	1	1	0
0	0	0	0	0	1	0	0	1	0	1
0	0	0	0	1	0	0	0	1	0	0
0	0	0	1	0	0	0	0	0	1	1
0	0	1	0	0	0	0	0	0	1	0
0	1	0	0	0	0	0	0	0	0	1
1	0	0	0	0	0	0	0	0	0	0

由功能表 3-9 可知，当 $I_7=1$，而 $I_0 \sim I_6$ 都为 0 时，编码器输出为 111；而当 $I_0=1$，$I_1 \sim I_7$ 都为 0 时，编码器输出为 000。所以，在同一时刻，二进制编码器的输入端只能有一个输入端为有效电位 1，其它输入端必须为 0。也就是说，不允许有两个或两个以上的输入信号同时请求编码。否则，编码器的编码输出将发生混乱。

2. 二进制优先编码器

二进制优先编码器允许多个输入端同时请求编码，但在实际编码时，按输入信号的优先级别进行编码。也就是说，当多个输入端同时有编码请求时，编码器只对其中优先级别最高的有效输入信号进行编码，而不考虑其它优先级别比较低的输入信号。

常用的优先编码器有 74LS147(10 线—4 线编码器)、74LS148(8 线—3 线编码器)等。

二进制优先编码器 74LS148 的逻辑符号和管脚排列图如图 3－19 所示。图 3－19 中 $\bar{I}_0 \sim \bar{I}_7$ 为待编码输入信号，$\bar{Y}_0 \sim \bar{Y}_2$ 为编码输出信号，$\bar{Y}_{EX}$为优先编码标志，Y_S 为选通输出端。Y_S 与 $\bar{Y}_{EX}$可用来扩展编码器的功能。

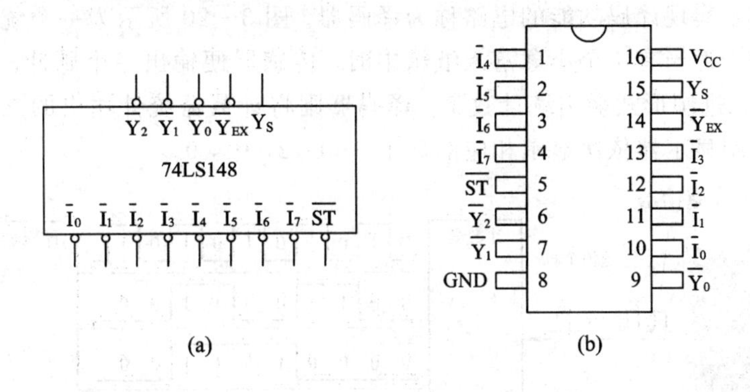

图 3－19　74LS148 的逻辑符号与管脚图

(a) 逻辑符号；(b) 管脚图

74LS148 的功能表如表 3－10 所示。从功能表可以看到：

(1) 若$\overline{ST}$=1，则无论 $\bar{I}_0 \sim \bar{I}_7$ 如何，各输出信号均为 1，编码器处于不编码工作状态。

(2) 若$\overline{ST}$=0，$\bar{I}_0 \sim \bar{I}_7$ 均为 1，则输出 $\bar{Y}_2$、$\bar{Y}_1$、$\bar{Y}_0$ 及 $\bar{Y}_{EX}$均为 1，Y_S 为 0，此时器件已符合编码条件，我们称之为器件选通。但因为输入全部为 1，无有效输入(低电平)，所以仍处于不编码工作状态。

(3) 功能表的第三行说明，当$\overline{ST}$=0 时，只要 $\bar{I}_7$=0(有效)，不管 $\bar{I}_0 \sim \bar{I}_6$ 取何值，输出 $\bar{Y}_2\bar{Y}_1\bar{Y}_0$=000(相当于 111 的反码)，所以，在输入 $\bar{I}_0 \sim \bar{I}_7$ 中，$\bar{I}_7$ 的优先级是最高的。只有当 $\bar{I}_7$=1 时，$\bar{I}_6$=0 才被视为有效输入，编码器才对 $\bar{I}_6$ 进行编码，输出为 001(相当于 110 的反码)。

表 3－10　74LS148 的功能表

输　入									输　出				
$\overline{ST}$	$\bar{I}_0$	$\bar{I}_1$	$\bar{I}_2$	$\bar{I}_3$	$\bar{I}_4$	$\bar{I}_5$	$\bar{I}_6$	$\bar{I}_7$	$\bar{Y}_2$	$\bar{Y}_1$	$\bar{Y}_0$	$\bar{Y}_{EX}$	Y_S
1	Φ	Φ	Φ	Φ	Φ	Φ	Φ	Φ	1	1	1	1	1
0	1	1	1	1	1	1	1	1	1	1	1	1	0
0	Φ	Φ	Φ	Φ	Φ	Φ	Φ	0	0	0	0	0	1
0	Φ	Φ	Φ	Φ	Φ	Φ	0	1	0	0	1	0	1
0	Φ	Φ	Φ	Φ	Φ	0	1	1	0	1	0	0	1
0	Φ	Φ	Φ	Φ	0	1	1	1	0	1	1	0	1
0	Φ	Φ	Φ	0	1	1	1	1	1	0	0	0	1
0	Φ	Φ	0	1	1	1	1	1	1	0	1	0	1
0	Φ	0	1	1	1	1	1	1	1	1	0	0	1
0	0	1	1	1	1	1	1	1	1	1	1	0	1

由此可见，74LS148 的 $\overline{ST}$为输入使能信号，当 $\overline{ST}$=0 时编码器才可能编码。且输入采用低电平有效，$\bar{I}_7$ 的优先级最高，$\bar{I}_0$ 的优先级最低，$\bar{I}_7$=0 时对 $\bar{I}_7$ 编码；当 $\bar{I}_7$=1，$\bar{I}_6$=0 时对 $\bar{I}_6$ 编码。输出采用反码编码形式。

3.2.4 译码器

译码是编码的逆过程。所谓译码，就是将输入的具有一定含义的二进制代码“翻译”成相应的输出信号。实现译码功能的电路称为译码器。图 3－20 所示为一个统计并显示输入小球数量的电路。每当有 1 个小球落入纸箱中时，传感器便输出一个脉冲，该脉冲使计数电路加 1，并以二进制形式输出统计数字。译码器则将计数器统计输出的二进制数翻译成控制信号，去控制显示器依次显示相应的数字 0，1，2，…，9。

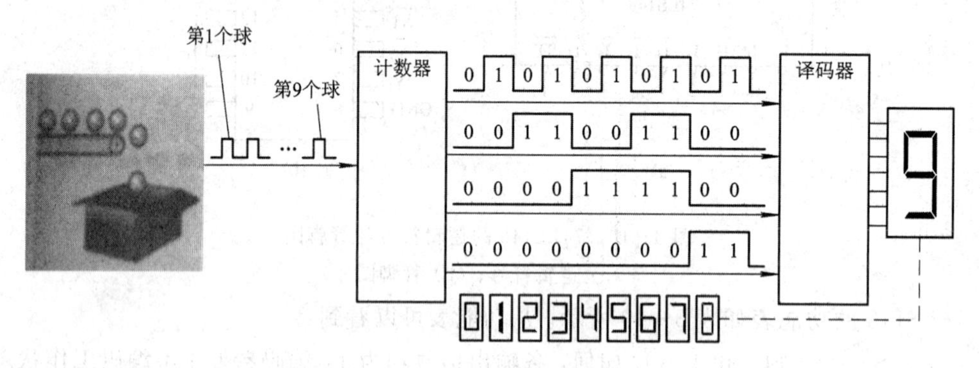

图 3－20　译码显示框图

通常，译码器可分为二进制译码器、二—十进制译码器和显示译码器等。译码器主要应用于计算机中的变量译码、地址译码和数字系统中显示数字、文字和符号等。

1. 二进制译码器

二进制译码器是指当输入为 n 位二进制代码时，共有 2^n 个输出与之对应的电路。例如，输入为 3 位二进制代码时，共有 $2^3=8$ 个输出，由于有 3 根输入线，8 根输出线，我们称这种译码器为 3 线—8 线译码器，简称 3—8 译码器。这样的译码器还有 2—4 译码器、4—16 译码器等。

74LS138 是一种典型的 3—8 译码器，其简化逻辑符号如图 3－21(a)所示，图中 ST_A、$\overline{ST_B}$、$\overline{ST_C}$ 为使能端，A_2、A_1、A_0 为译码器的输入端，通常又称为地址输入端，$\overline{Y}_0 \sim \overline{Y}_7$ 为译码器的输出端，$\overline{Y}_0 \sim \overline{Y}_7$ 中上面的短横线和简化逻辑符号中的小圆圈不代表取反，而是表示低电平为有效电平。图 3－21(b)所示为 74LS138 的集成电路管脚排列图。74LS138 的功能如表 3－11 所示。

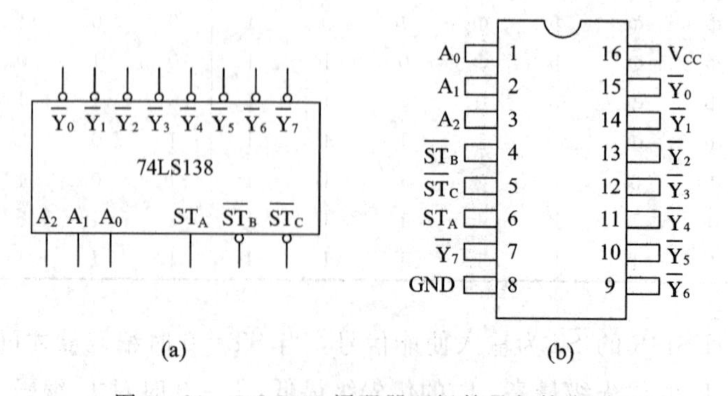

图 3－21　74LS138 译码器逻辑符号与管脚图

表 3-11　3—8 译码器 74LS138 的功能表

输入					输出							
ST_A	$\overline{ST_B}+\overline{ST_C}$	A_2	A_1	A_0	$\overline{Y}_0$	$\overline{Y}_1$	$\overline{Y}_2$	$\overline{Y}_3$	$\overline{Y}_4$	$\overline{Y}_5$	$\overline{Y}_6$	$\overline{Y}_7$
Φ	1	Φ	Φ	Φ	1	1	1	1	1	1	1	1
0	Φ	Φ	Φ	Φ	1	1	1	1	1	1	1	1
1	0	0	0	0	0	1	1	1	1	1	1	1
1	0	0	0	1	1	0	1	1	1	1	1	1
1	0	0	1	0	1	1	0	1	1	1	1	1
1	0	0	1	1	1	1	1	0	1	1	1	1
1	0	1	0	0	1	1	1	1	0	1	1	1
1	0	1	0	1	1	1	1	1	1	0	1	1
1	0	1	1	0	1	1	1	1	1	1	0	1
1	0	1	1	1	1	1	1	1	1	1	1	0

由功能表 3-11 可知：

(1) 当 $ST_A\,\overline{ST_B}\,\overline{ST_C}\neq100$ 时，译码器输出全部为高电平，即译码器不译码。

(2) 当 $ST_A\,\overline{ST_B}\,\overline{ST_C}=100$ 时，译码器正常译码，即每输入一组二进制码，$\overline{Y}_0\sim\overline{Y}_7$ 中总有一个而且仅有一个有效电平——低电平与之对应。如当 $A_2A_1A_0=000$ 时，$\overline{Y}_0=0$，而其它输出均为 1。所以，从输出 $\overline{Y}_0=0$ 即可判断出输入 $A_2A_1A_0=000$。

(3) 如果把译码器的输入 A_2、A_1、A_0 看作三个输入变量，则译码器正常译码时，其输出 $\overline{Y}_0\sim\overline{Y}_7$ 就是对应输入变量的最小项的非，即：

$$\overline{Y}_0=\overline{\overline{A}_2\overline{A}_1\overline{A}_0}=\overline{m}_0,\ \overline{Y}_1=\overline{\overline{A}_2\overline{A}_1A_0}=\overline{m}_1,\ \overline{Y}_2=\overline{\overline{A}_2A_1\overline{A}_0}=\overline{m}_2,$$

$$\overline{Y}_3=\overline{\overline{A}_2A_1A_0}=\overline{m}_3,\ \overline{Y}_4=\overline{A_2\overline{A}_1\overline{A}_0}=\overline{m}_4,\ \overline{Y}_5=\overline{A_2\overline{A}_1A_0}=\overline{m}_5,$$

$$\overline{Y}_6=\overline{A_2A_1\overline{A}_0}=\overline{m}_6,\ \overline{Y}_7=\overline{A_2A_1A_0}=\overline{m}_7$$

由于译码器的输出 $\overline{Y}_0\sim\overline{Y}_7$ 提供了三个输入变量 A_2、A_1、A_0 的最小项的非，所以，利用译码器可以方便地实现函数。

【例 3.9】 分析图 3-22 所示电路，并写出输出 F 的逻辑表达式。

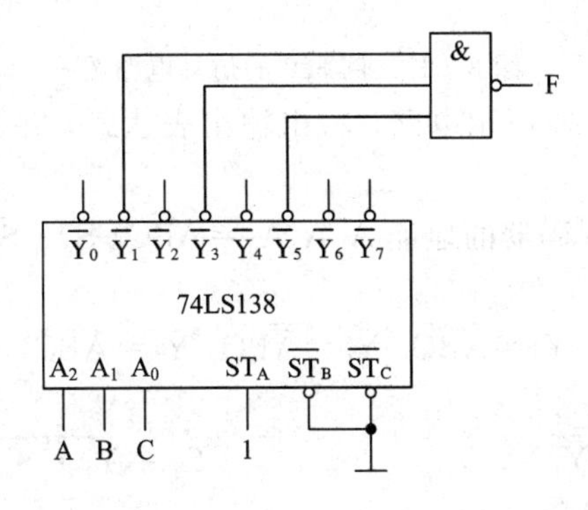

图 3-22　例 3.9 逻辑连接图

解：图 3-22 中，A、B、C 分别接到译码器的输入端 A_2、A_1、A_0 上，使能端 $ST_A\,\overline{ST_B}\,\overline{ST_C}=100$，所以译码器只要有输入，均能正常译码。当 ABC 取 001、011、101 时，译码器

输出端 $\overline{Y}_1$、$\overline{Y}_3$、$\overline{Y}_5$ 分别输出为 0，则与非门输出均为 1。在其它输入情况下，$\overline{Y}_1$、$\overline{Y}_3$、$\overline{Y}_5$ 输出均为 1，则与非门输出均为 0。

由译码器的功能可知

$$\overline{Y}_1=\overline{\overline{A}\,\overline{B}C},\ \overline{Y}_3=\overline{\overline{A}BC},\ \overline{Y}_5=\overline{A\overline{B}C}$$

而译码器输出为

$$F=\overline{\overline{Y}_1\cdot\overline{Y}_3\cdot\overline{Y}_5}$$

所以有

$$\begin{aligned}F&=\overline{\overline{Y}_1\cdot\overline{Y}_3\cdot\overline{Y}_5}\\&=\overline{\overline{\overline{A}\,\overline{B}C}\cdot\overline{\overline{A}BC}\cdot\overline{A\overline{B}C}}\\&=\overline{A}\,\overline{B}C+\overline{A}BC+A\overline{B}C\end{aligned}$$

图 3 - 23 所示为图 3 - 22 电路在 Multisim 中的仿真电路，拨动开关 A、B、C，即可选择译码器的输入，小电珠 X_1 用来检验输出电位的高低。在图 3 - 23 中，当 CBA＝011 时，小电珠发光，说明电路输出 F＝1。需要注意的是：在仿真电路中，74LS138 的地址变量 A、B、C 中的 C 为高位，即 $A_2A_1A_0$＝CBA。所以在图 3 - 23 中，当 CBA＝011 时（相当于图 3 - 22 中 $A_2A_1A_0$＝011），故小电珠才发光。

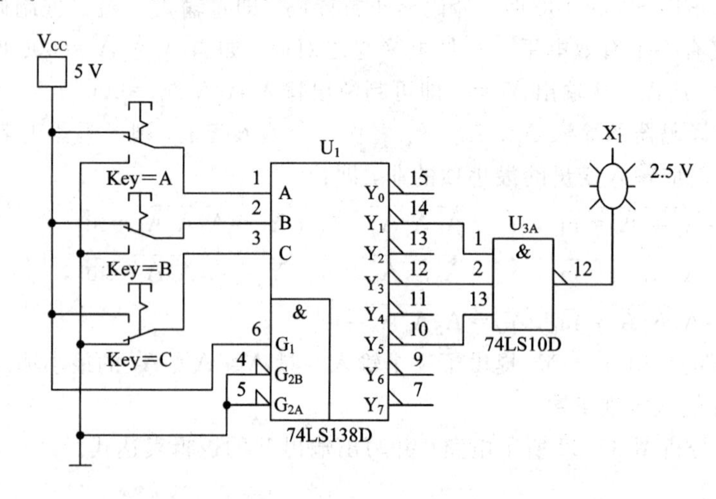

图 3 - 23　例 3.9 的仿真电路图

【例 3.10】　分析图 3 - 24 所示电路，写出输出表达式，并分析当 ABC 取何值时输出 F_1 和 F_2 为 1。

解：图 3 - 24 中 3—8 译码器的地址 $A_2A_1A_0$＝ABC，$ST_A\,\overline{ST}_B\,\overline{ST}_C$＝100，由译码器的功能可知

$$\overline{Y}_1=\overline{\overline{A}\,\overline{B}C},\ \overline{Y}_3=\overline{\overline{A}BC},\ \overline{Y}_7=\overline{ABC}$$

则译码器输出为

$$\begin{aligned}F_1&=\overline{\overline{Y}_7\cdot\overline{Y}_1}\\&=\overline{\overline{ABC}+\overline{\overline{A}\,\overline{B}C}}\\&=ABC+\overline{A}\,\overline{B}C\end{aligned}\qquad\qquad\begin{aligned}F_2&=\overline{\overline{Y}_1\cdot\overline{Y}_3}\\&=\overline{\overline{\overline{A}\,\overline{B}C}+\overline{\overline{A}BC}}\\&=\overline{A}\,\overline{B}C+\overline{A}BC\end{aligned}$$

所以，该电路实现了一个两输出的函数。

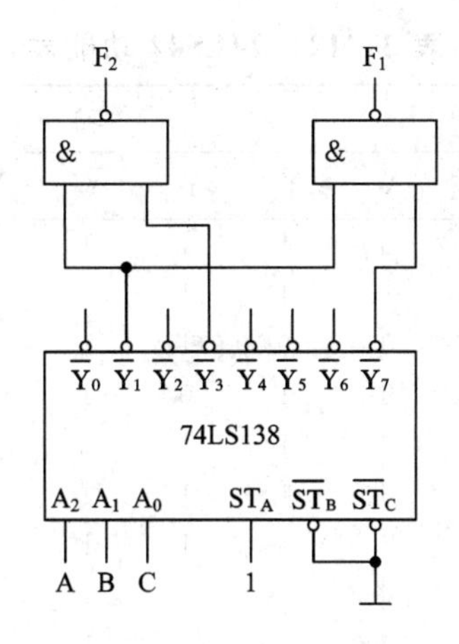

图 3-24　例 3.10 逻辑图

由译码器功能可知：当 ABC 取 001、111 时，输出 F_1 为 1；当 ABC 取 001、011 时，输出 F_2 为 1。

由于 3—8 译码器的输出端能提供三变量的所有最小项的非，所以在用译码器实现多输出函数时，只需增加与非门的个数，比起用门电路实现多输出函数要方便得多。

2. 二—十进制译码器

将输入的 BCD 码译成 10 个对应输出信号的电路称为二—十进制译码器。74LS42 是常用的二—十进制译码器，其逻辑符号和管脚排列如图 3-25 所示，74LS42 有 $A_3 \sim A_0$ 共 4 个输入端，$\overline{Y}_0 \sim \overline{Y}_9$ 共 10 个输出端，没有使能端。

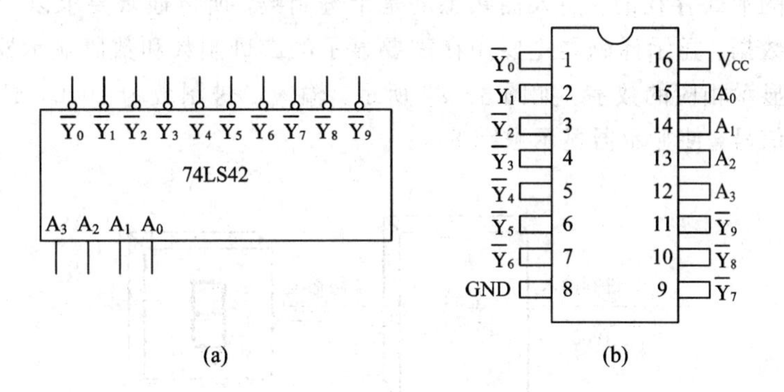

图 3-25　集成译码器 74LS42

(a) 逻辑符号；(b) 管脚图

由 74LS42 功能表(见表 3-12)可知：

(1) 二—十译码器的输出以低电平为有效电平。每输入一组 8421BCD 码，$\overline{Y}_0 \sim \overline{Y}_9$ 中总有一个而且仅有一个有效电平——低电平与之对应。当输入 $A_3 \sim A_0 = 0000$ 时，输出 $\overline{Y}_0 = 0$，$\overline{Y}_1 \sim \overline{Y}_9$ 全部为 1。

(2) 当输入为 8421BCD 码以外的 6 个伪码时，译码器不译码，即输出 $\overline{Y}_0 \sim \overline{Y}_9$ 全部为高电平。

如果将 74LS42 的 A_3 接地，此时 4 线—10 线译码器可当作 3—8 译码器使用。

表 3-12 74LS42 功能表

输入				输出									
A_3	A_2	A_1	A_0	$\overline{Y}_0$	$\overline{Y}_1$	$\overline{Y}_2$	$\overline{Y}_3$	$\overline{Y}_4$	$\overline{Y}_5$	$\overline{Y}_6$	$\overline{Y}_7$	$\overline{Y}_8$	$\overline{Y}_9$
0	0	0	0	0	1	1	1	1	1	1	1	1	1
0	0	0	1	1	0	1	1	1	1	1	1	1	1
0	0	1	0	1	1	0	1	1	1	1	1	1	1
0	0	1	1	1	1	1	0	1	1	1	1	1	1
0	1	0	0	1	1	1	1	0	1	1	1	1	1
0	1	0	1	1	1	1	1	1	0	1	1	1	1
0	1	1	0	1	1	1	1	1	1	0	1	1	1
0	1	1	1	1	1	1	1	1	1	1	0	1	1
1	0	0	0	1	1	1	1	1	1	1	1	0	1
1	0	0	1	1	1	1	1	1	1	1	1	1	0
1	0	1	0	1	1	1	1	1	1	1	1	1	1
1	0	1	1	1	1	1	1	1	1	1	1	1	1
1	1	0	0	1	1	1	1	1	1	1	1	1	1
1	1	0	1	1	1	1	1	1	1	1	1	1	1
1	1	1	0	1	1	1	1	1	1	1	1	1	1
1	1	1	1	1	1	1	1	1	1	1	1	1	1

3. 显示译码器

在实际工作中，常常需要将数字系统的运行数据直观地显示出来。数字系统的运行数据是以二进制的形式存在的，而人们熟悉的是十进制数，所以通常要求以十进制数码来显示系统的运行数据。显示译码器主要用在需要显示的二进制数和数码显示器之间，用来驱动数码显示器显示相应的数字。如图 3-26 所示，输入二进制数为 1000，经显示译码器译码后输出控制信号，使显示器显示数字 8。

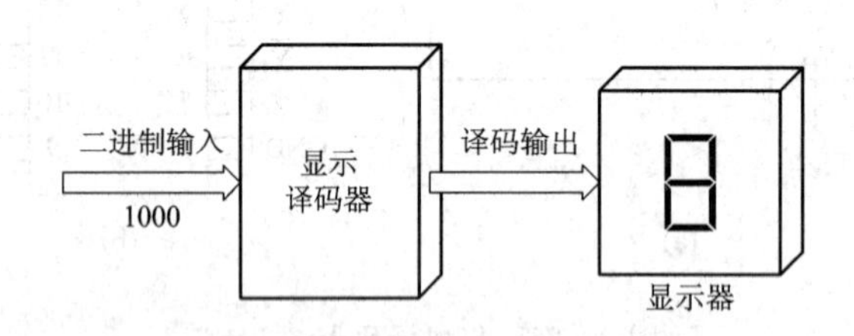

图 3-26 显示译码器与数码显示器

1) 数码显示器

用来显示数字及符号的器件称为数码显示器，简称数码管。常用的数码管有荧光数码管、半导体数码管(LED 管)和液晶显示器(LCD 显示器)等。这里我们简单介绍半导体 7 段显示器。

半导体 7 段数码管是分段式半导体显示器件，主要由条形发光二极管组成。常见的半导体数码管为 7 段字型结构，并分为共阳型(见图 3-27(a))和共阴型(见图 3-27(b))两种类型。其原理如图 3-27 所示。

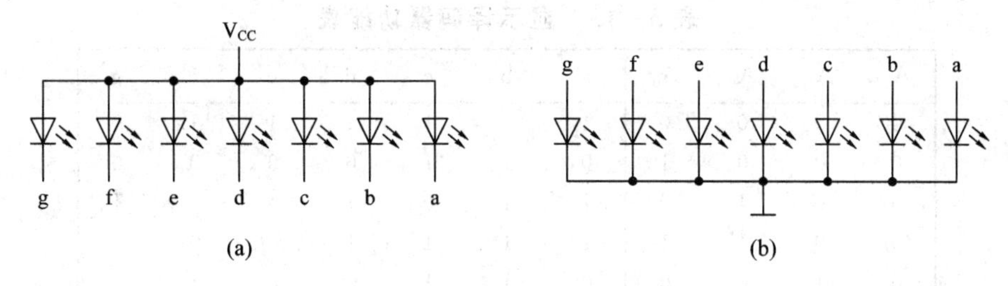

图3-27　两种工作方式原理图

共阳型数码管的各个发光二极管的阳极是连接在一起，接到电压源上的，而各个二极管的阴极接数码管的各个显示段。例如，当a=0时，与a对应的发光二极管因正向导通而发光。对于共阴型数码管，其各个发光二极管的阴极连接在一起，接低电位，而各个二极管的阳极接数码管的各个显示段。例如，当a=1时，与a对应的发光二极管因正向导通而发光。

7段字符型数码管共有a，b，c，d，e，f，g共7个段，其外形结构与显示的数字码型如图3-28所示。图3-28中(a)为外形结构，(b)为显示的数码字型。

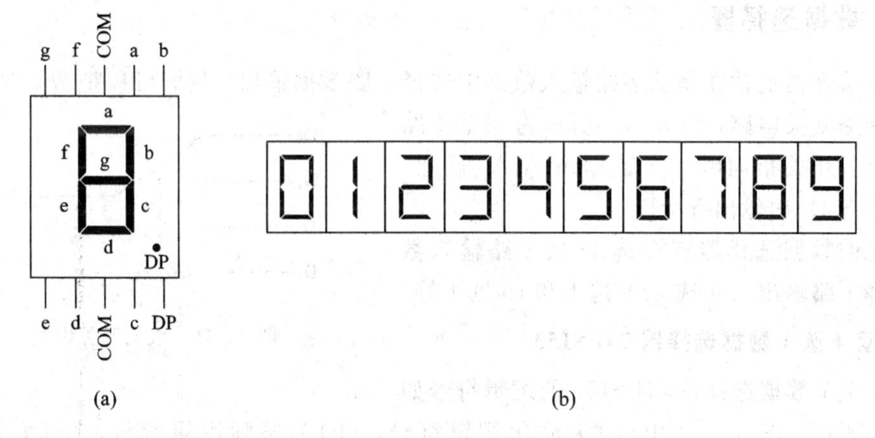

图3-28　半导体数码管

2）显示译码器

上述7段字型数码管工作时必须采用显示译码器进行驱动。显示译码器的输入为四位二进制码，输出为7根控制线，分别对应数码管的a，b，c，d，e，f，g 7个段。其逻辑符号如图3-29所示，图3-30所示为显示译码的实际应用电路。

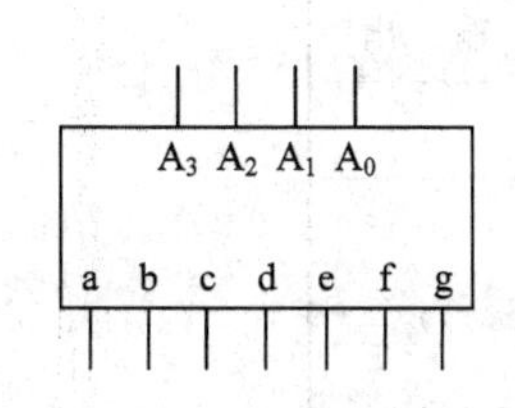

图3-29　显示译码器简化逻辑符号

图3-30　显示译码实际应用电路

若显示译码器驱动共阴型数码显示管，则其功能表如表3-13所示。例如，要显示数字5，则a、c、d、f、g输出为1，而b、e输出为0。

表 3-13　显示译码器功能表

A_3	A_2	A_1	A_0	a	b	c	d	e	f	g
0	0	0	0	1	1	1	1	1	1	0
0	0	0	1	0	1	1	0	0	0	0
0	0	1	0	1	1	0	1	1	0	1
0	0	1	1	1	1	1	1	0	0	1
0	1	0	0	0	1	1	0	0	1	1
0	1	0	1	1	0	1	1	0	1	1
0	1	1	0	1	0	1	1	1	1	1
0	1	1	1	1	1	1	0	0	0	0
1	0	0	0	1	1	1	1	1	1	1
1	0	0	1	1	1	1	1	0	1	1

目前，生产厂家已有集成电路，将显示译码器和显示器作到了一个芯片上，这时，器件的输入为需要显示的4位二进制数。

3.2.5　数据选择器

数据选择器的功能是从多路输入数据中选择一路数据输出。我们可以把数据选择器看作一个多路开关电路，图3-31所示为一个4路开关电路，开关指向哪一个数据由 A_1A_0 确定。当开关指向 D_0 时输出 $Y=D_0$。

常见的数据选择器有2选1(从2路输入数据中选择1路输出)、4选1、8选1和16选1等。

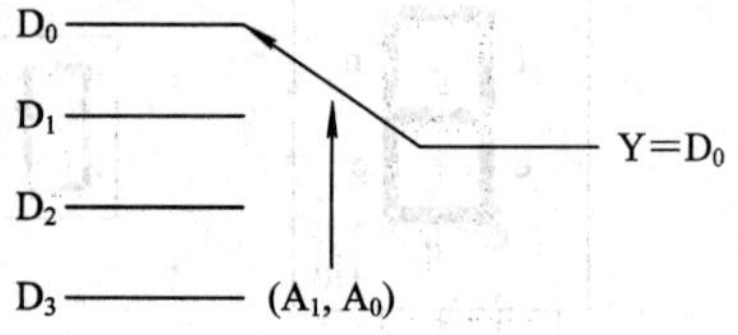

图3-31　数据开关电路

1. 双4选1数据选择器74LS153

双4选1数据选择器74LS153的逻辑符号如图3-32所示，图3-32中(a)为简化逻辑符号，(b)为国际逻辑符号，(c)为管脚图。74LS153在一个集成块上集成了两个4选1数选器(数据选择器)。其中，A_1、A_0 称为地址输入端，由两个4选1数选器公用。每个4选1数选器各有四个数据输入端 $D_0 \sim D_3$，一个使能端 $\overline{ST}$ 和一个输出端Y。

双4选1数选器的功能表如表3-14所示。

表 3-14　双4选1数选器的功能表

输　入			输　出
$\overline{ST}$	A_1	A_0	Y
1	Φ	Φ	0
0	0	0	D_0
0	0	1	D_1
0	1	0	D_2
0	1	1	D_3

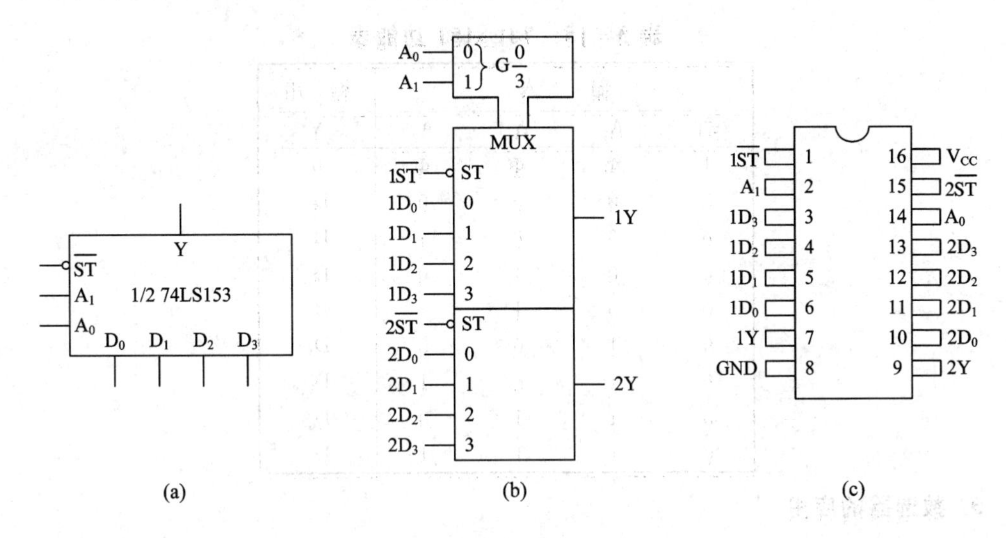

图 3-32　双 4 选 1 MUX 74LS153

由 4 选 1 数选器的功能表可知：

(1) 当 $\overline{ST}=1$ 时，无论 A_1、A_0 取值如何，数选器的输出恒为 0，我们称之为数选器不选择数据。

(2) 当 $\overline{ST}=0$ 时，其单个 4 选 1 数选器的输出函数为

$$Y=\overline{A}_1\cdot\overline{A}_0D_0+\overline{A}_1A_0D_1+A_1\overline{A}_0D_2+A_1A_0D_3$$

2. 8 选 1 数据选择器 74LS151

图 3-33 所示为 8 选 1 数据选择器 74LS151 的逻辑符号与管脚排列图。图 3-33 中，$D_0\sim D_7$ 为数据输入端，$A_2A_1A_0$ 为地址输入端，$\overline{ST}$是使能端，低电平有效。Y 和 $\overline{Y}$ 是两个互补的输出端。

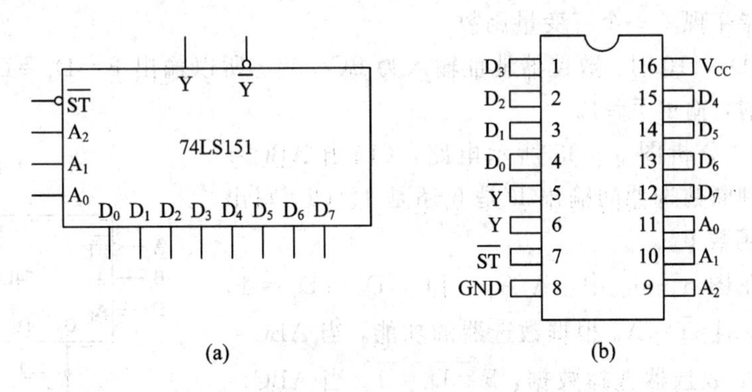

图 3-33　8 选 1 数据选择器 74LS151

74LS151 的功能表如表 3-15 所示。

由功能表可知：

(1) 当 $\overline{ST}=1$ 时，数选器不工作，$Y=0$，$\overline{Y}=1$；

(2) 当 $\overline{ST}=0$ 时，8 选 1 数选器的输出函数为

$$\begin{aligned}Y=&\overline{A}_2\cdot\overline{A}_1\cdot\overline{A}_0D_0+\overline{A}_2\cdot\overline{A}_1A_0D_1+\overline{A}_2A_1\overline{A}_0D_2+\overline{A}_2A_1A_0D_3\\&+A_2\overline{A}_1\cdot\overline{A}_0D_4+A_2\overline{A}_1A_0D_5+A_2A_1\overline{A}_0D_6+A_2A_1A_0D_7\end{aligned}$$

表 3-15 74LS151 功能表

输入				输出
$\overline{ST}$	A_2	A_1	A_0	Y
1	Φ	Φ	Φ	0
0	0	0	0	D_0
0	0	0	1	D_1
0	0	1	0	D_2
0	0	1	1	D_3
0	1	0	0	D_4
0	1	0	1	D_5
0	1	1	0	D_6
0	1	1	1	D_7

3. 数选器的应用

数选器除了可以用来选择数据外，还可以用来实现组合逻辑函数。

【例 3.11】 分析图 3-34 所示电路，(1) 写出输出逻辑函数表达式，(2) 当 BCD=110、111 时，判断输出 F 为 0 还是 1。

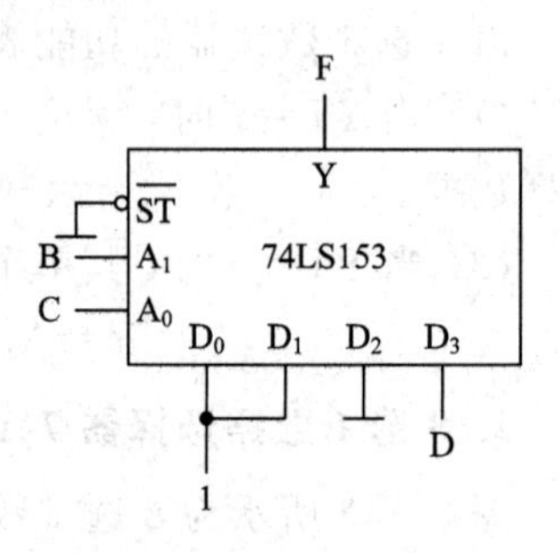

图 3-34 例 3.11 逻辑图

解：(1) 由图 3-34 可知，$A_1A_0=BC$，$D_0=D_1=1$，$D_2=0$，$D_3=D$，且$\overline{ST}=0$。根据数选器的功能，可写输出函数表达式为

$$\begin{aligned}F&=\overline{B}\overline{C}\cdot 1+\overline{B}C\cdot 1+B\overline{C}\cdot 0+BC\cdot D\\&=\overline{B}+BCD\\&=\overline{B}+CD\end{aligned}$$

所以，该数选器实现了一个三变量函数。

(2) 当 BCD=110 时，数选器地址输入为 BC=11，所以输出 $F=D_3=D=0$。很显然，当 BCD=111 时，输出 F=1。

【例 3.12】 分析图 3-35 所示电路，(1) 当 ABC=011，111 时，判断数选器的输出 F 是 0 还是 1。(2) 写出数选器的输出函数 F。

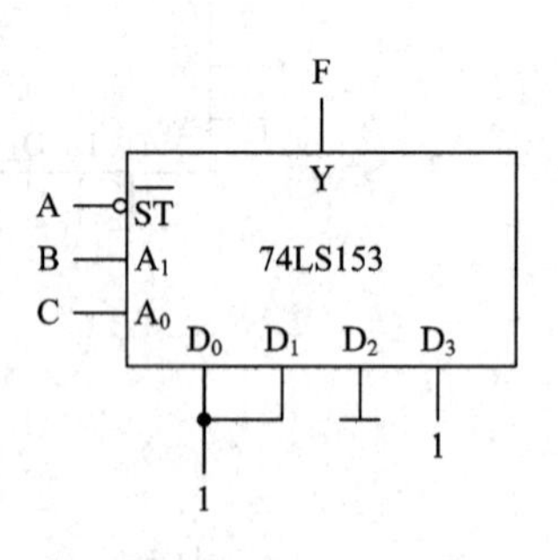

图 3-35 例 3.12 逻辑图

解：(1) 在图 3-35 中，$A_1A_0=BC$，$D_0=D_1=1$，$D_2=0$，$D_3=1$，且$\overline{ST}=A$。根据数选器的功能，当 ABC=011 时，$\overline{ST}=0$，数选器选择数据，$F=D_3=1$。当 ABC=111 时，$\overline{ST}=1$，数选器输出恒为 0，与输入数据无关。

(2) 当 A=0 时，输出函数表达式为

$$\begin{aligned}F&=\overline{B}\overline{C}\cdot 1+\overline{B}C\cdot 1+B\overline{C}\cdot 0+BC\cdot 1\\&=\overline{B}+BC\\&=\overline{B}+C\end{aligned}$$

当 A=1 时，输出为 0，所以有

$$F=\overline{A}(\overline{B}+C)+A\cdot 0=\overline{A}(\overline{B}+C)$$

【例3.13】 分析图3-36所示电路，写出数选器的输出函数。

解：在图3-36中，$A_2=A$，$A_1=B$，$A_0=C$，且$\overline{ST}=0$，$D_0=D_1=D_4=D_6=0$，$D_2=D_3=D_5=D_7=1$。由数选器的输出函数可知

$$
\begin{aligned}
F &= \overline{A}\overline{B}\overline{C}\cdot 0+\overline{A}\overline{B}C\cdot 0+\overline{A}B\overline{C}\cdot 1+\overline{A}BC\cdot 1+A\overline{B}\overline{C}\cdot 0+A\overline{B}C\cdot 1+AB\overline{C}\cdot 0+ABC\cdot 1\\
&=\overline{A}B\overline{C}+\overline{A}BC+A\overline{B}C+ABC\\
&=\overline{A}B+AC
\end{aligned}
$$

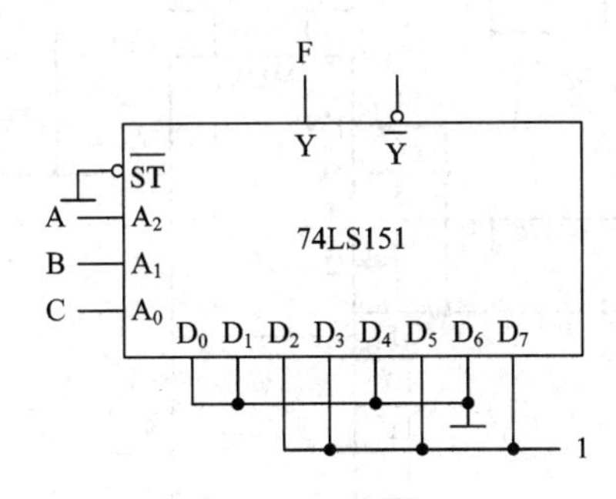

图3-36　例3.13逻辑图

【*例3.14】 用数选器74LS153实现函数$F(A、B)=\overline{A}B+A\overline{B}$。

解：74LS153有两个地址端，要实现的函数有两个输入变量。我们知道，数选器的输出Y的表达式为

$$
Y=\overline{A}_1\cdot\overline{A}_0D_0+\overline{A}_1A_0D_1+A_1\overline{A}_0D_2+A_1A_0D_3
$$

对函数F，我们进行如下变换：

$$
\begin{aligned}
F(A、B)&=\overline{A}B+A\overline{B}\\
&=\overline{A}\cdot\overline{B}\cdot 0+\overline{A}B\cdot 1+A\overline{B}\cdot 1+AB\cdot 0
\end{aligned}
$$

对照Y和F，若令$A_1=A$，$A_0=B$，取$D_0=0$，$D_1=1$，$D_2=1$，$D_3=0$，则Y=F。所以，只需将数选器的输入接上适当的数据，即可用数选器实现函数F。其逻辑图如图3-37所示。

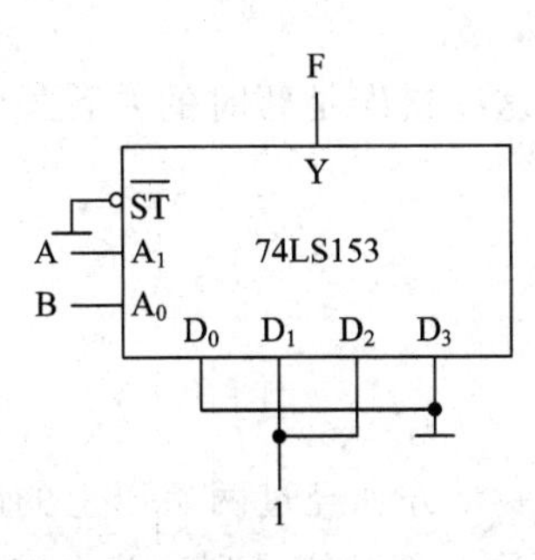

图3-37　例3.14逻辑图

图3-38所示为该电路在Multisim中的仿真电路，图中XLC1为逻辑转换仪，双击该仪器图标，即可得到数选器的输出函数，以便检测数选器电路是否实现了函数F。

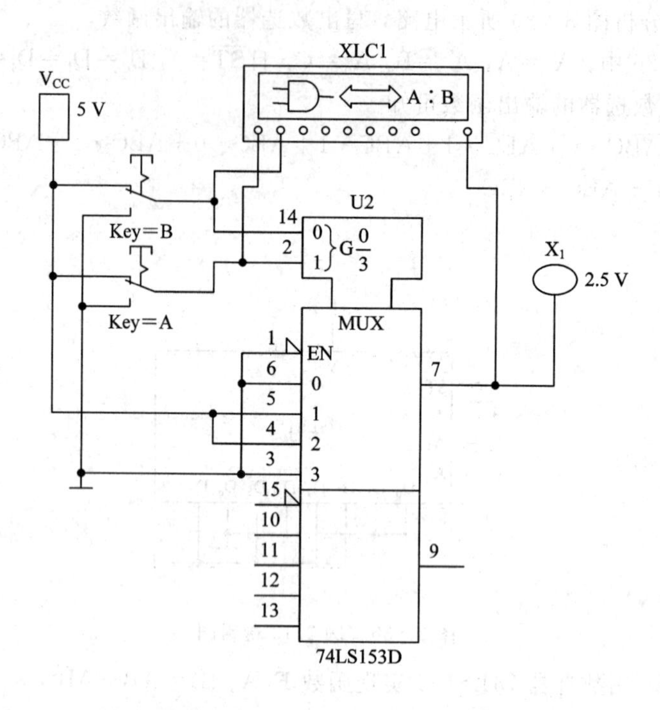

图 3-38 例 3.14 仿真电路

*3.3 组合电路的竞争与冒险

前面在讨论组合电路的分析与设计时，忽视了实际电路中的一些因素，如输入信号变化的时间差别，信号在电路中的传输受到器件传输延迟时间的影响等。事实上，由于存在延迟，当输入信号发生变化时，输出并不一定能立即达到预定的状态并立即稳定在这一状态。可能要经历一个过渡过程，其间逻辑电路的输出端有可能会出现不同于原先所期望的状态，产生瞬时的错误输出。

就组合逻辑电路而言，尽管这些错误是暂时的并且最终将会消失，但它却可能导致系统产生错误的逻辑动作。

3.3.1 竞争与冒险

1. 竞争

在组合电路中，当某个输入变量分别经过两条以上的路径到达门电路的输入端时，由于每条路径对信号的延迟时间不同，所以信号到达门电路输入端的时间就有先有后，这种现象叫作竞争。在图 3-39(a)中，信号 A 分两路到达或门，一路经过非门取反后到达或门，另一路直接到达或门，因为非门的延迟，信号 A 分两路到达或门的时间不同，这样就出现了两路输入信号在或门输入端的竞争。同理，在图 3-39(b)中，存在两路输入信号(A, $\overline{A}$)在与门输入端的竞争。

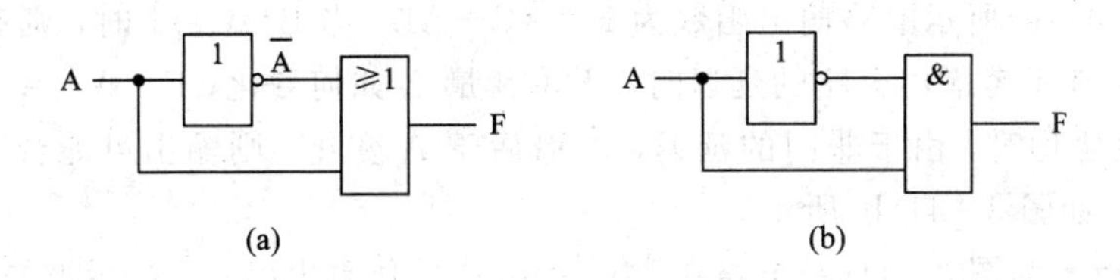

图 3-39　组合电路中的竞争

2. 冒险

组合电路中的竞争有可能造成输出波形产生不该出现的尖脉冲(俗称毛刺)，这种现象称为冒险。

若在图 3-39(a)、(b)中分别加入输入信号 A，且考虑非门的延迟时间，则可获得如图 3-40(a)、(b)所示的输出。

由图 3-40(a)可以看出，对 $F=\overline{A}+A$，当输入 A 由 0 变为 1 时，输出恒为“1”，不会产生冒险；而当输入 A 由 1 变为 0 时会产生一个不该有的输出“0”，我们称之为“0”型冒险。在图 3-40(b)中，$F=\overline{A}\cdot A$，当输入 A 由 1 变为 0 时，输出恒为“0”，不会产生冒险；而当输入 A 由 0 变为 1 时，会产生一个不该有的输出“1”，我们称之为“1”型冒险。

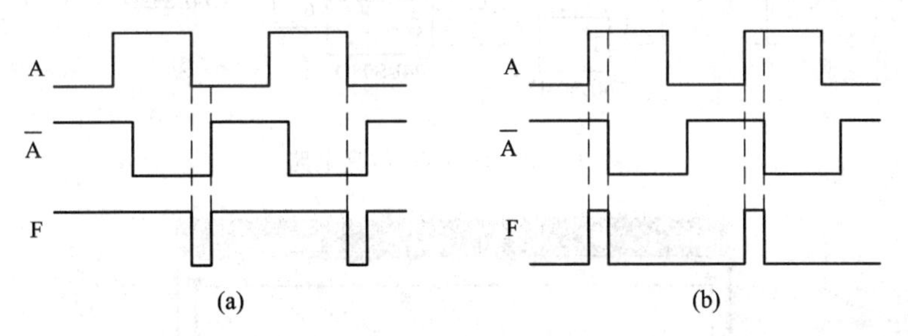

图 3-40　组合电路中的冒险

3.3.2　竞争与冒险的判断

在组合电路中，逻辑函数有两种基本表达形式：与或式和或与式。在与或式中，如果输入变量的某些取值可以使函数出现 $F=A+\overline{A}$ 的形式；或者，在或与式中，输入变量的某些取值可以使函数出现 $F=A\cdot\overline{A}$ 的形式，则函数 F 都有可能出现冒险现象。

【例 3.15】　分析图 3-41(a)所示电路，判断是否存在冒险。

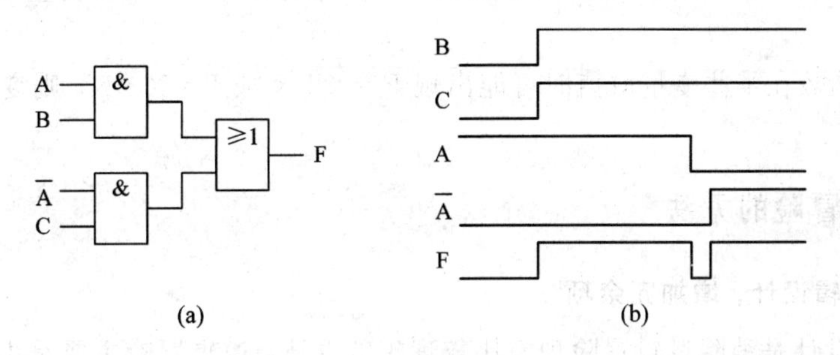

图 3-41　组合电路中的冒险

(a) 逻辑电路；(b) 工作波形

解：图 3-41(a)所示电路输出函数为 $F=\overline{A}C+AB$。当 $B=C=1$ 时，则有 $F=1\cdot\overline{A}+1\cdot A=\overline{A}+A$，在不考虑门电路的延迟时，无论变量 A 如何变化，$F=A+\overline{A}$ 恒为 1。但是，当 A 取值发生变化时，由于非门的延迟，$\overline{A}$ 滞后于 A 变化，则输出可能会产生一个负脉冲，形成冒险，如图 3-41(b)所示。

图 3-42 所示为图 3-41(a)电路在 Multisim 中的仿真电路。双击示波器图标，即可看到如图 3-43 所示的波形。

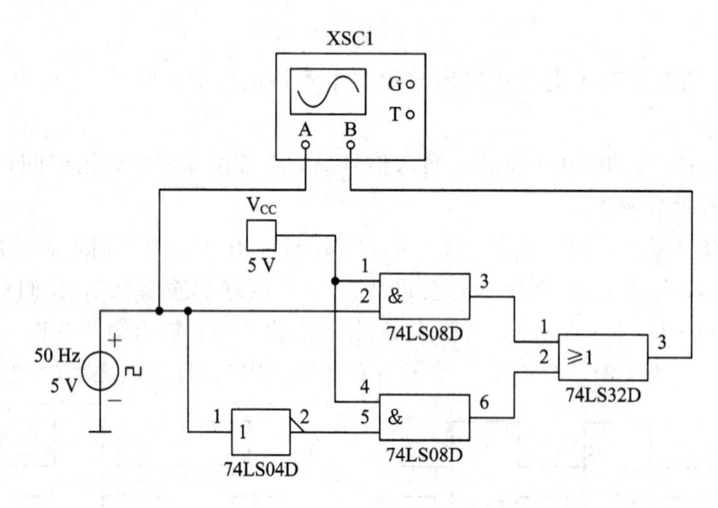

图 3-42 例 3.15 仿真电路

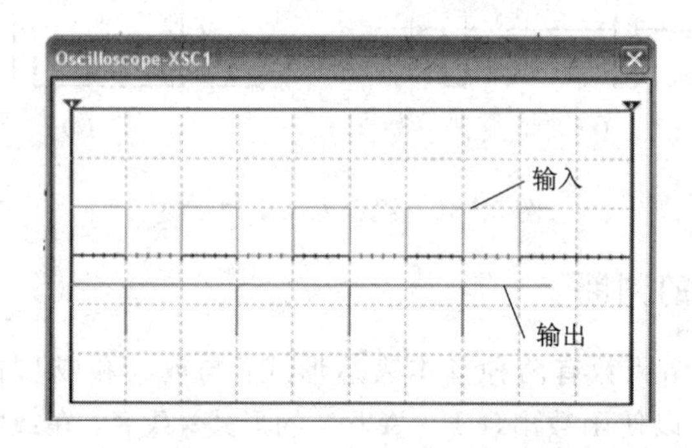

图 3-43 图 3-42 仿真电路输出

同理，对函数 $F=(A+\overline{C})(B+C)$，若 $A=B=0$，则有 $F=C\cdot\overline{C}$，变量 C 的突变也有可能产生冒险。

所以，若函数在某些变量取值时可能出现 $F=X+\overline{X}$ 或 $F=X\cdot\overline{X}$，则变量 X 的变化可能会引起冒险。

3.3.3 消除冒险的方法

1. 修改逻辑设计，增加冗余项

修改逻辑设计是消除逻辑冒险现象比较理想的办法。逻辑冒险主要是由于一对互补的变量到达门电路的时间不同而引起的，如果在考虑门电路的延迟的情况下，当 X 的取值发生变化时，若能使 $F=X+\overline{X}$ 恒为“1”或 $F=X\cdot\overline{X}$ 恒为“0”，则输出 F 中就不会出现不该有的脉冲，也就是说可以消除冒险。实际上，在组合逻辑函数中增加冗余项就可以做到。

例如：对函数 $F=BD+A C\bar{D}$，当 $A=B=C=1$ 时，$F=D+\bar{D}$，可能会产生冒险。若修改函数，增加冗余项 ABC，使 $F=BD+AC\bar{D}+ABC$，则当 $A=B=C=1$ 时，$F=1$。从而消除了可能会出现的冒险。

2. 在输出端增加滤波电路，滤除毛刺

由于冒险而产生的干扰脉冲一般都比较窄，所以，在有可能产生干扰脉冲的逻辑门的输出端和地之间并联一个滤波电容，就可以把干扰脉冲吸收掉。这种方法简单可行，但会使门电路的输出波形边缘变坏，不适合于对输出波形要求严格的情况。

3. 增加选通电路

利用选通脉冲把有冒险脉冲输出的逻辑门封锁，使冒险脉冲不能输出。当冒险脉冲消失后，选通脉冲才将有关的逻辑门打开，允许正常输出。

3.4　组合电路的计算机仿真实验

【练习 1】 用加法器创建一个 8421BCD 码到余 3 码的转换电路(见图 3-44)，并用指示器(数码管或小电珠)显示转换结果。

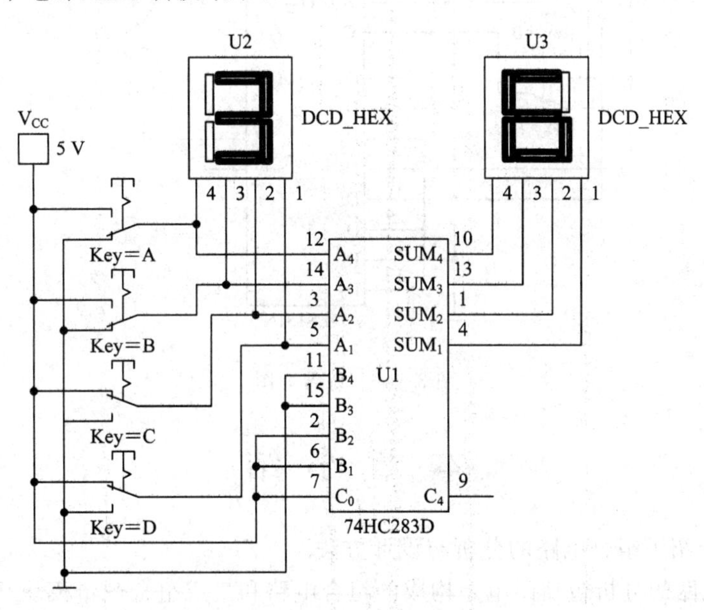

图 3-44　练习 1 图

【练习 2】 试用译码器 74LS138 和门电路组成一个加法器(见图 3-45)，并用逻辑转换仪检查其逻辑功能是否与先前提供的加法器相同(在设计电路时，应注意集成电路空余管脚的处理)。

【练习 3】 试用数据选择器 74LS151 创建组合电路，如图 3-46 所示。(1) 改变开关 A、B、C 的状态，验证数选器的输出与输入数据、地址之间的对应关系，(2) 用逻辑转换仪验证输出与输入之间的函数关系与理论结论是否一致。

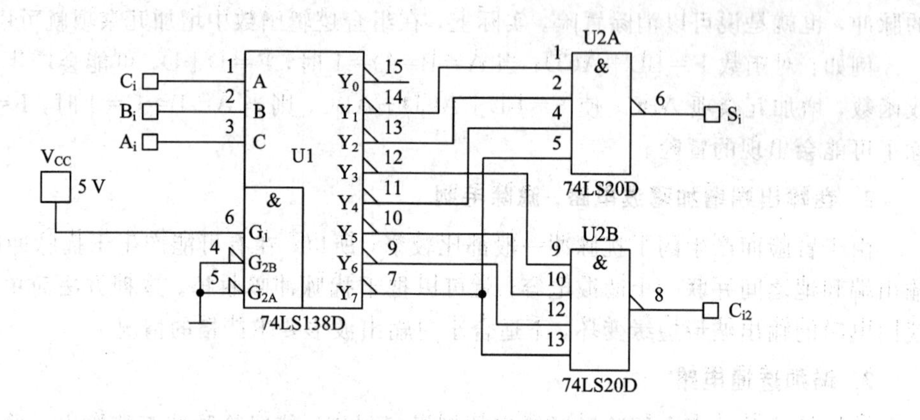

图 3 - 45　练习 2 图

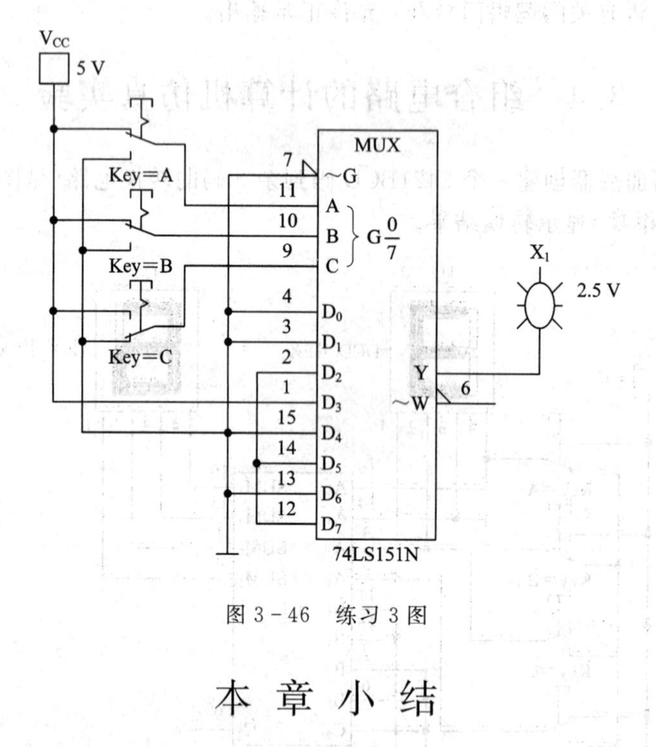

图 3 - 46　练习 3 图

本 章 小 结

本章主要介绍了组合电路的分析与设计方法。

(1) 组合电路的分析包括门电路构成的组合电路和集成组合逻辑模块构成的组合电路两部分。

门电路构成的组合电路的分析比较简单，只要按照分析步骤进行，就能较快地分析出结果。而在分析集成组合逻辑模块(加法器、译码器、数选器等)构成的组合电路时，一定要弄清电路连接的特点，再根据器件的输出特性写出输出函数表达式。

(2) 组合电路的设计包括用门电路和用集成组合逻辑模块设计两部分。

在进行组合电路设计时，一定要仔细阅读设计要求，确定输入、输出变量，列出真值表，然后依据设计要求将函数化成适当的形式。

当采用门电路设计时，需将函数化成与非—与非式、或非—或非式、与或非式等，然后用电路实现。当采用集成器件设计时，一定要先将要实现的函数与器件的输出函数联系起来，找到连接二者的突破口(如译码器、数选器的地址等)，然后画出连接电路图(画图时一定要标明各输入端的输入、使能端的有效连接)。

(3) 组合电路中是否会产生险象，可通过逻辑函数表达式进行判断。

当函数在某些变量取值中可能出现 $F=X+\bar{X}$ 或 $F=X\cdot\bar{X}$ 时，变量 X 的变化可能会引起冒险。

习　　题

3-1　分析题 3-1 图所示组合逻辑电路，写出输出逻辑式，进行化简并说出其逻辑功能。

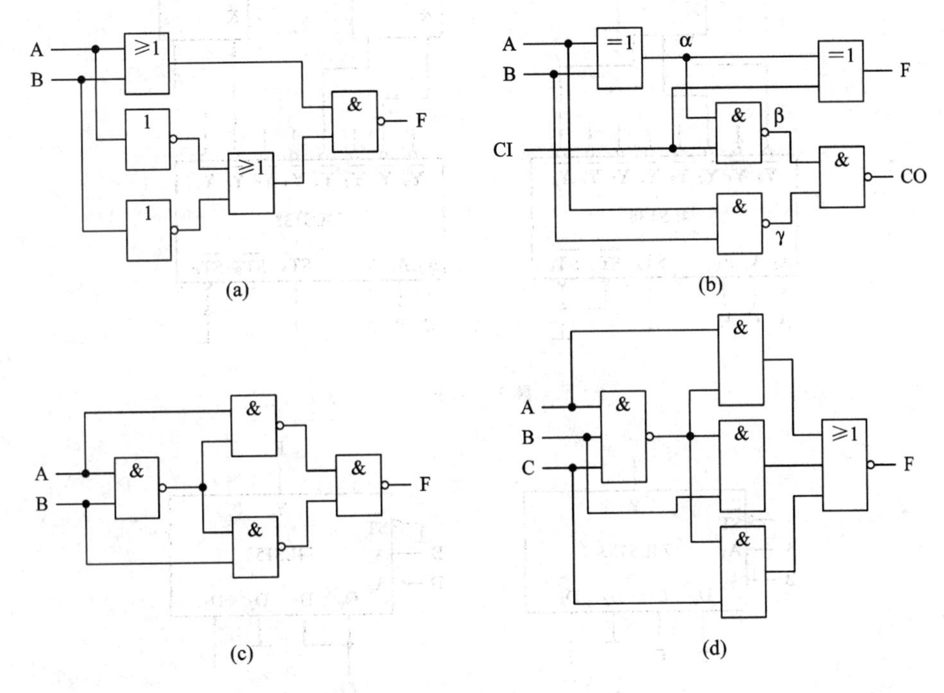

题 3-1 图

3-2　某工程进行检测验收，在 4 项指标中，A、B、C 多数合格则验收通过，但前提条件是 D 必须合格，否则验收不予通过。用与非门设计一个能满足此要求的电路。

3-3　用与非门设计一个判别电路，当输入三变量中有奇数个 1 时，输出为 1，否则为 0。

3-4　分析加法器 74HC283 电路，确定加法器的输出。

3-5　分析题 3-5 图所示 3—8 译码器电路，判断当 A、B、C 取何值时，输出为 1，并写出输出逻辑函数表达式。

3-6　已知 4 选 1 MUX 74LS153 的连接如题 3-6 图所示，试写出其输出最简逻辑函数表达式。

3-7　分析 8 选 1 MUX 74LS151 电路(见题 3-7 图)，写出输出函数表达式。

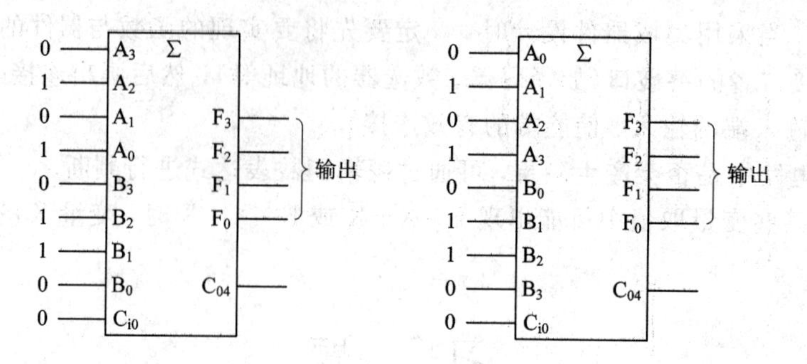

题 3-4 图

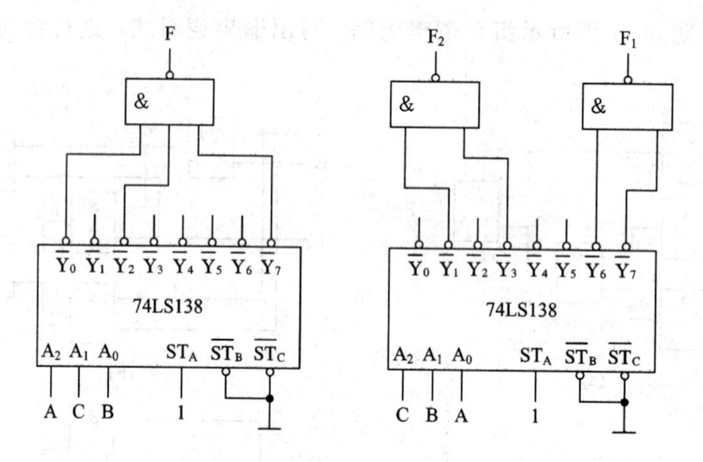

题 3-5 图

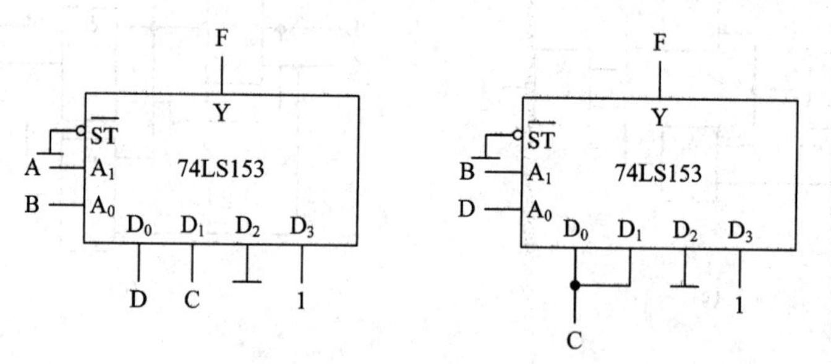

题 3-6 图

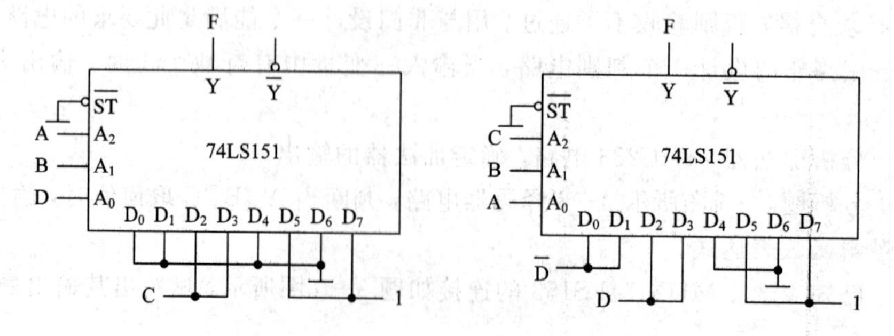

题 3-7 图

*3-8　判断下列各函数是否存在冒险。

(1) $F_1=\overline{A}C+AB+\overline{B}\cdot\overline{C}$

(2) $F_2=\overline{A}C+AB+\overline{B}\cdot\overline{C}+A\overline{C}$

(3) $F_5=(A+\overline{B}+C)(\overline{A}+B+\overline{C})$

第4章　小规模时序电路及其应用

在数字系统中常常需要存储各种数字信息，图4-1所示的U盘、MP3以及计算机中的内存都存储了大量数字信息。它们为什么具有记忆功能呢？本章将讨论时序逻辑电路中的记忆单元。

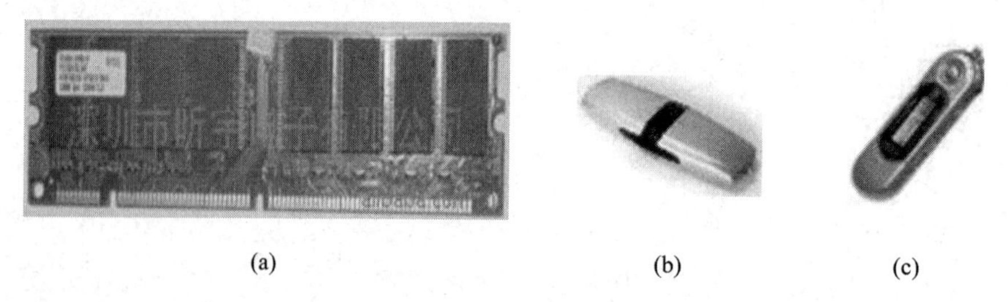

图4-1　常用的存储器件

(a) 计算机内存条；(b) U盘；(c) MP3

时序逻辑电路中的基本记忆单元触发器(Flip-Flop，简称为FF)有两个稳定的状态，它们具有记忆功能，可分别用来存储代表的二进制数码1和0。

触发器按功能分为RS、JK、D、T和T′型触发器；按结构分为基本、时钟、边沿型触发器；按触发工作方式分为电平触发器和边沿触发器。触发器是构成寄存器、移位寄存器、计数器、分频器、序列信号发生器等时序电路的基本器件。本章重点介绍触发器的特点、功能及在时序逻辑电路中的基本应用。

4.1　触　发　器

图4-2是机械开关S在闭合的瞬间产生的抖动现象，即开关S在闭合瞬间，U_A与U_B两点的电位可能会发生抖动，这种抖动在电路中是不允许的。如何才能消除抖动呢？如果将U_A、U_B两点接入触发器的输入端，将触发器的输出作为开关状态输出，此时输出就可以避免抖动现象。通过对触发器的工作原理学习，就可以清楚消除抖动的原理。本节首先介绍基本触发器和时钟触发器。

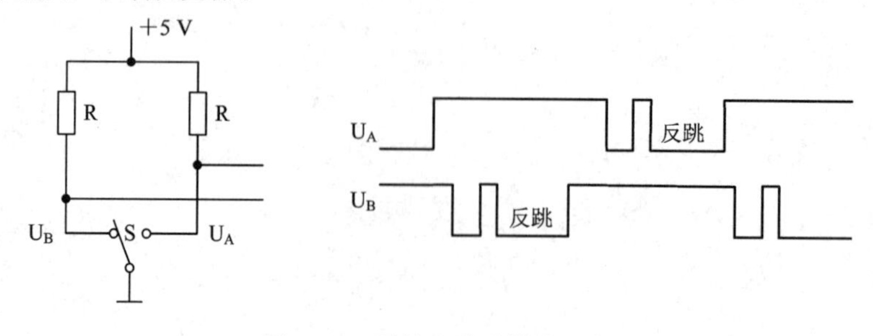

图4-2　开关电路及抖动现象

4.1.1　基本 RS 触发器

基本 RS 触发器又称为 RS 锁存器(Latch)，用于数据的暂时存储，是构成其它所有类型触发器的基本电路。

1. 逻辑功能

基本 RS 触发器可以由不同逻辑门构成。图 4-3(a)所示为用两个与非门交叉反馈构成的基本 RS 触发器。该触发器有两个互补的输出端 Q 和 $\overline{Q}$，$\overline{R}$、$\overline{S}$ 为触发器的两个输入端，也称激励端。其中 R 端称为清 0(Reset)端，也称复位端；S 端称为置 1(Set) 端，也称置位端。我们常用 Q 端的逻辑电平表示触发器所处的状态。若 Q 端为逻辑电平 1，$\overline{Q}$ 端为逻辑电平 0，称触发器处于“1”状态。反之 Q 端为逻辑电平 0，则称触发器处于“0”状态。

图 4-3(b)所示为基本 RS 触发器的逻辑符号，输入端的小圆圈表示仅当低电平作用于输入端时触发器状态才会发生翻转。因此，我们称该触发器是由低电平触发，或称该触发器输入低电平有效。

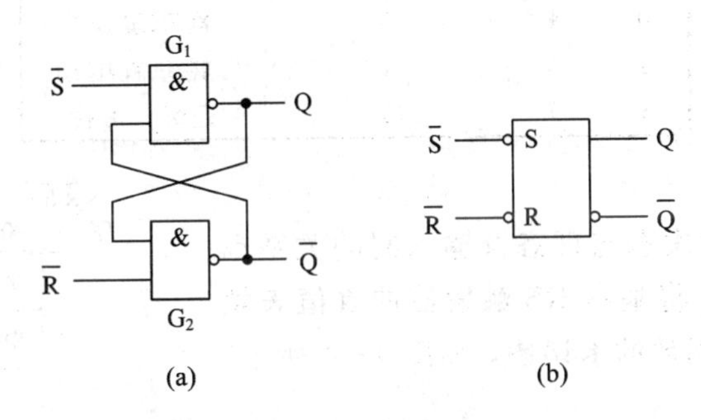

图 4-3　由与非门构成的基本 RS 触发器

(a) 逻辑图；(b) 国标符号

该触发器的 $\overline{R}$ 和 $\overline{S}$ 两个输入端共有四种输入组合，现分别阐述如下。

(1) 若 $\overline{R}=1$、$\overline{S}=1$，则状态不变。电路一旦进入某种状态，那么它就稳定在这个状态。根据门电路的基本逻辑功能，在 $\overline{R}$ 和 $\overline{S}$ 端均为逻辑高电平 1 的情况下，它的输出可能是 $Q=0$，$\overline{Q}=1$ 或者 $Q=1$，$\overline{Q}=0$。该过程称触发器保持。

(2) 若 $\overline{R}=0$、$\overline{S}=1$，则触发器置 0。当在 $\overline{S}$ 端保持高电平 1，而在 $\overline{R}$ 端加上负脉冲或低电平时，则不论触发器原来状态如何，在 $\overline{R}$ 端负脉冲作用下，触发器的新状态总是 0。该过程称触发器置 0(复位)。

(3) 若 $\overline{R}=1$、$\overline{S}=0$，则触发器置 1。当在 $\overline{R}$ 端保持高电平 1，而在 $\overline{S}$ 端加上负脉冲或低电平时，则不论触发器原来状态如何，在 $\overline{S}$ 端负脉冲作用下，触发器的新状态肯定为 1，该过程称为触发器置 1(置位)。

(4) 不允许出现 $\overline{R}=0$、$\overline{S}=0$ 的情况。一方面，当 $\overline{R}$ 和 $\overline{S}$ 端同时加入负脉冲或低电平时，两个与非门输出同时为高电平，这破坏了触发器两个输出端应该是互补的逻辑关系；另一方面，若这两个负脉冲同时撤走，触发器的状态将是不确定的。因此，我们规定 $\overline{R}$ 和 $\overline{S}$ 端不得同时为 0。

2. 功能描述

触发器的逻辑功能表示方法比门电路复杂一些，通常采用功能真值表(简称真值表)、特征方程和状态图等方法对触发器的逻辑功能进行描述。下面以基本 RS 触发器为例来说明各种描述方法的应用。

1）真值表

触发器当前的状态称为“现态”，用 Q^n 表示。而输入信号作用后触发器的状态称为“次态”，用 Q^{n+1} 表示。

真值表以表格的形式反映了触发器从现态 Q^n 向次态 Q^{n+1} 转移的规律。用真值表来表示触发器的逻辑功能，适合在时序逻辑电路的分析中使用。

基本 RS 触发器的真值表如表 4-1 所示。该表详细列出了次态 Q^{n+1} 与现态 Q^n 及当前输入之间的关系。由于 $\bar{R}\bar{S}=00$ 这种输入是禁止出现的，所以可在真值表中相应的格内填入 Φ(无关项)。

表 4-1　基本 RS 触发器真值表

$\bar{R}$	$\bar{S}$	Q^{n+1}	动　作
0	0	Φ(不允许)	禁止　输入
0	1	0	置 0(复位)
1	0	1	置 1(置位)
1	1	Q^n	记忆　保持

2）特征方程

基本 RS 触发器的次态与现态及输入间的关系也可以用逻辑函数表示。将基本 RS 触发器的真值表填入卡诺图，得到 Q^{n+1} 函数的卡诺图，如图 4-4 所示。通过卡诺图化简得到

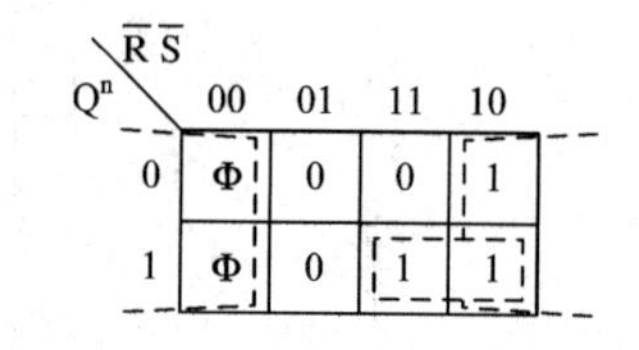

图 4-4　RS 触发器 Q^{n+1} 的卡诺图

$$Q^{n+1}=(\bar{\bar{S}})+\bar{R}\cdot Q^n$$
$$\bar{R}+\bar{S}=1$$

它称为特征方程或次态方程。其中 $\bar{R}+\bar{S}=1$ 为 RS 触发器的约束条件，即，满足 $\bar{R}+\bar{S}=1$ 意味着 $\bar{R}$ 和 $\bar{S}$ 不能同时为 0。

上面讨论的是由与非门构成的基本 RS 触发器，在 TTL 电路中常用这种结构。在 CMOS 电路中常用两个或非门交叉反馈构成基本 RS 触发器。两者的工作原理十分相似，所不同的是用或非门构成基本 RS 触发器是由高电平触发的。当高电平作用于适当的输入端时，触发器状态才会发生翻转。

表 4-2 给出了几种典型的集成 RS 触发器，供使用者选用。

表 4-2　典型集成 RS 触发器

型　号	特　性	输　入	输　出
74LS279	4RS，与非	R、S 低电平有效	Q
CD4043	4RS，或非	R、S 高电平有效	Q(三态)
CD4044	4RS，与非	R、S 低电平有效	Q(三态)

74LS279 是一种典型的四 RS 触发器，其电路引脚图和封装图如图 4-5 所示。

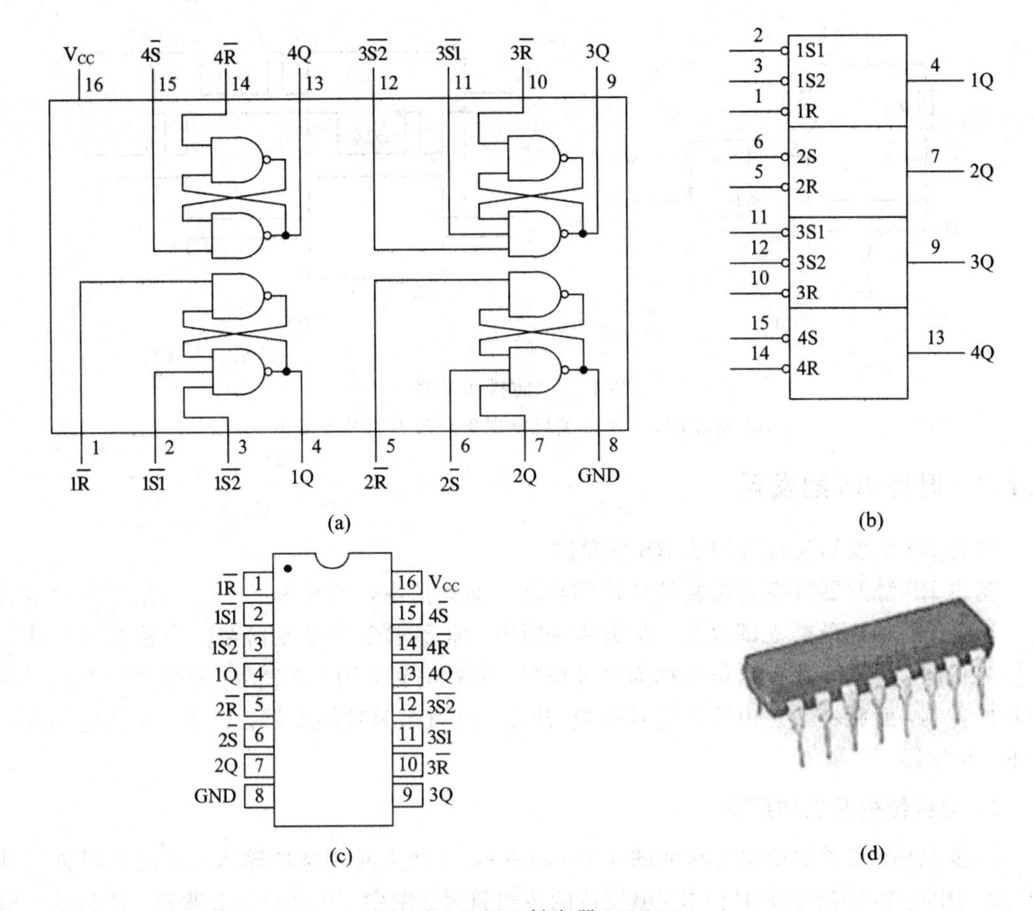

图 4-5　四 RS 触发器 74LS279

(a) 原理及引脚图；(b) 逻辑符号；(c) 外引脚图；(d) 双列直插式 16 脚封装图

【例 4.1】 已知基本 RS 触发器 $\bar{R}$ 和 $\bar{S}$ 端的输入波形，试画出 Q 端的输出波形。

解：设触发器初态为“0”，根据 RS 触发器的真值表，若 $\bar{R}=0$、$\bar{S}=1$，则触发器置 0(相当于存储数据 0)；若 $\bar{R}=1$、$\bar{S}=0$，则触发器置 1(相当于存储数据 1)。

所以，Q 对应 $\bar{R}$ 和 $\bar{S}$ 的输出波形如图 4-6 所示。

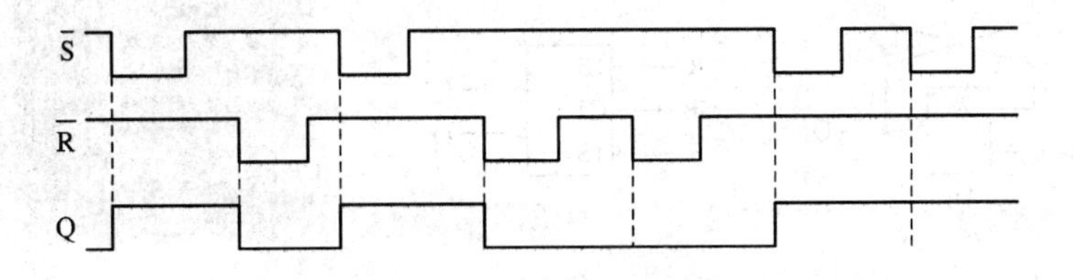

图 4-6　例 4.1 基本 RS 触发器波形图

基本 RS 触发器可用于防抖动开关，其电路如图 4-7(a)所示。为消除抖动，可将 U_A 和 U_B 两点接入 RS 触发器的输入端，将 RS 触发器的输出 Q 和 $\bar{Q}$ 作为开关状态输出。由基本 RS 触发器特性可知：当开关 S 闭合在右边时，$U_A=\bar{R}=1$，$U_B=\bar{S}=0$，Q 置 1，$\bar{Q}$ 为 0，此时即使开关抖动，$U_B=\bar{S}$ 变化，Q 也会保持 1，$\bar{Q}$ 保持 0；当开关 S 闭合在左边时，$U_A=\bar{R}=0$，$U_B=\bar{S}=1$，Q 置 0，$\bar{Q}$ 为 1，此时即使开关抖动，$U_A=\bar{R}$ 变化，Q 也会保持 0，$\bar{Q}$ 保持 1。其开关反跳现象及改善后的波形图如图 4-7(b)所示。

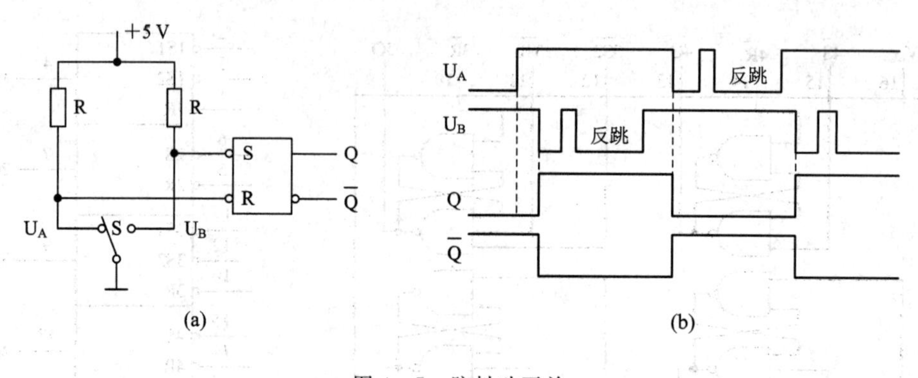

图 4-7　防抖动开关

(a) 电路图；(b) 开关反跳现象及改善后的波形图

4.1.2　时钟 RS 触发器

时钟 RS 触发器又称为同步 RS 触发器。

基本 RS 触发器具有直接复位置位的功能。也就是说，当 $\overline{R}$ 和 $\overline{S}$ 端输入信号发生变化时，触发器的状态就会立即改变。在实际应用中，常要求多个触发器在一个控制信号作用下按节拍同步工作，该控制信号称为时钟信号，简称时钟，用 CP 表示。触发器的翻转受时钟脉冲控制，而翻转状态由输入信号和 Q^n 决定，这就是时钟触发器。其基本单元电路即时钟 RS 触发器。

1. 电路结构及工作原理

同步 RS 触发器的逻辑电路如图 4-8(a)所示。CP 为时钟脉冲输入端，简称时钟端或 CP 端。图 4-8(b)所示为时钟 RS 触发器的逻辑符号。图中 CP 是控制关联符，R 和 S 是输入端定义符号。图中 1S、1R 和 C1 表示只有在 S 或 R 输入为 1 时，CP=1 才能使触发器置 1 或清 0。此种国际关联标注法也适用于其它触发器。

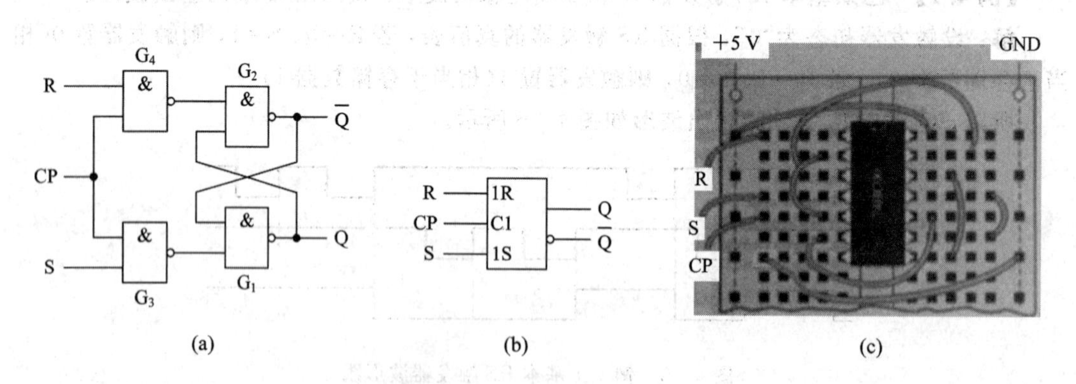

图 4-8　时钟 RS 触发器

(a) 逻辑图；(b) 国标符号；(c) 用 74HC00 实现的时钟 RS 触发器

由图 4-8(a)可见，门 G_1G_2 构成一个基本 RS 触发器，G_3G_4 构成引导门。在 CP=0，即处于低电平时，G_3G_4 被封锁。此时不论 R 和 S 处于何种状态，G_3G_4 输出均为 1，基本 RS 触发器的状态不变。当时钟脉冲到来，即 CP=1 时，G_3G_4 打开，输入信号通过这两个引导门连接到基本 RS 触发器的输入端。

当 CP=1(脉冲到来)时，若 R=0、S=1，则 G_3 输出低电平 0，从而使 G_1 输出高电平 1，而将 RS 触发器置 1。在 CP 脉冲消失(CP=0)后，G_3G_4 的输出又全为 1，RS 触发器保持在 1 状态不变。

若 R=1、S=0，当下一个 CP 脉冲到来时，这将使触发器置 0；若 R=0、S=0，此时不论 CP 处于何种状态，G_3G_4 输出均为 1，RS 触发器的状态不变；但是若 R=1、S=1，则在 CP=1 时，G_3G_4 的输出均为 0。前面已经指出，对于用与非门构成的基本 RS 触发器来说，不允许两个输入端同时为 0。因此，对时钟 RS 触发器来说，R 端和 S 端不允许同时为 1。

2. 功能描述

由以上分析可以得出：

当 CP=0 时，触发器保持原状态不变。

当 CP=1 时，触发器的状态随输入信号的不同而改变，变化的规律可用图 4-9(a)所示的状态图、图 4-9(b)所示的状态卡诺图、表 4-3 所示的特性表以及下述特征方程及约束条件来描述。

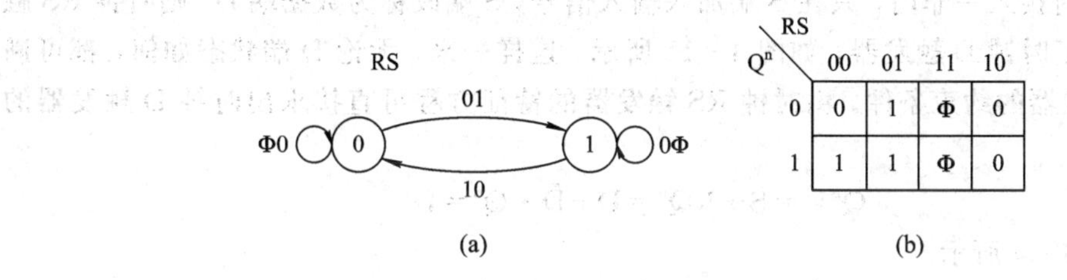

图 4-9 时钟 RS 触发器状态图及状态表

表 4-3 时钟 RS 触发器真值表

CP	R	S	Q^{n+1}	动　作
0	Φ	Φ	Q^n	状态不变，与 R、S 无关
1	1	0	0	置 0
1	0	1	1	置 1
1	0	0	Q^n	不变(记忆保持)
1	1	1	Φ	禁止输入

其特征方程及约束条件为

$$Q^{n+1}=S+\bar{R}Q^n$$
$$R\cdot S=0$$

【例 4.2】 已知时钟 RS 触发器 CP、R、S 端的输入波形，试画出 Q 端的输出波形。

解：设触发器初态为“0”，根据时钟 RS 触发器的真值表，当 CP=1 时，若 R=0、S=1，则触发器置 1；若 R=1、S=0，则触发器置 0。

在图 4-10 中，当第一个脉冲作用时(CP=1)，触发器输入 S=R=0，可知触发器此时处于保持状态，故 Q 不变化。当第二个脉冲作用时，触发器输入 S=1、R=0，处于置 1 状态，故 Q=1。当第四个脉冲作用时，触发器输入 S=0、R=1，处于置 0 状态，故 Q=0。依此类推。

所以 Q 对应 CP、R、S 的输出波形如图 4-10 所示。

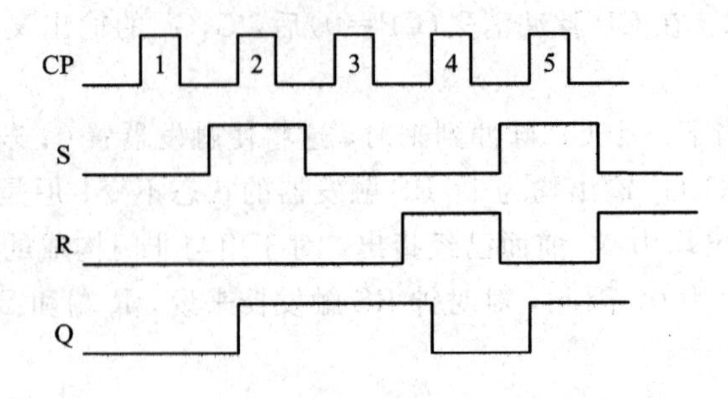

图 4-10 时钟 RS 触发器波形图

4.1.3 时钟 D 触发器

时钟 D 触发器又称为钟控 D 触发器，也常常称为 D 锁存器。如果在时钟 RS 触发器的 S 端与 R 端之间接入一非门，只在 S 端加入输入信号，S 端改称为数据端 D，则时钟 RS 触发器就转换成了时钟 D 触发器，如图 4-11 所示。这样一来，无论 D 端状态如何，都可满足时钟 RS 触发器的约束条件。由时钟 RS 触发器的特征方程可直接求出时钟 D 触发器的特征方程为

$$Q^{n+1}=S+\overline{R}Q^{n}=D+\overline{\overline{D}}\cdot Q^{n}=D$$

其真值表如表 4-4 所示。

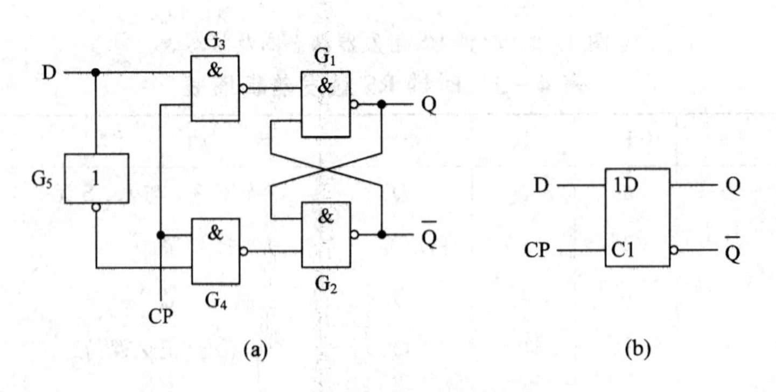

图 4-11 时钟 D 触发器

(a) 逻辑图；(b) 国标符号

表 4-4 时钟 D 触发器真值表

CP	D	Q^{n+1}	动　作
0	Φ	Q^{n}	不变(保持)
1	0	0	置 0
1	1	1	置 1

常用的时钟 D 触发器的型号及功能如表 4-5 所示。

表 4－5　常用时钟 D 触发器

型　号	特　性	CP 端数	输出端
74375	4 触发器	2	Q、$\overline{Q}$
74373	8 触发器	1(公用)	Q(三态)
74100	双 4 触发器	2	Q
74LS75	4 触发器	2	Q、$\overline{Q}$

74LS75 是一种典型的四时钟 D 触发器，其逻辑符号、电路引脚和封装如图 4－12 所示。

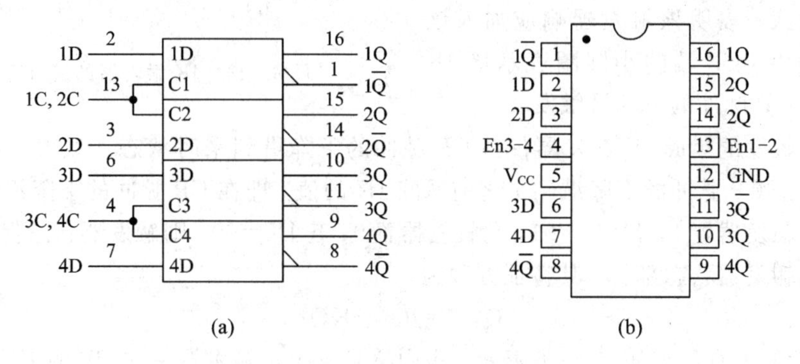

图 4－12　四时钟 D 触发器 74LS75

(a) 逻辑符号；(b) 电路引脚和封装图

4.2　集 成 触 发 器

时钟触发器一般采用电平触发，而边沿触发器采用时钟 CP 脉冲边沿触发，即在时钟 CP 脉冲上升沿或者下降沿时触发。它们就其逻辑功能而言可分为 D 触发器、JK 触发器和 T 触发器等。

集成触发器应用非常广泛，图 4－13 所示为 D 触发器的应用电路。它是一个由四个 D 触发器(74LS175)构成的简易的四人抢答器。

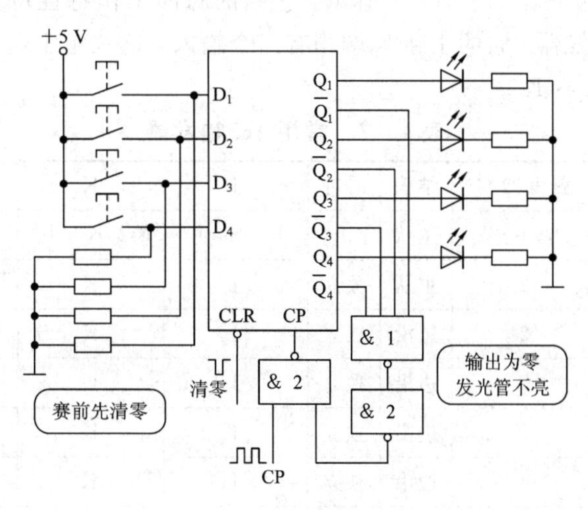

图 4－13　四人抢答器

4.2.1　JK 触发器

目前，JK 触发器有多种结构，主要分为主从触发和边沿触发 JK 触发器。本节主要讨论上升沿和下降沿边沿 JK 触发器。不论哪种触发方式的 JK 触发器，其逻辑功能都是一样的。

图 4-14(a)所示为下降沿边沿 JK 触发器的逻辑符号；图 4-14(b)所示为上升沿边沿 JK 触发器的逻辑符号。

JK 触发器的逻辑符号中，符号">"表示是动态输入，表明该触发器响应加入该输入端的边沿。CP 端的小圆圈表示该 JK 触发器是在 CP 脉冲的下降沿触发。

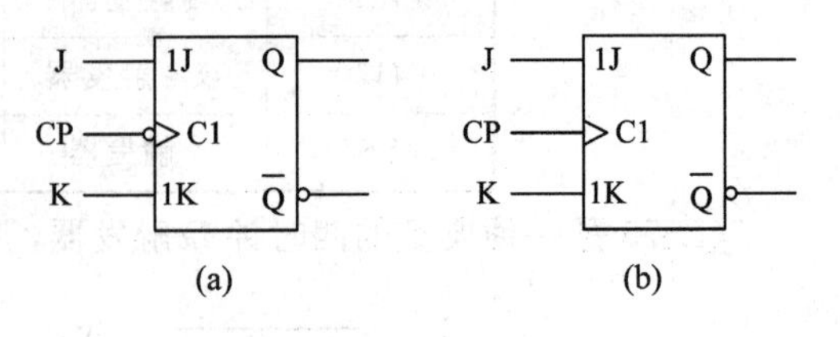

图 4-14　JK 触发器的逻辑符号

下降沿触发的集成 JK 触发器仅在 CP 脉冲的下降沿到来时状态才改变一次，其状态的变化取决于 CP 脉冲的下降沿到来之前瞬间 JK 的值。即在 CP 脉冲的下降沿到来时，若 JK=10，则触发器置 1；若 JK=01，则触发器置 0；若 JK=00，则触发器状态保持不变；若 JK=11，则触发器状态翻转。其特征方程为

$$Q^{n+1}=J\overline{Q}^n+\overline{K}Q^n$$

JK 触发器的真值表如表 4-6 所示。表中符号↓表示触发器是在 CP 的下降沿时触发。

表 4-6　JK 触发器真值表

功能	输　入			输　出
	CP	J	K	Q^{n+1}
保持	↓	0	0	Q^n
置 0	↓	0	1	0
置 1	↓	1	0	1
翻转	↓	1	1	$\overline{Q}^n$

常用的集成 JK 触发器如表 4-7 所示。它们的脉冲工作特性可查阅有关手册，其中 7472 只含一个 JK 触发器，它的 J 和 K 端均有三个输入，这三个 J 端使 $J=J_1\cdot J_2\cdot J_3$，三个 K 端使 $K=K_1\cdot K_2\cdot K_3$。

表 4-7　常用 JK 触发器

型　号	触发器数	结构	时钟	J	K	输　出
7472	1	主从	1	J_1, J_2, J_3	K_1, K_2, K_3	Q、$\overline{Q}$
74107	2	主从	独立	J	K	Q、$\overline{Q}$
7476	2	边沿	独立	J	K	Q、$\overline{Q}$
74109	2	边沿	独立	J	K	Q、$\overline{Q}$
74112	2	边沿	独立	J	K	Q、$\overline{Q}$
74276	4	边沿	独立	J	K	Q
74376	4	边沿	公共	J	K	Q

【例 4.3】 下降沿触发的 JK 触发器的 CP 脉冲和输入信号 J、K 的波形如图 4-15 所示，画出触发器输出 Q 的波形(设 Q 的初始状态为"0")。

解：由于下降沿 JK 触发器是下降沿触发的，因此，作图时应首先找出各 CP 脉冲的下降沿，再根据当时的输入信号 J、K 得出输出 Q，作出波形如图 4-15 所示。

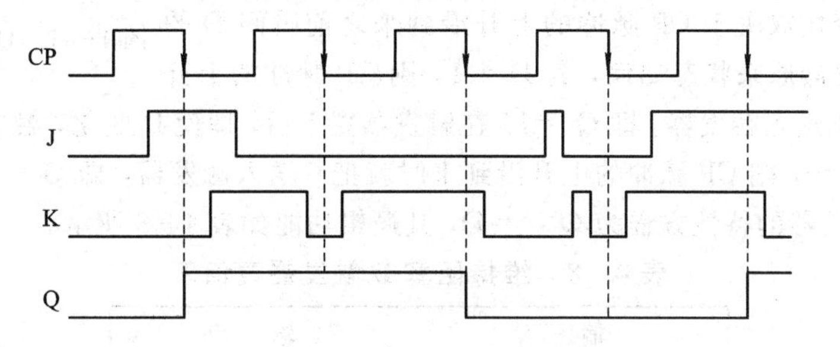

图 4-15　例 4.3 波形

当第 1 个 CP 脉冲的下降沿到来时，JK=10，则触发器置 1，Q 为 1；当第 2 个 CP 脉冲的下降沿到来时，JK=00，则触发器状态保持不变，Q 仍为 1；当第 3 个 CP 脉冲的下降沿到来时，JK=01，则触发器置 0，Q 为 0；当第 4 个 CP 脉冲的下降沿到来时，JK=00，则触发器状态保持不变，Q 仍为 0；当第 5 个 CP 脉冲的下降沿到来时，JK=11，则触发器状态翻转，Q 转变为 1。

【例 4.4】 上升沿触发的 JK 触发器的 CP 脉冲和输入信号 J、K 的波形如图4-16 所示，画出触发器输出 Q 的波形(设 Q 的初始状态为"0")。

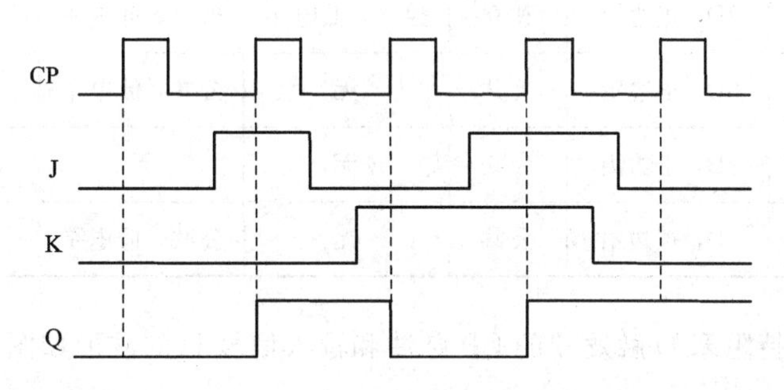

图 4-16　例 4.4 波形

解：由于上升沿 JK 触发器是上升沿触发的，因此作图时应首先找出各 CP 脉冲的上升沿，再根据当时的输入信号 J、K 得出输出 Q，作出波形如图 4-16 所示。

当第 1 个 CP 脉冲的上升沿到来时，JK=00，则 Q 为 0；当第 2 个 CP 脉冲的上升沿到来时，JK=10，则 Q 为 1；当第 3 个 CP 脉冲的上升沿到来时，JK=01，则 Q 为 0；当第 4 个 CP 脉冲的上升沿到来时，JK=11，则 Q 翻转为 1；当第 5 个 CP 脉冲的上升沿到来时，JK=00，则 Q 仍为 1。

4.2.2　D 触发器

集成 D 触发器与 JK 触发器一样有上升沿触发和下降沿触发两种，其功能与时钟 D 触发器一样。

本节重点讨论维持阻塞结构 D 触发器，维持阻塞结构 D 触发器是上升沿触发的 D 触发器，其逻辑符号如图 4－17 所示。图中 D 为信号输入端或称为激励端。符号">"表示是动态输入，在 CP 端处没有小圆圈表示该 D 触发器是在 CP 脉冲的上升沿触发。

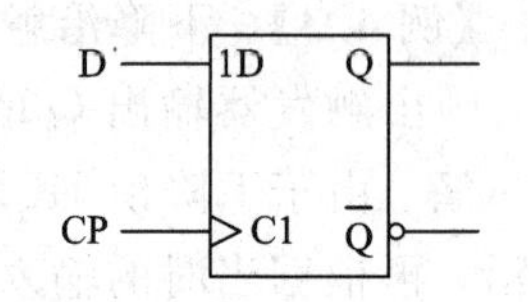

图 4－17 D触发器逻辑符号

该集成 D 触发器仅仅在 CP 脉冲的上升沿到来时状态才改变，其状态的变化取决于 CP 脉冲的上升沿到来之前瞬间 D 的值。即不论触发器原来状态如何，若 D ＝1，则 CP 脉冲的上升沿到来时就把 1 送入触发器，即 Q ＝1。在触发器置 1 后，即使 D 变化，触发器的状态也不会改变。若 D ＝0，则 CP 脉冲的上升沿到来时就把 0 送入触发器，即 Q ＝ 0。

这种 D 触发器的特性方程为 $Q^{n+1}=D$，其逻辑功能如表 4－8 所示。

表 4－8 维持阻塞 D 触发器真值表

输 入		输 出
CP	D	Q^{n+1}
↑	0	0
↑	1	1

常用的集成 D 触发器如表 4－9 所示。

表 4－9 常用集成 D 触发器

型号	特 性	时钟	置位端	复位端	输 出
7474	2D，正边沿	独立	独立，低电平	独立，低电平	Q、$\overline{Q}$
74273	8D，正边沿	公共	无	公共，低电平	Q
74374	8D，正边沿	公共	无	无	Q(三态)
74175	4D，正边沿	公共	无	公共，低电平	Q、$\overline{Q}$

【例 4.5】 维持阻塞 D 触发器的 CP 脉冲和输入信号 D 的波形如图 4－18(a)所示，画出 Q 端的波形。

解：触发器输出 Q 的变化波形取决于 CP 脉冲及输入信号 D，由于维持阻塞 D 触发器是上升沿触发的，故作图时应首先找出各 CP 脉冲的上升沿，再根据当时的输入信号 D 得出输出 Q，作出波形如图 4－18(b)所示。

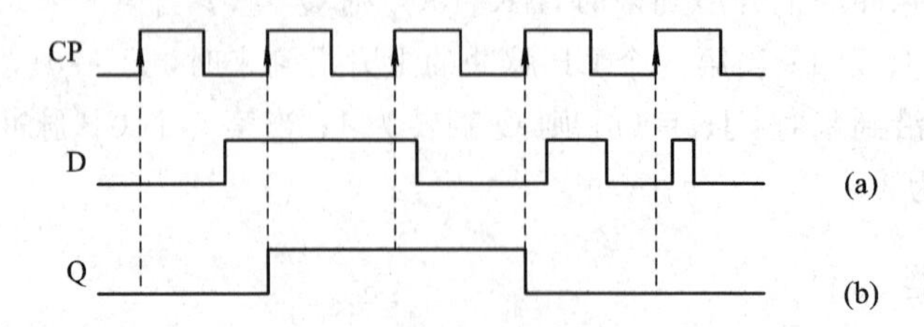

图 4－18 例 4.5 波形图

【例 4.6】 画出图 4－19 所示 D 触发器的 Q 输出波形。

解：把D触发器的输出$\overline{Q}$反馈回输入端与D连接，则$Q^{n+1}=D=\overline{Q}^n$。根据逻辑符号可知，该触发器是下降沿触发的D触发器。所以每来一个时钟CP的下降沿Q变化一次。波形如图4-19(b)所示。

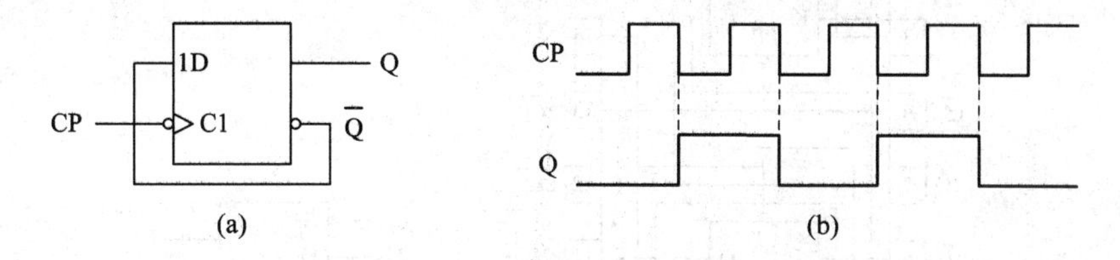

图4-19　D触发器连成二分频电路

(a) 电路图；(b) 波形图

Q的输出波形的周期是CP脉冲周期的2倍，即频率的一半，亦称为二分频电路。

【例4.7】 读者自行分析图4-13所示电路的工作原理。

4.2.3　T触发器

将JK触发器的J、K两端连在一起作为输入端，便组成了T触发器。根据JK触发器的功能即可得到T触发器功能。T触发器的真值表如表4-10所示。其特征方程为

$$Q^{n+1}=T\overline{Q}^n+\overline{T}Q^n=T\oplus Q^n$$

当T触发器T端恒为1时，即为T′触发器，其特征方程为

$$Q^{n+1}=\overline{Q}^n$$

这表示每输入一个时钟脉冲，触发器状态就改变一次，该触发器在CP作用下处于计数状态，所以称它为计数型触发器。

表4-10　T触发器真值表

CP	T	Q^{n+1}	状　态
0	Φ	Q^n	状态不变
1	0	Q^n	状态不变
1	1	$\overline{Q}$	状态翻转

4.2.4　触发器的直接置位和直接复位

集成触发器还有另外一种形式，即带有直接置位和直接复位端的触发器。例如，74112是一种典型的带有直接置位端和直接复位端的双JK触发器，其电路原理、引脚图及逻辑符号如图4-20所示。它采用双列直插式16脚封装形式。

例如，7474是一种典型的带有直接置位和直接复位端的双D触发器，其电路原理、引脚图及逻辑符号如图4-21所示。它采用双列直插式14脚封装。

逻辑符号中的$\overline{S}_D$和$\overline{R}_D$端是触发器的异步置位和复位端，$\overline{S}_D$和$\overline{R}_D$端上的小圆圈表示低电平有效。如果令$\overline{S}_D=0$，$\overline{R}_D=1$，则不管J、K、D、CP状态如何，触发器直接置1；反之，令$\overline{S}_D=1$，$\overline{R}_D=0$，触发器则直接置0，不受CP的时钟控制。可以用$\overline{S}_D$和$\overline{R}_D$端预置触发器的初始状态，预置完成后，$\overline{S}_D$和$\overline{R}_D$应保持在1状态。

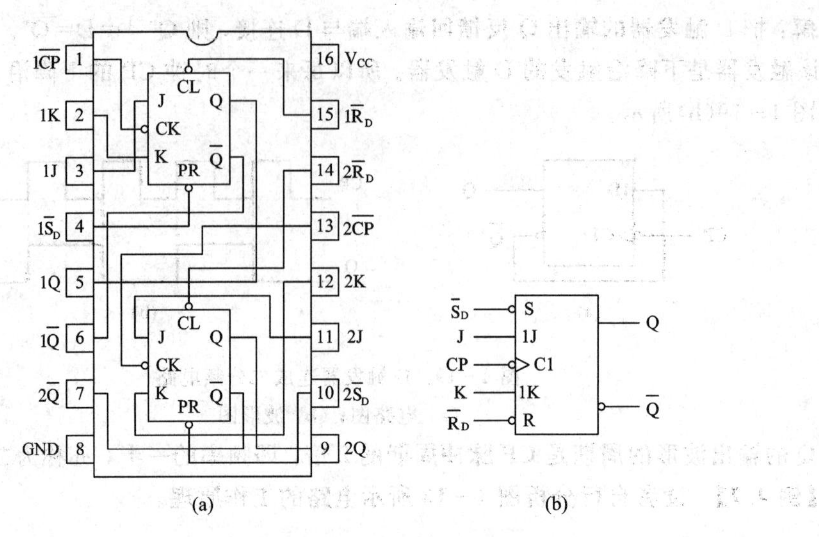

图 4-20　74112 双 JK 触发器电路引脚图

(a) 原理及引脚图；(b) 逻辑符号

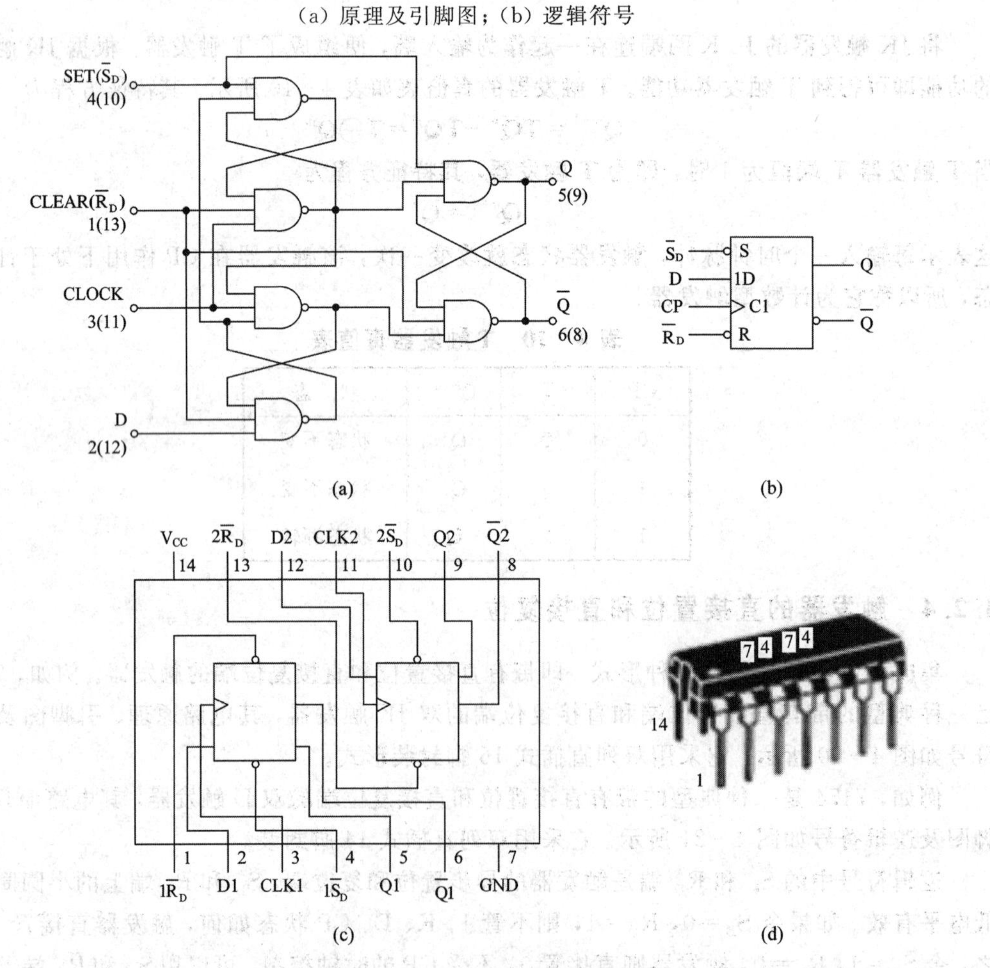

图 4-21　7474 双 D 触发器

(a) 内部原理图；(b) 逻辑符号；(c) 原理及引脚图；(d) 双列直插式 14 脚封装图

由以上分析可以得出：各种类型的触发器都有两个稳定的状态，在不受外界激励作用时，它们能够保持一种稳定的状态，只有在输入的激励信号有效时，输出才可能翻转到另一种稳定的状态，而且在外加激励信号消失以后，能够保持这个新的稳定状态。所以它们具有记忆功能，可分别用来代表所存储的二进制数码是 1 还是 0。

4.3　同步时序电路的分析

所谓时序逻辑电路，是指在任何时刻电路产生的稳定输出信号，不仅与该时刻电路的输入信号有关，而且与该时刻电路状态的有关的电路。换句话说就是，当前的输出不仅与当前的输入信号有关，而且与以前的输入有关。

4.3.1　时序逻辑电路的一般结构

时序逻辑电路一般由组合逻辑电路和存储电路两部分组成，其结构模型如图 4-22 所示。图中，组合逻辑电路部分的输入包括外部输入和内部输入。外部输入 $X(X_1 \cdots X_i)$是整个时序逻辑电路的输入信号，内部输入 $Q(q_1 \cdots q_r)$是存储电路部分的输出，它反映了时序逻辑电路过去时刻的状态。组合逻辑电路部分的输出也包括外部输出和内部输出。外部输出 $Z(Z_1 \cdots Z_m)$是整个时序逻辑电路的输出信号，内部输出 $Y(y_1 \cdots y_n)$是存储电路部分的输入。图 4-22 中存储电路可将某一时刻之前电路的状态保存下来。存储电路可以用触发器或延迟元件组成。在时序逻辑电路中，存储电路的输出称为时序逻辑电路的状态，即 $Q(q_1 \cdots q_r)$表示的 0、1 序列。$Y(y_1 \cdots y_n)$是存储电路的输入信号，也称为存储电路的驱动信号(或激励信号)。

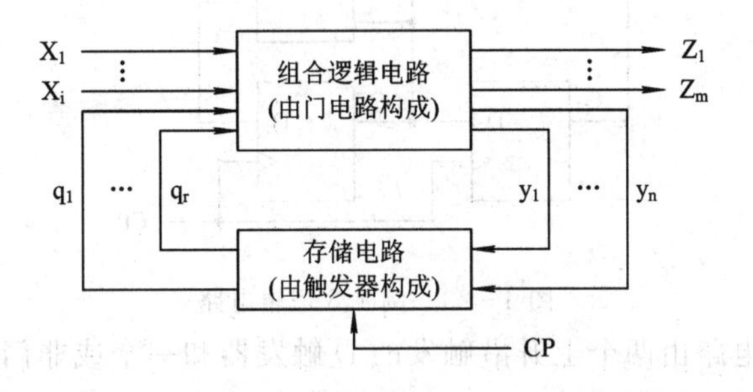

图 4-22　时序逻辑电路的结构模型

与组合逻辑电路相比，时序逻辑电路在结构上有两个主要特点：其一是包含由触发器构成的存储电路；其二是内部存在反馈通路。

时钟脉冲 CP 有效触发沿到来之前(当前时刻)的状态称为时序逻辑电路的现态，用 Q^n 表示。这个状态同外部输入 X 一起进入组合逻辑电路，产生存储电路中的触发器的激励信号，在时钟脉冲 CP 有效触发沿到来时(下一时刻)，存储电路中的触发器输出 $Q(q_1 \cdots q_r)$就会产生新的状态，这个状态称为时序逻辑电路的次态，用 Q^{n+1} 表示。构成存储电路的触发器，如果都采用同一个 CP 脉冲，则称为同步时序电路，否则称为异步时序电路。

4.3.2　时序逻辑电路的一般分析方法

时序电路的分析，就是根据给定的时序逻辑电路的结构，找出该时序电路在输入信号及时钟信号作用下，存储电路状态变化规律及电路的输出，从而了解该时序电路所完成的逻辑功能。

分析过程一般按下列步骤进行：

(1) 首先明确电路的组成及输入、输出信号，然后确定电路类型是同步时序逻辑电路还是异步时序逻辑电路。

(2) 列出每个触发器的驱动方程，即D触发器D的逻辑表达式，JK触发器J、K的逻辑表达式，T触发器T的逻辑表达式，它反映了各个触发器输入信号的组合。由于异步时序逻辑电路没有采用统一的时钟脉冲，所以对于这类电路还必须列出每个触发器的时钟方程，即各个触发器的CP信号表达式。

(3) 将各个触发器的驱动方程代入其特征方程，列出每个触发器次态Q^{n+1}的逻辑表达式，即前面所说的时序逻辑电路的状态方程。

(4) 列出电路输出$Z_1 \cdots Z_m$的逻辑表达式。

(5) 由每个触发器的现态Q^n及外部输入X的各种可能组合，直接代入其次态方程及输出方程，由此画出电路的状态转移表及状态转移图。

(6) 根据状态表及状态图所反映的电路状态转换关系，用语言或时序图总结电路的逻辑功能。

4.3.3 同步时序逻辑电路分析举例

【例4.8】 分析图4-23所示同步时序电路。

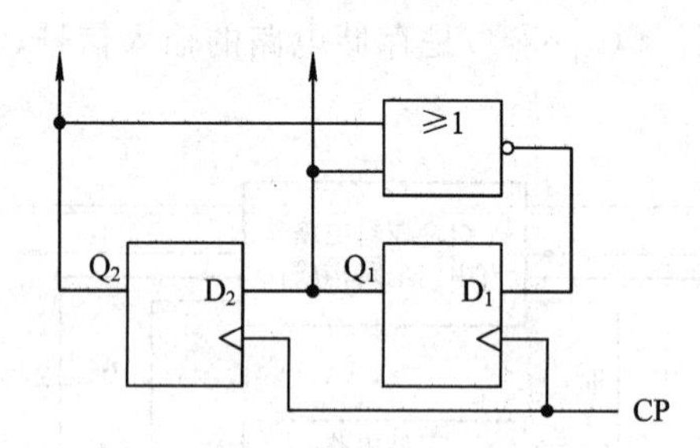

图4-23 例4.8逻辑电路

解：(1) 该逻辑电路由两个上升沿触发的D触发器和一个或非门组成。该电路没有外输入变量，不存在独立设置的输出，而以电路的状态Q直接作为输出信号。由于两个D触发器采用同一个时钟脉冲源，所以是同步时序逻辑电路。

(2) 写出激励方程。

$$D_1 = \overline{Q_1^n + Q_2^n} = \overline{Q}_1^n \cdot \overline{Q}_2^n$$

$$D_2 = Q_1^n$$

(3) 写出次态方程。

$$Q_1^{n+1} = D_1 = \overline{Q}_1^n \cdot \overline{Q}_2^n$$

$$Q_2^{n+1} = D_2 = Q_1^n$$

(4) 列状态表，画状态图。列状态表是分析过程的关键，其方法是先依次设定电路现态，再将其代入状态方程，得出相应次态。由次态方程得出该电路的状态表如表4-11所示。

表4-11　例4.8状态表

Q_2^n	Q_1^n	Q_2^{n+1}	Q_1^{n+1}
0	0	0	1
0	1	1	0
1	0	0	0
1	1	1	0

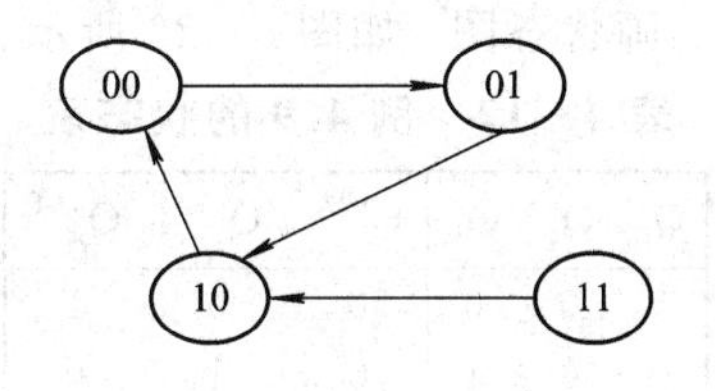

图4-24　例4.8状态图

由状态表作出该电路的状态图如图4-24所示。由状态图可见：00，01，10这3个状态构成了闭合回路。电路正常工作时，状态总是按这个序列循环变化，这3个状态称有效状态。其它状态称无效状态或多余状态。由于它们都指向循环体中的某一状态，因此除了电源刚接通时出现这些状态外，一旦电路正常工作就不可能再出现这些状态。电路中所有无效状态都能通向有效状态，则称该电路具有自启动能力。

所谓自启动能力，指当电源合上后，无论处于任何状态，电路均能自动进入有效循环。否则称为无自启动能力。

(5) 分析逻辑功能。从以上分析可知，该电路每经3个时钟脉冲，状态循环一次，因此这是一个具有自启动能力的模3计数器(三进制计数器或3分频器)。

【例4.9】 时序逻辑电路如图4-25所示，试分析它的逻辑功能。

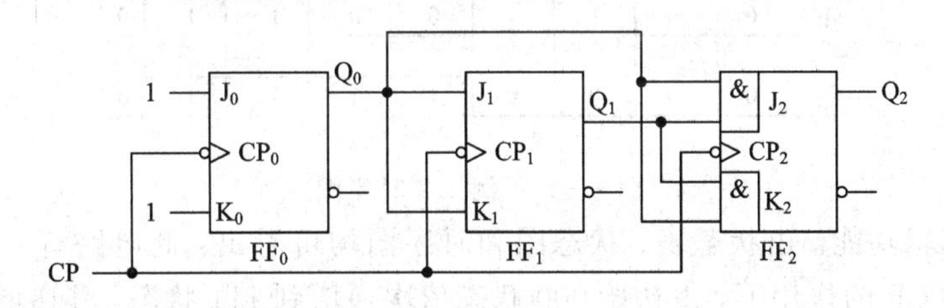

图4-25　例4.9电路图

解：(1) 确定电路时钟脉冲触发方式。该电路由3个JK触发器构成。时钟CP脉冲分别与每个触发器的时钟脉冲端相连，$CP_0=CP_1=CP_2=CP$，输出信号仅与状态Q有关，因此电路是一个同步时序逻辑电路。

(2) 写出驱动方程。

$$J_0=K_0=1$$
$$J_1=K_1=Q_0^n$$
$$J_2=K_2=Q_1^nQ_0^n$$

(3) 列状态方程。将上述驱动方程代入JK触发器的特性方程中，得到电路的状态方程为

$$Q_0^{n+1}=\overline{Q}_0^n$$
$$Q_1^{n+1}=Q_0^n\cdot\overline{Q}_1^n+\overline{Q}_0^n\cdot Q_1^n$$
$$Q_2^{n+1}=Q_1^nQ_0^n\overline{Q}_2^n+\overline{Q_1^nQ_0^n}Q_2^n$$

(4) 列状态表。列出状态表如表4-12所示。

在列表时可首先假定电路的现态为000，代入状态方程，得出电路的次态为001，再以001作为现态求出下一个次态010。如此反复进行，即可列出所分析电路的状态表。

（5）画状态图，如图 4-26 所示。

表 4-12 例 4.9 的状态表

Q_3^n	Q_2^n	Q_1^n	Q_3^{n+1}	Q_2^{n+1}	Q_1^{n+1}
0	0	0	0	0	1
0	0	1	0	1	0
0	1	0	0	1	1
0	1	1	1	0	0
1	0	0	1	0	1
1	0	1	1	1	0
1	1	0	1	1	1
1	1	1	0	0	0

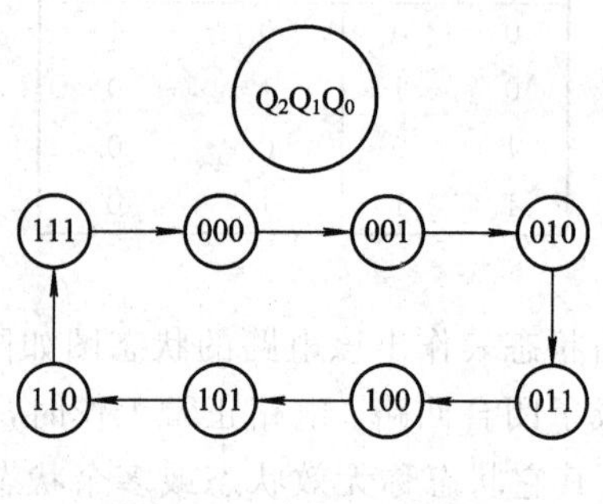

图 4-26 例 4.9 状态图

（6）画时序图。设电路的初始状态为 000，根据状态表和状态图，画出时序图，如图 4-27 所示。

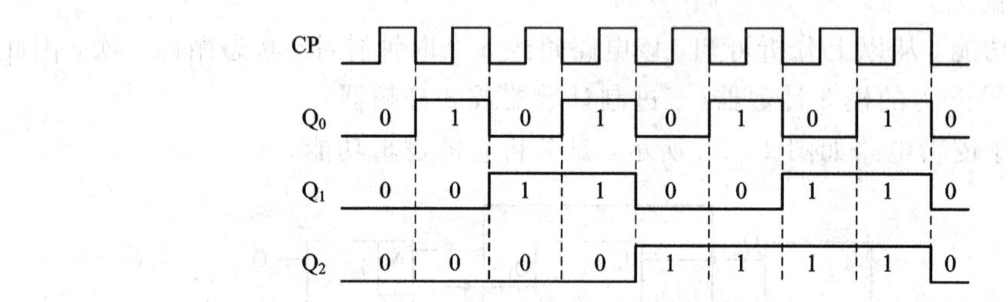

图 4-27 例 4.9 时序图

（7）分析逻辑功能。由状态表、状态图和时序图均可看出，此电路有 8 个有效工作状态，在时钟脉冲 CP 的作用下，由初始 000 状态依次递增到 111 状态，其递增规律为每输入一个 CP 脉冲，电路输出状态按二进制运算规律加 1。所以此电路是一个 3 位二进制同步加法计数器。

如果把计数器输出作为存储器的地址，那么我们就可以按顺序访问存储器中的数据。其关系图如图 4-28 所示。

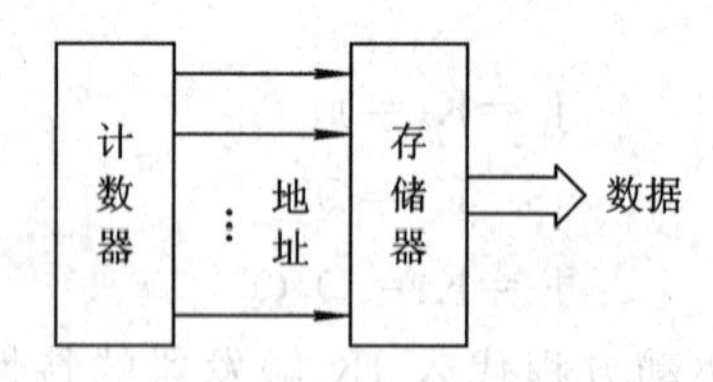

图 4-28 顺序访问存储器图

*4.4 典型同步时序电路的设计

时序电路的设计过程与分析过程基本相反，一般来说设计总比分析复杂一些，它的基本指导思想是要求设计者根据具体的逻辑问题要求，用尽可能少的触发器及门电路来实现待设计的电路。实际数字工程中广泛使用的是同步时序电路，所以本节将介绍由触发器构成的同步时序电路的一种经典的设计方法。

4.4.1　设计步骤

同步时序电路的设计步骤如下：

(1) 根据设计功能要求，画状态图。这是整个时序电路设计中关键的一步，是以下设计的依据。对于初学者来说，往往要对被设计电路的逻辑要求先进行分析，建立状态图，然后再列状态表。在较为熟练以后，也可直接列出状态表而不画状态图。

(2) 选择触发器类型，根据电路的状态数确定所需的触发器的个数，然后导出状态方程，再列出电路的输出方程及触发器的驱动方程。

(3) 根据输出方程及驱动方程，可以画出基于触发器的逻辑电路图。

4.4.2　设计举例

【例 4.10】　用下降沿触发的 JK 触发器设计一个同步计数器，其状态转移图如图 4-29 所示。写出状态方程和驱动方程，画出逻辑电路图。

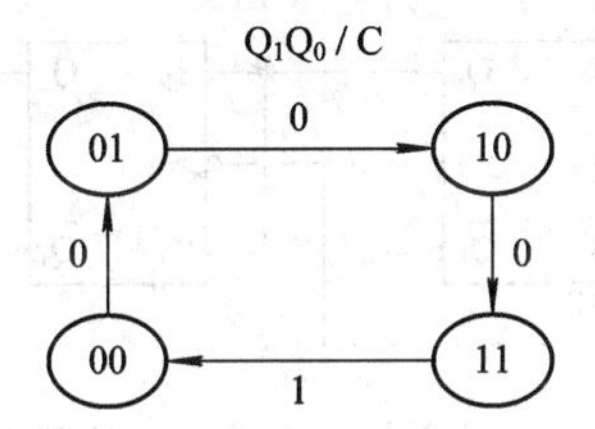

图 4-29　同步计数器状态转移图

解：(1) 根据状态转移图列出编码状态表，如表 4-13 所示。

表 4-13　例 4.10 状态表

Q_1^n	Q_0^n	Q_1^{n+1}	Q_0^{n+1}	C
0	0	0	1	0
0	1	1	0	0
1	0	1	1	0
1	1	0	0	1

(2) 由状态方程确定驱动方程和输出方程。由表 4-13 的状态转换表可以画出图4-30所示的次态卡诺图及输出卡诺图。

根据次态卡诺图写出次态方程为

$$Q_1^{n+1}=Q_0^n\overline{Q}_1^n+\overline{Q}_0^nQ_1^n$$

$$Q_0^{n+1}=\overline{Q}_0^n$$

将每个状态方程与特征方程 $Q^{n+1}=J\overline{Q}^n+\overline{K}Q^n$ 比较，可以得出每个触发器的驱动方程为

$$J_1=K_1=Q_0^n$$

$$J_0=K_0=1$$

根据输出卡诺图写出输出(进位信号)方程为

$$C=Q_1^nQ_0^n$$

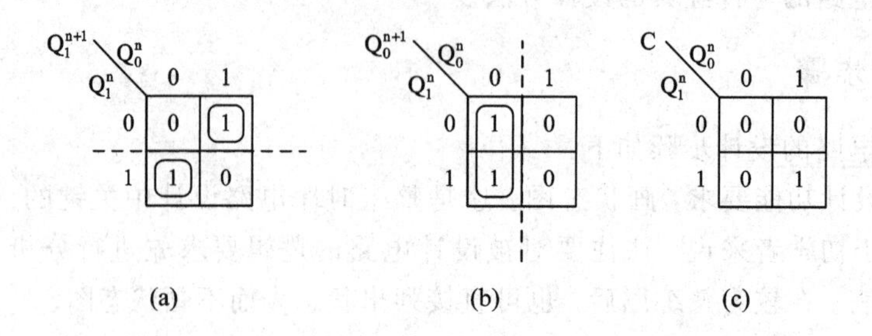

图 4-30 例 4.10 卡诺图

(a) Q_1^{n+1} 次态卡诺图；(b) Q_0^{n+1} 次态卡诺图；(c) 输出 C 卡诺图

此逻辑电路有四个状态，它们全部为有效循环状态，因此不存在多余状态的问题，电路肯定能够一通电就自启动正常工作。

(3) 画逻辑图。根据上面求得的驱动方程和输出方程画出逻辑电路，如图 4-31 所示。

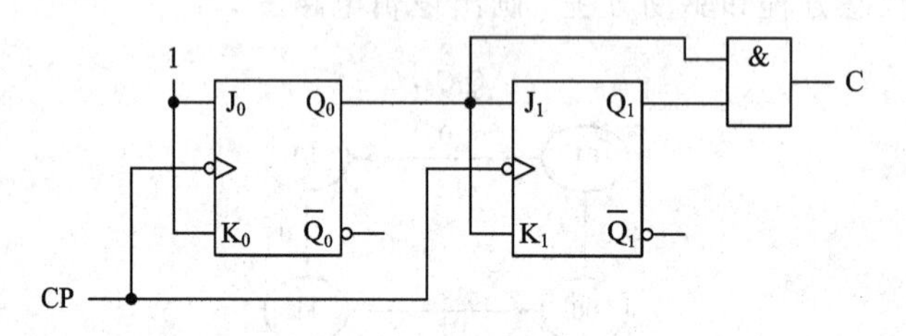

图 4-31 例 4.10 同步计数器的逻辑电路图

4.5 小规模时序电路的计算机仿真

【练习 1】 RS 触发器如图 4-32 所示。测试电路，并将结果列表。根据测试结果回答问题。

(1) 该 RS 触发器的状态方程是什么？

(2) 当 R=S=1 时，RS 触发器的输出状态是什么？

(3) RS 触发器的约束条件是什么？

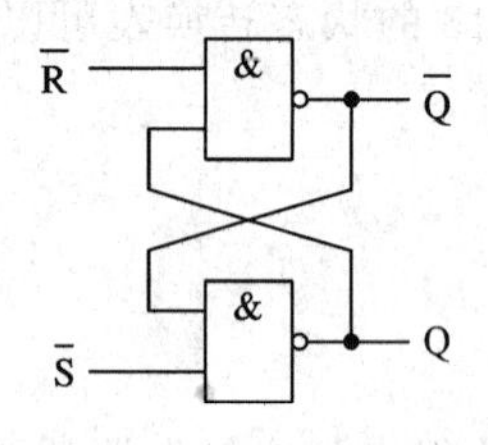

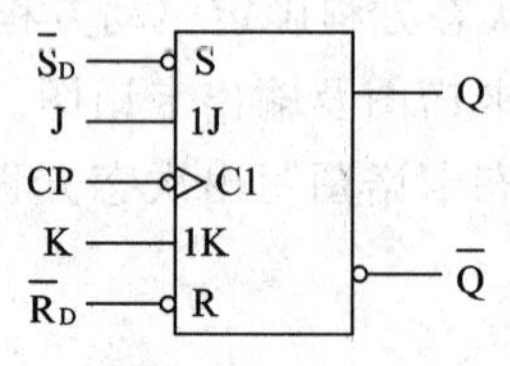

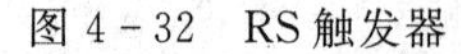

图 4-32 RS 触发器

图 4-33 JK 触发器

【练习 2】 74112 双 JK 触发器如图 4-33 所示。

(1) 测试电路 $\overline{R}_D$ 和 $\overline{S}_D$ 两个控制端及 J、K 两个输入端，并将测试结果列表。求出该触发器的状态方程。

(2) 设电路 J=K=1，$\bar{R}_D=\bar{S}_D=1$，然后给 CP 端输入频率 $f=1$ KHz 的方波信号，用逻辑分析仪检测该触发器 Q 端的波形，观察输出状态何时被触发翻转。确定 Q 端的输出波形的频率 f 的值。

【练习 3】 创建如图 4-34 所示的 D 触发器应用电路。

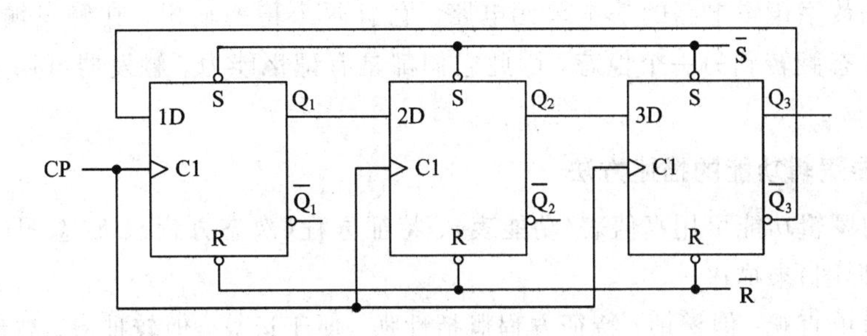

图 4-34　练习 3 电路图

(1) 写出各触发器的状态方程和驱动方程。指出电路的功能。

(2) 通过单刀双掷开关 S、R 分别加置位、复位信号。时钟脉冲源频率设置为 100 Hz。各触发器的输出端接数码管显示输出数码。接通电源，不论是先置位还是先复位，可以看到的输出状态是什么？

(3) 各触发器的输出端接探测器显示输出数码，根据探测器的亮灭，可以看到输出状态是什么？如果把 3 个探测器换成 3 个彩灯，再看看输出是什么效果。

(4) 利用逻辑分析仪观测输入、输出波形图。

【*练习 4】 有一个仿真电路如图 4-35 所示。利用逻辑分析仪的观测计数选通、锁存和清零信号波形，分析计数选通、锁存和清零信号的时序关系。

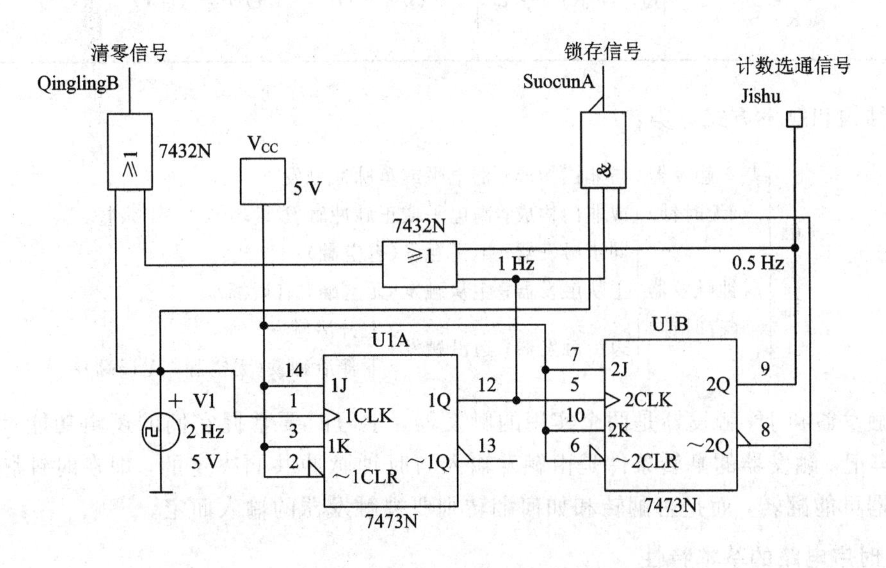

图 4-35　计数选通、锁存和清零信号时序电路

本章小结

1. 触发器的基本性质

触发器是数字逻辑电路的基本单元电路，它有两个稳态输出。在触发输入的作用下，可以从一个稳态翻转到另一个稳态，因此它们都具有记忆能力。触发器可用于存储二进制数据。

2. 触发器逻辑功能的描述方法

触发器的逻辑功能可用真值表(功能表)、特征方程(次态方程)、状态图(状态转换图)和时序图(波形图)来描述。

真值表简单直观，但繁琐；特征方程概括性强，便于运算，但较抽象；波形图与测试波形一致，便于观察。

3. 触发器分类

触发器的种类很多，根据是否有时钟脉冲输入端及逻辑功能、电路结构、触发方式等的不同可将触发器分为基本触发器、时钟触发器、RS 触发器、D 触发器、JK 触发器、T 触发器及电平触发、主从触发和边沿触发等。逻辑功能分类见表 4-14。

表 4-14

名称	RS 触发器	JK 触发器	D 触发器	T 触发器	T′ 触发器
特征方程	$Q^{n+1}=S+\bar{R}Q^n$ $R\cdot S=0$	$Q^{n+1}=J\overline{Q}^n+\overline{K}Q^n$	$Q^{n+1}=D$	$Q^{n+1}=T\oplus Q^n$	$Q^{n+1}=\overline{Q}^n$

按结构和触发方式分类：

- 触发器
  - 基本触发器(无时钟)
    - 与非门构成；低电平或负脉冲触发
    - 或非门构成；高电平或正脉冲触发
  - 时钟触发器(有时钟)
    - 同步触发器；电平触发(有空翻)
    - 主从触发器；主从触发(无空翻，有误翻)
    - 边沿触发器；边沿触发
      - 上升沿触发
      - 下降沿触发(无空翻，无误翻)

D 触发器和 JK 触发器是两个实用的触发器，学习时要掌握它们的逻辑功能及时序关系。要牢记，触发器的翻转条件是由触发输入与时钟脉冲共同决定的，即在时钟脉冲作用时触发器可能翻转，而是否翻转和如何翻转则要视触发器的输入而定。

4. 时序电路的基本特性

时序电路必须包含记忆元件(如触发器)，它可将过去的输入存储在记忆元件中，因此它在任一时刻输出值就不仅与该时刻的输入值有关，而且还与过去的输入有关。这就使它具备了与组合电路根本不同的特性，即记忆特性和时序特性。

5. 时序电路逻辑功能的描述方法

(1) 代数法：由激励函数、特性方程和输出函数三者描述。

(2) 列表法：由状态表描述。

(3) 画图法：由状态图、波形图描述。

这三种方法各有特长，都要掌握，以便灵活运用。

6. 时序电路的分析方法

时序电路分析的关键是求出状态方程，将激励函数代入特征方程，即可得到状态方程。由状态方程和输出函数可作出状态表、状态图及波形图，并从中断定其逻辑功能。

***7. 同步时序电路设计方法**

同步时序电路设计步骤可分两个阶段：

(1) 由给定的任务求出其最简状态表，其主要内容包括原始状态图、状态化简和状态编码。

(2) 由状态表设计出逻辑图，其主要内容是用卡诺图求激励函数和输出函数。

习　题

4-1　写出下列触发器的状态方程。

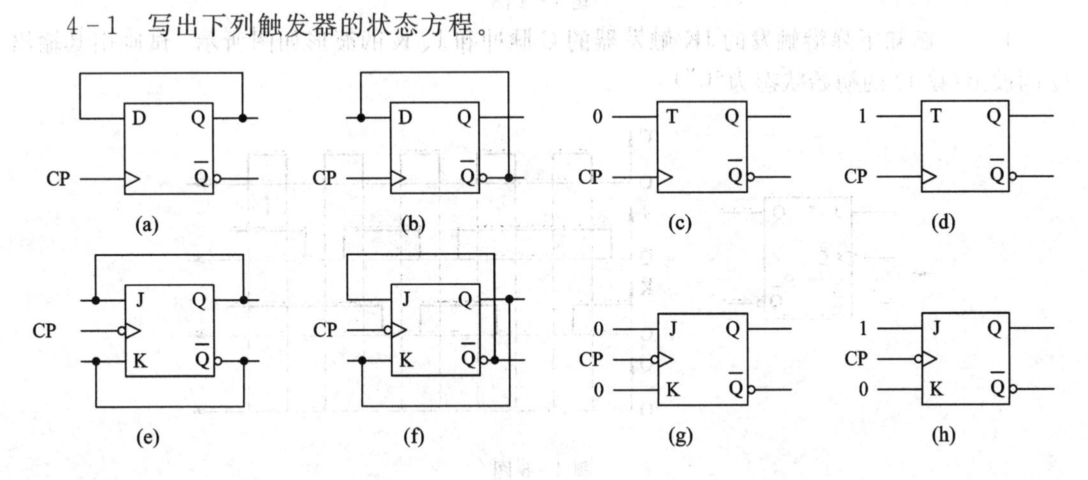

题4-1图

4-2　如题4-2图所示D触发器电路，设初始态Q=0，输入时钟波形CP和D波形如图所示，试画出Q的波形。

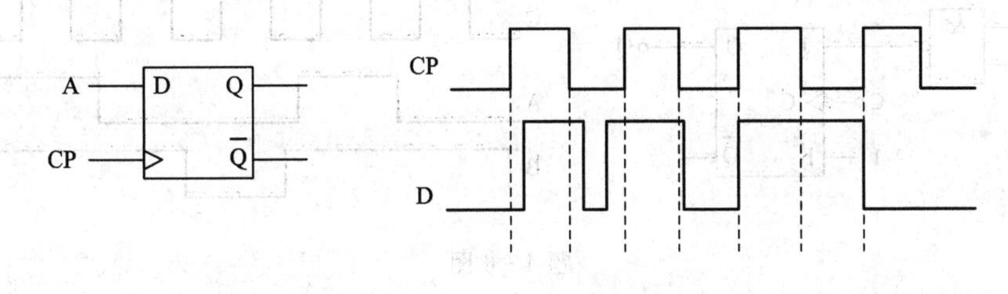

题4-2图

4-3　已知输入波形，分别画出 F_1、F_2 点输出波形。

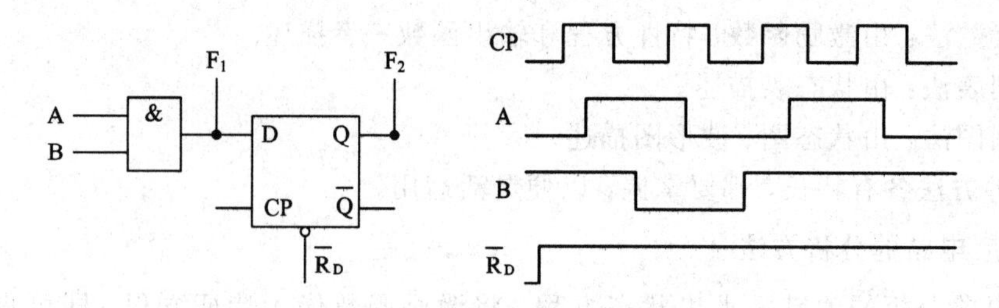

题 4-3 图

4-4　根据 CP 脉冲及 J、K 的波形画出输出 Q 的波形(设 Q 的初始状态为"0")。

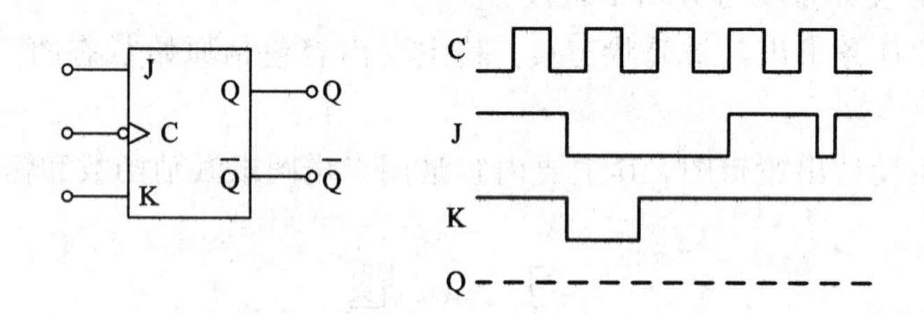

题 4-4 图

4-5　已知下降沿触发的 JK 触发器的 C 脉冲和 J、K 的波形如图所示。试画出其输出 Q 的波形(设 Q 的初始状态为"0")。

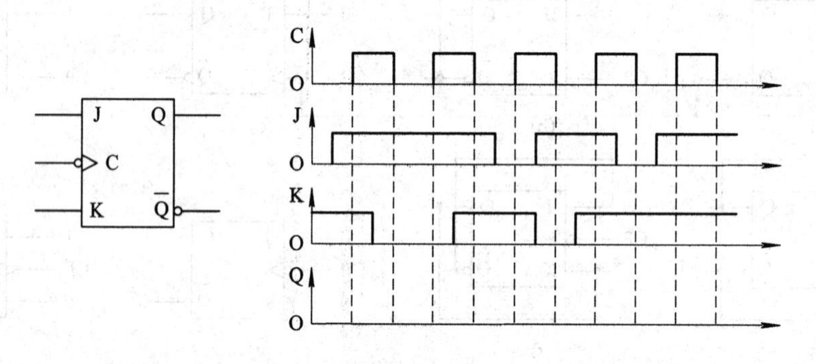

题 4-5 图

4-6　逻辑电路图中 A、B、C 的波形如题 4-6 图所示，试写出 J 的逻辑式，画出其输出 Q 的波形(设 Q 的初始状态为"0")。

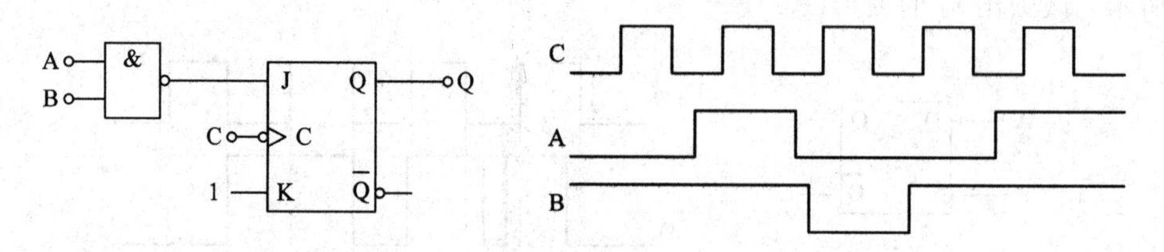

题 4-6 图

4-7　试分析题 4-7 图所示同步时序电路。

(1) 写出电路的驱动方程及输出函数表达式。

(2) 写出电路的状态方程。

(3) 画出电路的状态转移图。

(4) 说明电路的逻辑功能。

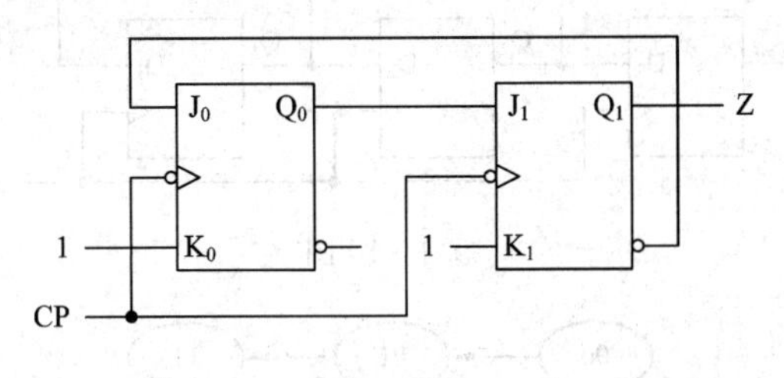

题 4－7 图

4－8　电路如题 4－8 图所示，要求：

(1) 写出各触发器的激励方程。

(2) 写出各触发器的次态方程。

(3) 画出状态表及状态图。

(4) 分析电路的功能。

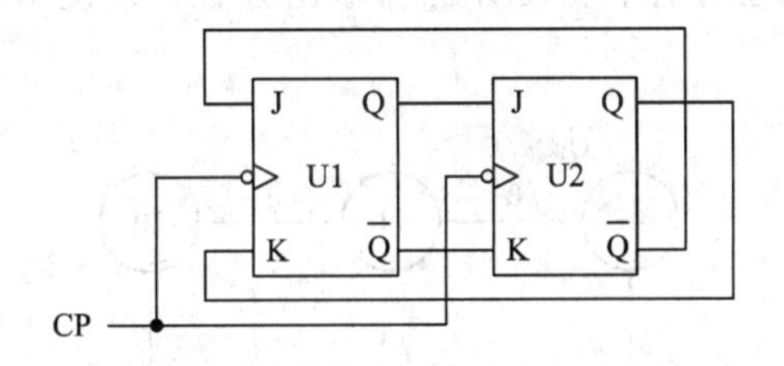

题 4－8 图

4－9　试分析图示同步时序电路，要求：

(1) 写出各级触发器的激励函数。

(2) 画出状态转移图，并描述其逻辑功能。

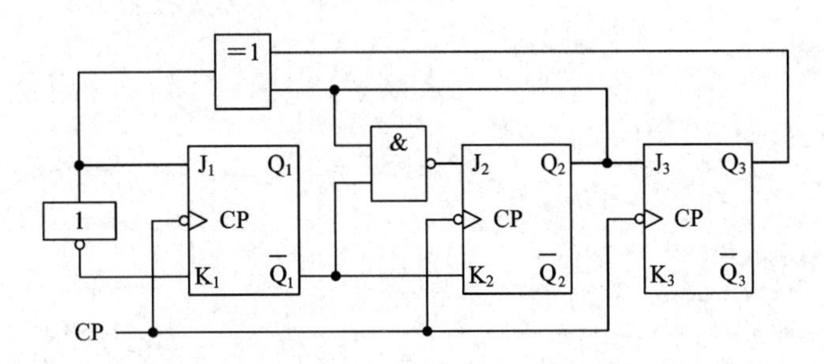

题 4－9 图

4－10　试分析题 4－10 图所示同步时序电路，要求：

(1) 写出各级触发器的激励函数。

(2) 画出状态转移图，并描述其逻辑功能。

*4－11　已知状态图如题 4－11 图所示，分别用 JK 触发器和 D 触发器设计同步计数器。并检查电路能否自启动。

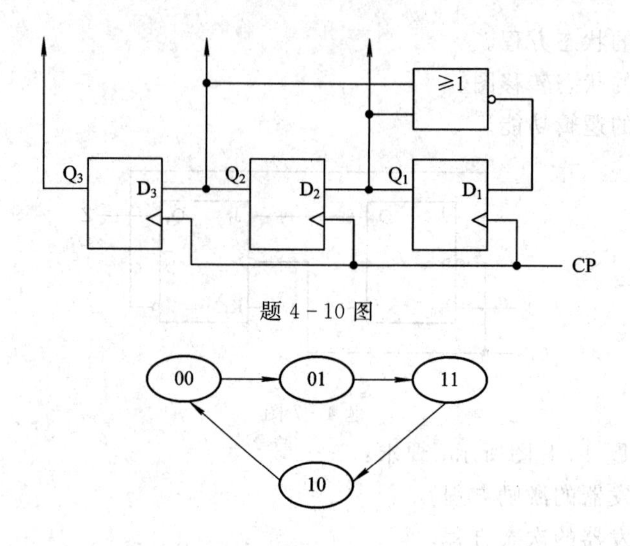

题 4-10 图

题 4-11 图

*4-12 用 JK 触发器设计一个同步计数器，其状态转移图如题 4-12 图所示，要求电路能够自启动。写出状态方程、驱动方程和输出方程，并说明当 $Q_1Q_0=00$ 时，次态是什么？

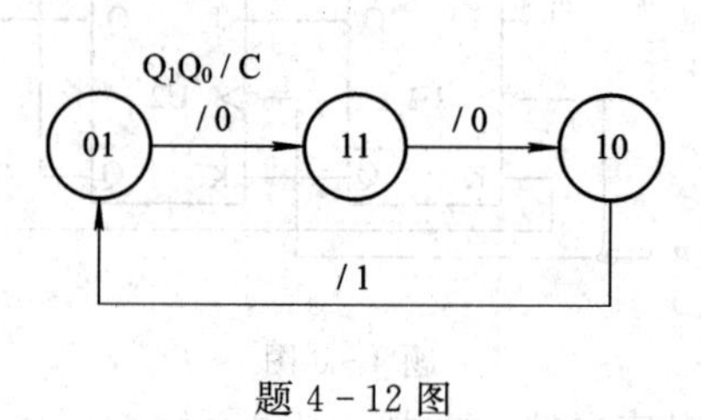

题 4-12 图

第 5 章　中规模时序模块及其应用

随着半导体工艺的发展，出现了各种时序标准模块，例如中规模集成(MSI)计数器和移位寄存器、大规模集成(LSI)随机存取存储器(RAM)，而且它们已广泛应用于数字系统中，使得时序逻辑电路的设计变得比较容易。时序模块的应用广泛，常见的有电子钟、比赛记分牌等。图 5－1 所示为一些应用实例。

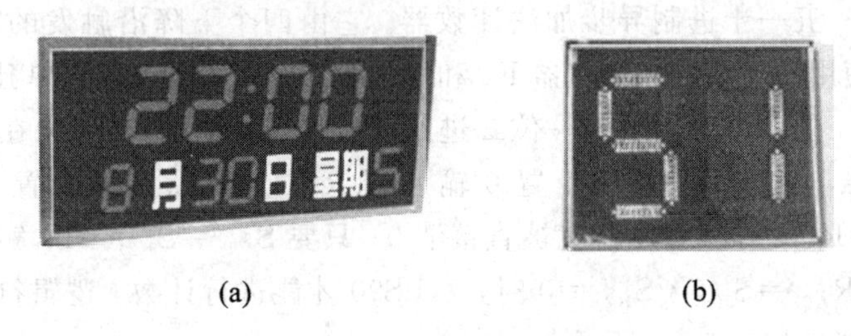

图 5－1　常用的计数器件
(a) 数字钟；(b) 交通灯计时

下面通过对几种不同类型 MSI 时序模块的介绍，了解其基本电路和工作原理，主要掌握其逻辑功能及使用方法。

5.1　中规模集成计数器及应用

计数器(Counter)是用来累计和寄存输入脉冲个数的时序逻辑部件。计数器是由触发器构成的，被计数的脉冲信号通常就作为计数器的时钟信号。计数器除了计数之外，还广泛应用于定时器、分频器、控制器、信号产生器等多种数字逻辑应用场合。

计数器的种类很多，按不同的标准可进行如下分类：

按计数器中触发器的时钟是否统一可分为同步计数器和异步计数器。

按计数过程中计数器输出数码规律可分为加法计数器(递增计数)、减法计数器(递减计数)和可逆计数器(可加可减计数)。

按预置方式的不同可分为同步预置和异步预置。

按复位方式的不同可分为同步复位和异步复位。

按编码方式的不同可分为二进制计数、十进制计数及其它任意进制计数。

5.1.1　二—五—十进制计数器 74LS90

表 5－1 列出了几种常用的 TTL 型中规模异步计数器。

表 5-1 常用 TTL 型中规模异步计数器

型 号	计数模式	清 0 方式	预置数方式	工作条件(MHz)
74LS90	二—五—十进制加法	异步(高电平)	异步置 9(高电平)	32
74LS196	二—五—十进制加法	异步(低电平)	异步(低电平)	30
74LS390	双二—五—十进制加法	异步(高电平)	异步置 9(高电平)	32
74LS293	二—八—十六进制加法	异步(高电平)	无	32

1. 异步计数器 74LS90 功能

74LS90 是二—五—十进制异步加法计数器。它由四个下降沿触发的 JK 触发器组成，为了增加计数器使用的灵活性，触发器 F_A 和触发器 $F_B \sim F_D$ 的 CP 端单独引出，记为 CP_1 和 CP_2。触发器 F_A 在 CP_1 作用下为一位二进制计数器，触发器 $F_B \sim F_D$ 在 CP_2 作用下构成异步五进制计数器，电路设置有两个置 0 输入端 $R_{0(1)}$ 与 $R_{0(2)}$ 和两个置 9 输入端 $S_{9(1)}$ 与 $S_{9(2)}$。只要 $R_{0(1)}=R_{0(2)}=1$，触发器就被直接清 0；只要 $S_{9(1)}=S_{9(2)}=1$，触发器就被直接置 9。只有当 $R_{0(1)} \cdot R_{0(2)}=S_{9(1)} \cdot S_{9(2)}=0$ 时，74LS90 才能进行计数。逻辑符号及外引线图如图 5-2 所示。功能表如表 5-2 所示。

表 5-2 74LS90 功能表

输入						输出				功能
$R_{0(1)}$	$R_{0(2)}$	$S_{9(1)}$	$S_{9(2)}$	CP_1	CP_2	Q_D	Q_C	Q_B	Q_A	
1	1	0	Φ	Φ	Φ	0	0	0	0	异步
1	1	Φ	0	Φ	Φ	0	0	0	0	清 0
0	Φ	1	1	Φ	Φ	1	0	0	1	异步
Φ	0	1	1	Φ	Φ	1	0	0	1	置 9
$R_{0(1)} \cdot R_{0(2)}=0$		$S_{9(1)} \cdot S_{9(2)}=0$		↓	0	二进制计数				Q_A 输出
				0	↓	五进制计数				$Q_D Q_C Q_B$ 输出
				↓	Q_A	8421BCD 计数				$Q_D Q_C Q_B Q_A$ 输出
				Q_D	↓	5421BCD 计数				$Q_A Q_D Q_C Q_B$ 输出

若以 CP_1 为计数输入，Q_A 为输出，即是二进制计数器(二分频电路)，如图 5-3(a)所示；若以 CP_2 为计数输入，$Q_D Q_C Q_B$ 为输出，则是五进制计数器(五分频电路)，如图 5-3(b)所示；若将 CP_2 和 Q_A 相连，并以 CP_1 为计数输入，$Q_D Q_C Q_B Q_A$ 为输出，即为 8421BCD 码十进制计数器，如图 5-3(c)所示；若将 CP_1 与 Q_D 相连，并以 CP_2 为计数输入，$Q_A Q_D Q_C Q_B$ 为输出，则为 5421BCD 码十进制计数器，如图 5-3(d)所示。

十进制计数器两种接法的状态表如表 5-3 所示。

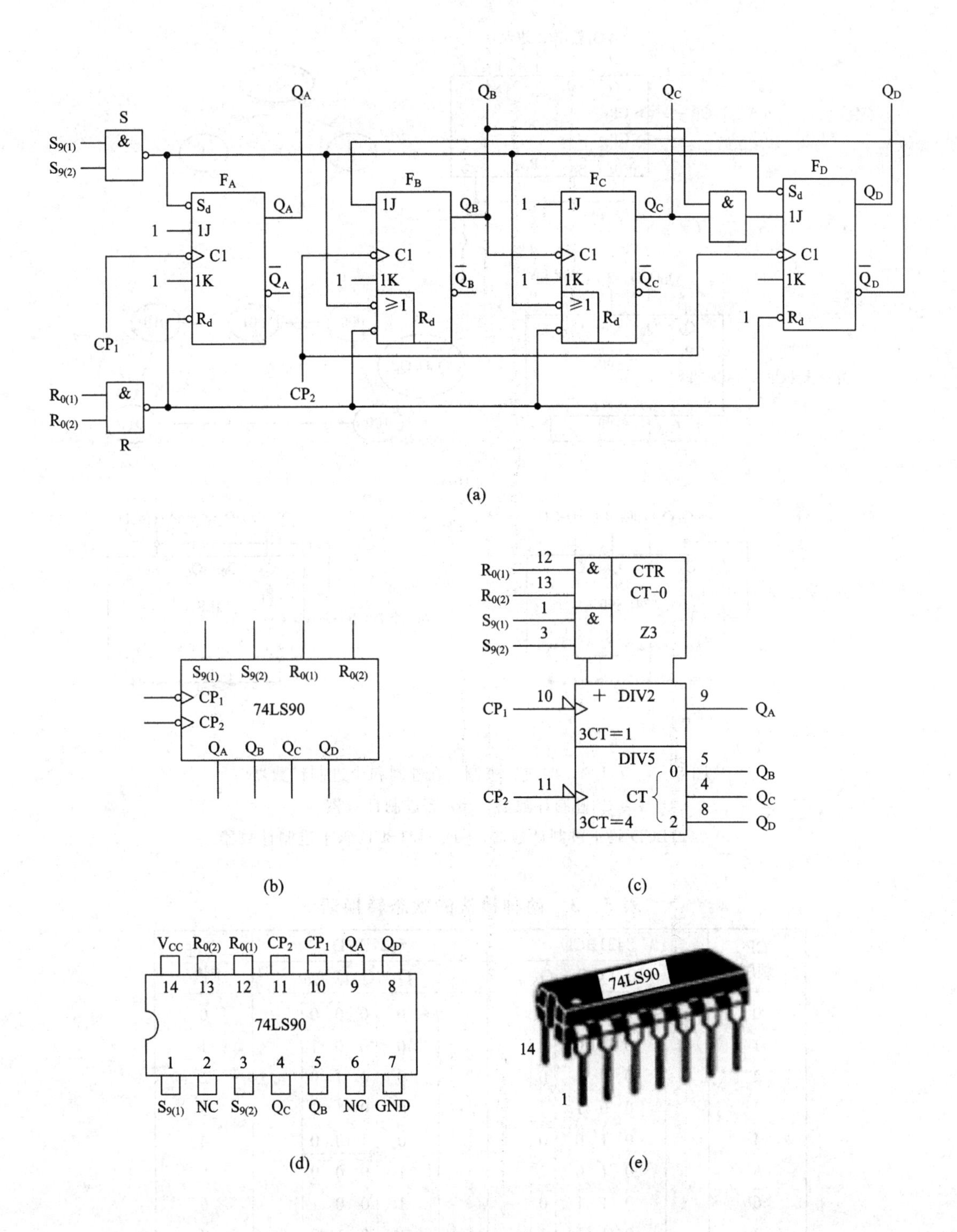

图 5-2　74LS90 逻辑图、逻辑符号及外引线图

(a) 逻辑图；(b) 传统逻辑符号；(c) 国标符号；

(d) 外引线图；(e) 双列直插式封装图

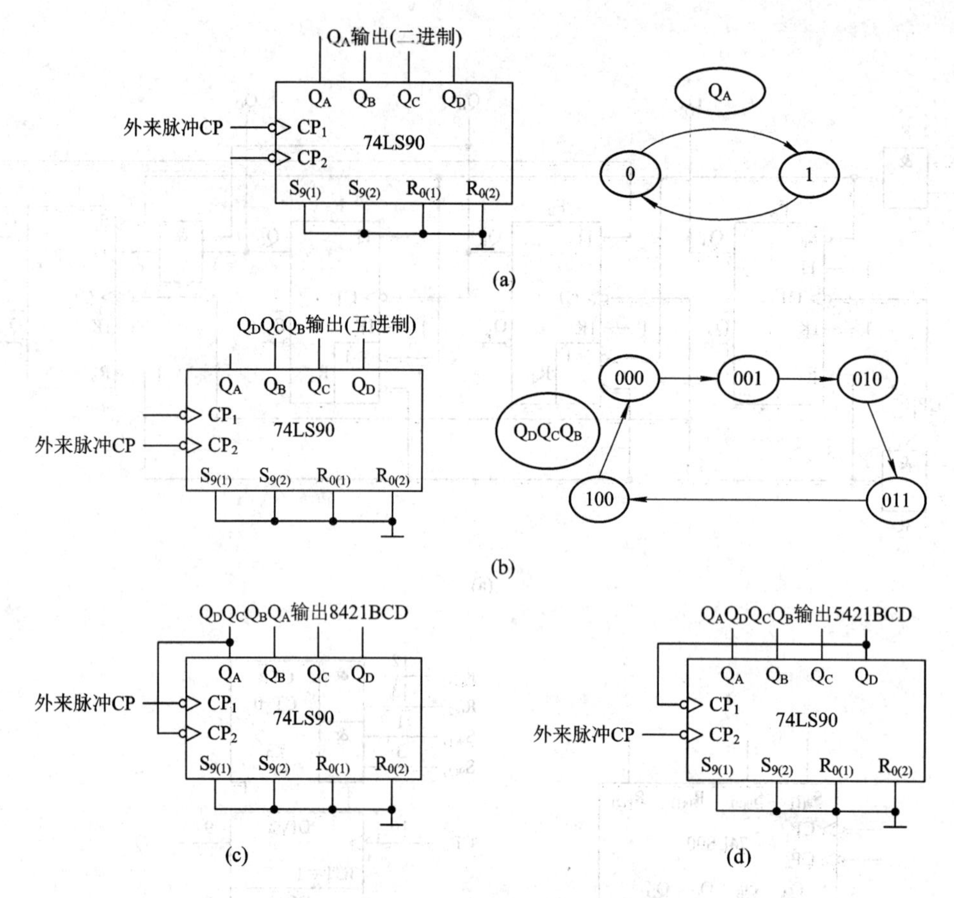

图 5-3　74LS90 构成二进制、五进制和十进制计数器

(a) 二进制计数器；(b) 五进制计数器；

(c) 8421BCD 码十进制计数器；(d) 5421BCD 码十进制计数器

表 5-3　两种接法的状态转换表

CP顺序	8421BCD				5421BCD				十进制数
	Q_D	Q_C	Q_B	Q_A	Q_A	Q_D	Q_C	Q_B	
0	0	0	0	0	0	0	0	0	0
1	0	0	0	1	0	0	0	1	1
2	0	0	1	0	0	0	1	0	2
3	0	0	1	1	0	0	1	1	3
4	0	1	0	0	0	1	0	0	4
5	0	1	0	1	1	0	0	0	5
6	0	1	1	0	1	0	0	1	6
7	0	1	1	1	1	0	1	0	7
8	1	0	0	0	1	0	1	1	8
9	1	0	0	1	1	1	0	0	9

2. 用 74LS90 实现任意模值计数器

利用中规模计数器 74LS90 构成任意进制的计数器的方法有两种：一种是反馈清 0 法（复位法），另一种是反馈置数法，分别利用 74LS90 的异步清 0 和异步置 9 两种控制端来实现。

(1) 反馈清 0 法。反馈清 0 法是通过异步清 0 端来实现任意模值计数的。以 0 为起始状态，若构成模 M 的计数器，则计数到 M 状态时，使之产生清 0 脉冲并立即清 0。有效状态为 0～(M－1)。M 状态出现的时间很短，只是用来产生清 0 信号，因此 M 为过渡状态。这里需要特别注意 $R_{0(1)}$、$R_{0(2)}$ 为高电平有效。

(2) 反馈置 9 法。以 9 为起始状态，按 9、0、1…(M－2)计数，若构成模 M 计数器，则计数到(M－1)状态时，使之产生置 9 脉冲并立即置 9，有效状态为 9、0～(M－2)，则(M－1)为过渡状态。

由于 74LS90 有 8421BCD 码和 5421BCD 码两种接法，因此产生清 0 脉冲和置 9 脉冲的译码电路是不同的，使用时要特别注意。

【例 5.1】 分析 74LS90 构成的图 5-4(a)和 5-4(b)所示计数器的模值。

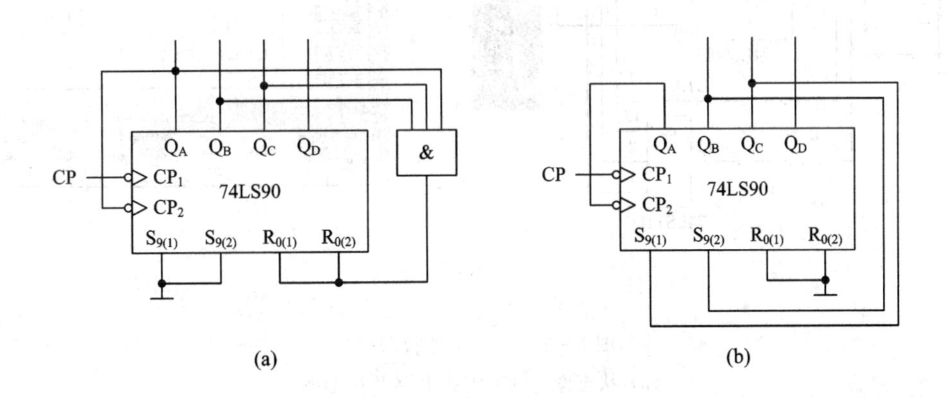

图 5-4　例 5.1 计数器逻辑图

解：图 5-4(a)所示计数器的分析过程：

(1) 图 5-4(a)所示计数器将一片 74LS90 的 CP_2 和 Q_A 相连，并以 CP_1 为计数输入，$Q_DQ_CQ_BQ_A$ 为输出，这样构成 8421BCD 码十进制计数器。

(2) 图 5-4(a)所示计数器采用反馈清 0 法。反馈逻辑为 $R_{0(1)}=R_{0(2)}=Q_CQ_BQ_A$，即当 $Q_CQ_BQ_A$ 全为 1 时，$R_{0(1)}=R_{0(2)}=1$，使计数器复位到 0 状态，即计数到 0111 时异步清 0。有效计数状态 $Q_DQ_CQ_BQ_A$ 为 0000、0001、0010、0011、0100、0101、0110。在此电路工作中，0111 状态会瞬间出现，但并不属于有效循环。其状态图如图 5-5(a)所示。

图 5-4(a)所示电路的仿真电路及通过逻辑分析仪得出的波形如图 5-5(b)所示。

由图 5-5(b)可以看出，其工作波形就是在 0000→0001→0010→0011→0100→0101→0110→0000 之间循环。

图 5-4(b)所示计数器的分析过程：

(1) 图 5-4(b)所示计数器中将一片 74LS90 的 CP_2 和 Q_A 相连，并以 CP_1 为计数输入，$Q_DQ_CQ_BQ_A$ 为输出，这样构成 8421BCD 码十进制计数器。

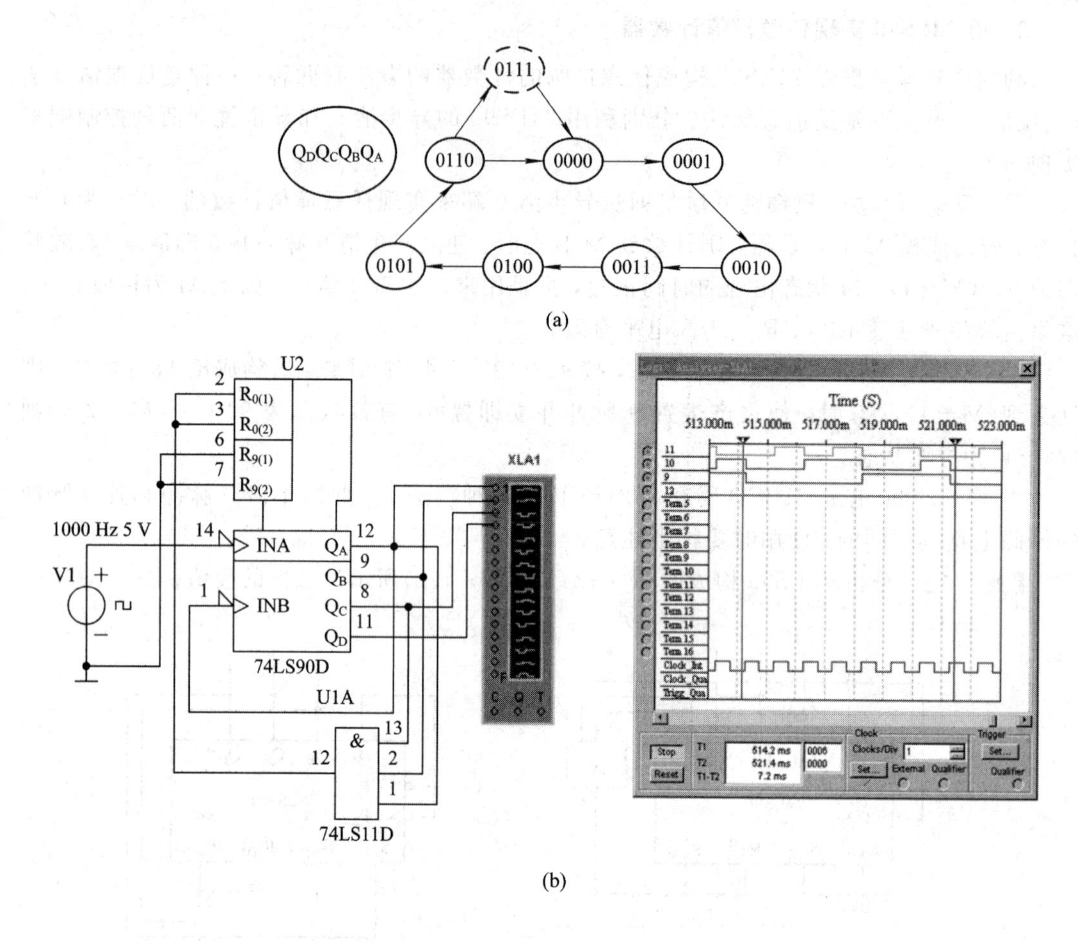

图 5-5　例 5.1 计数器(1)

(a) 状态图；(b) 仿真电路及波形图

(2) 图 5-4(b)所示计数器采用反馈置 9 法。反馈逻辑为 $S_{9(1)}S_{9(2)}=Q_CQ_B$，当 Q_CQ_B 全为 1 时，$S_{9(1)}=S_{9(2)}=1$，即计数到 0110 时使计数器异步置位到 9。有效计数状态 $Q_DQ_CQ_BQ_A$ 为 0000、0001、0010、0011、0100、0101、1001。在此电路工作中，0110 状态会瞬间出现，但并不属于有效循环。其状态图如图 5-6(a)所示。

图 5-4(b)所示电路的仿真电路及通过逻辑分析仪得出的波形如图 5-6(b)所示。

由图 5-6(b)可以看出，其工作波形就是在 0000→0001→0010→0011→0100→0101→1001→0000 之间循环。

采用上述方法可实现模 M≤10 的任意进制计数器，若要实现模 M>10 的任意进制的计数器，可采用级联方法。两个芯片级联就可以实现 100 以内任意进制计数。

*【**例 5.2**】 分析图 5-7 所示由 74LS90 构成的计数器。

解：图 5-7 所示计数器将每一片 74LS90 的 CP_2 和 Q_A 相连，并以 CP_1 为计数输入，$Q_DQ_CQ_BQ_A$ 为输出，构成 8421BCD 码十进制计数器。第一片 74LS90-Ⅰ的 Q_D 接第二片 74LS90-Ⅱ的 CP_1，这样可以构成模 100 计数器，74LS90-Ⅱ是高位(十位)，74LS90-Ⅰ是低位(个位)。

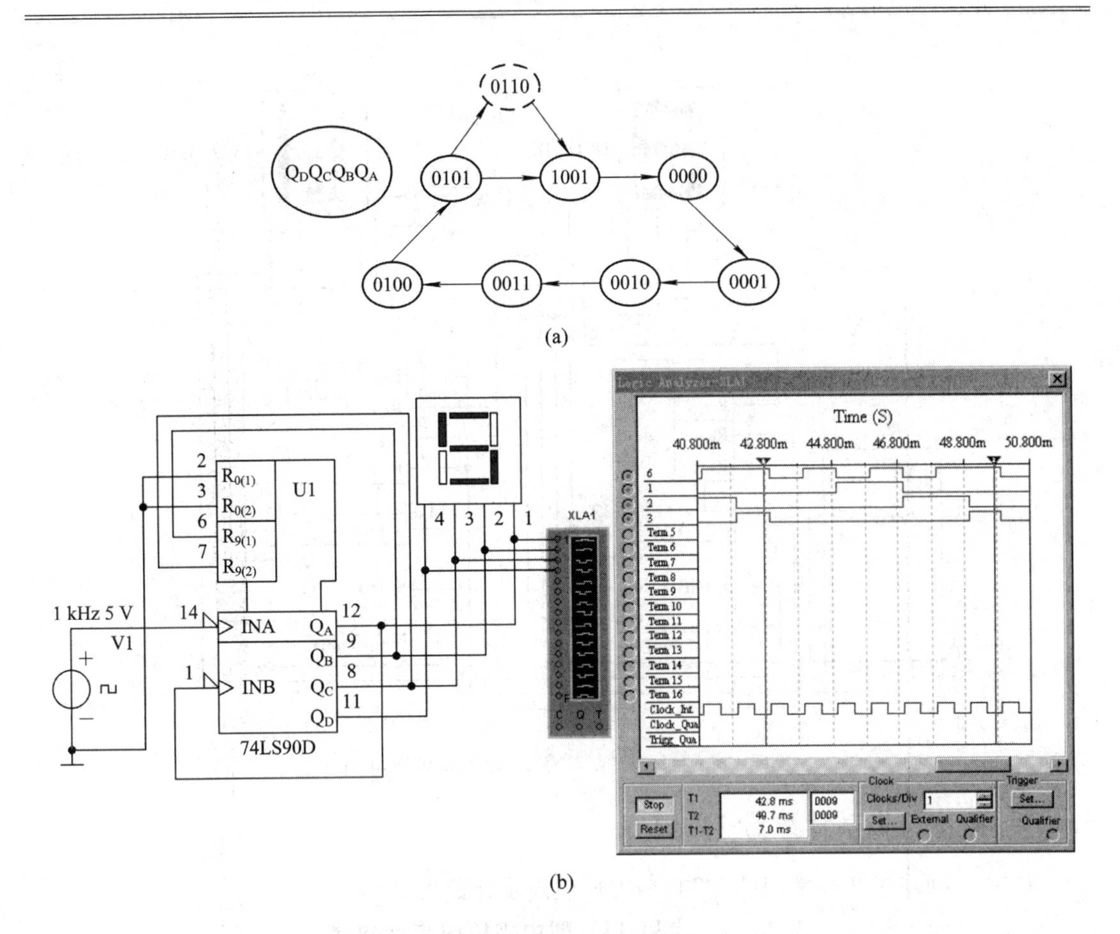

图 5-6　例 5.1 计数器(2)

(a) 状态图；(b) 仿真电路及波形图

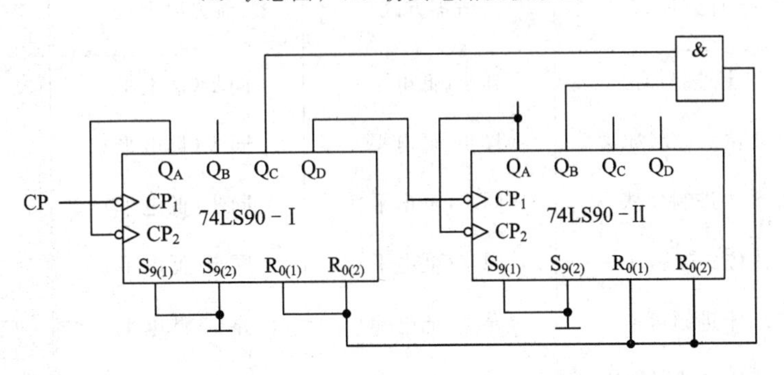

图 5-7　两片 74LS90 构成的计数器

反馈逻辑$(R_{0(1)}\cdot R_{0(2)})^{\mathrm{II}}=(R_{0(1)}\cdot R_{0(2)})^{\mathrm{I}}$取十位数的 Q_B 和个位数的 Q_C，即当$(Q_DQ_CQ_BQ_A)^{\mathrm{II}}(Q_DQ_CQ_BQ_A)^{\mathrm{I}}$为$(0010\ 0100)_{8421BCD}$时，$R_{0(1)}\cdot R_{0(2)}=1$，使计数器复位到 0 状态。有效计数状态在 0、1、2～23 之间循环。其仿真电路及通过数码管显示如图 5-8 所示，可以看出其输出就是在 0、1、2～23 之间循环工作。

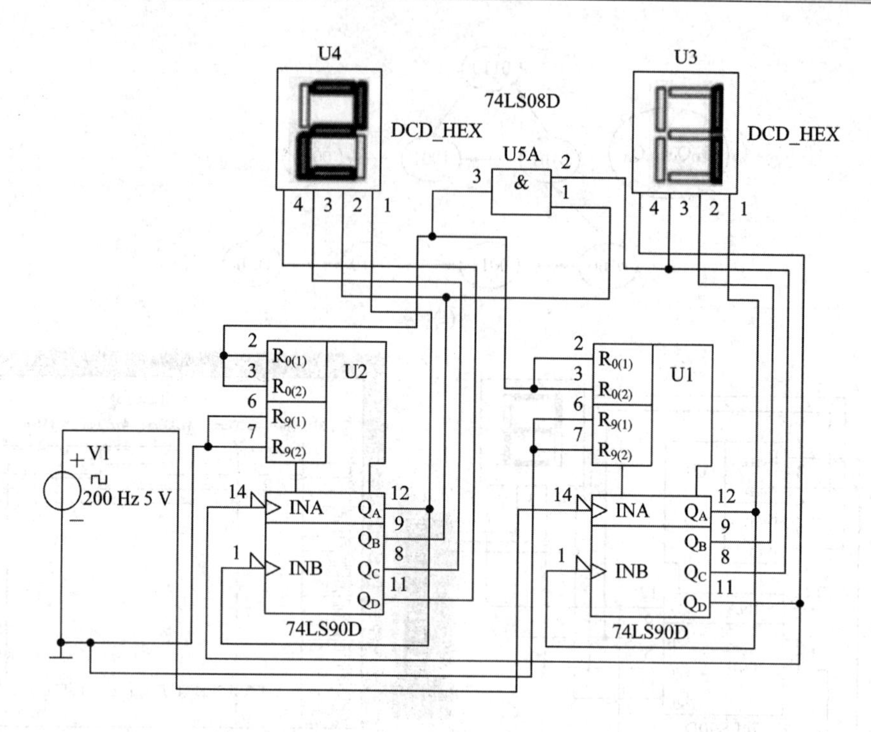

图 5-8 74LS90 实现模 24 计数器仿真电路

5.1.2 四位二进制计数器 74LS161

表 5-4 列出了几种常用的 TTL 型中规模同步计数器。

表 5-4 常用 TTL 型中规模同步计数器

型 号	计数模式	清零方式	预置数方式	工作条件(MHz)
74LS160	十进制加法	异步(低电平)	同步(低电平)	25
74LS161	4 位二进制加法	异步(低电平)	同步(低电平)	25
74LS162	十进制加法	同步(低电平)	同步(低电平)	25
74LS163	4 位二进制加法	同步(低电平)	同步(低电平)	25
74LS190	十进制可逆	异步(低电平)	异步(低电平)	20
74LS191	4 位二进制加法	无	异步(低电平)	10

1. 同步二进制计数器 74LS161 功能

74LS161 是模 2^4(四位二进制)同步计数器，具有计数、保持、同步预置和异步清 0 功能，其逻辑符号及外引线图如图 5-9 所示。

图 5-9 中 Q_D 为最高位，Q_A 为最低位。RCO(也常用 O_C 表示)为进位输出端，$RCO=Q_DQ_CQ_BQ_AET$，仅当 ET=1 且计数状态为 1111 时，RCO 才变高，产生进位信号。

74LS161 的功能表如表 5-5 所示。

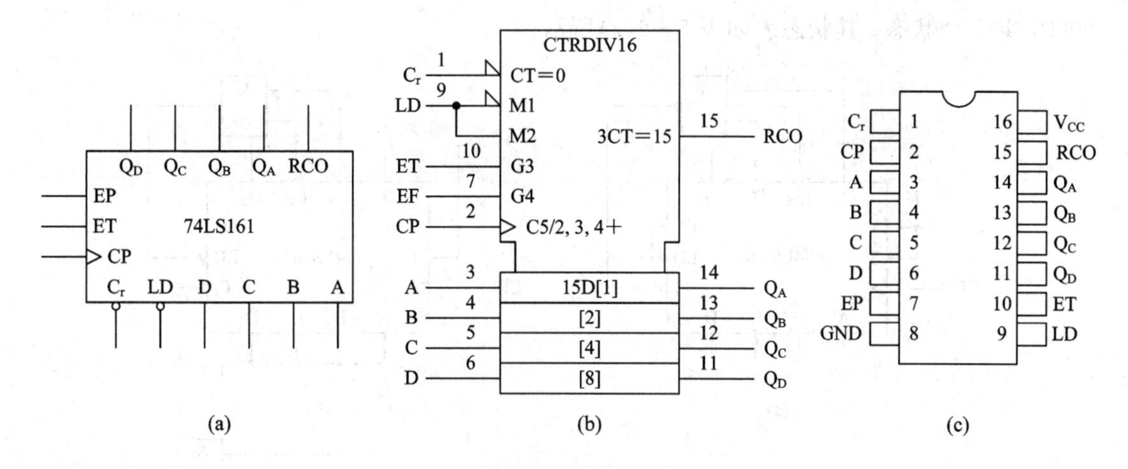

图 5-9　74LS161 逻辑符号及外引线图

(a) 惯用符号；(b) 国标符号；(c) 外引线图

表 5-5　74LS161 的功能表

输入									输出			
CP	C_r	LD	EP	ET	D	C	B	A	Q_D	Q_C	Q_B	Q_A
Φ	0	Φ	Φ	Φ	Φ	Φ	Φ	Φ	0	0	0	0
↑	1	0	Φ	Φ	d	c	b	a	d	c	b	a
↑	1	1	1	1	Φ	Φ	Φ	Φ	计数			
Φ	1	1	0	1	Φ	Φ	Φ	Φ	保持			
Φ	1	1	1	0	Φ	Φ	Φ	Φ	保持			

74LS161 各端口逻辑功能介绍如下：

CP 为计数脉冲，上升沿有效。

C_r 为异步清 0 端，低电平有效。只要 $C_r=0$，立即有 $Q_DQ_CQ_BQ_A=0000$，与 CP 无关。

LD 为同步预置端，低电平有效。若 $C_r=1$，LD=0，在 CP 上升沿来到时将预置输入端 DCBA 的数据送到输出端，即 $Q_DQ_CQ_BQ_A=DCBA$。

EP、ET(常简写为 P、T)为计数器允许控制端，高电平有效，只有当 $C_r=LD=1$，EP=ET=1 时，在 CP 作用下计数器才能正常计数，其计数规律是在 CP 上升沿作用下按 8421 自然码循环变化。当 EP、ET 中有一个为低电平时，计数器处于保持状态。

2. 用 74LS161 实现任意模值计数器

74LS161 除了可直接用作二、四、八、十六进制计数和分频外，也可以实现小于 16 的任意模值计数器。

利用中规模计数器构成任意进制计数器的方法基本上有两种，一种是反馈清 0 法(复位法)，另一种是反馈置数法。

【例 5.3】 分析图 5-10 所示的由 74LS161 构成的计数器。

解：图 5-10 所示电路因用了一片 74LS161，所以模值小于 16。

图 5-10(a)采用反馈清 0 的方法。$C_r=\overline{Q_CQ_BQ_A}$，其过渡状态为 $Q_DQ_CQ_BQ_A=0111$，计到 7 的时候直接清 0。计数范围是 0000→0001→0010→0011→0100→0101→0110→

0000，共 7 个状态。其状态表如表 5-6(a)所示。

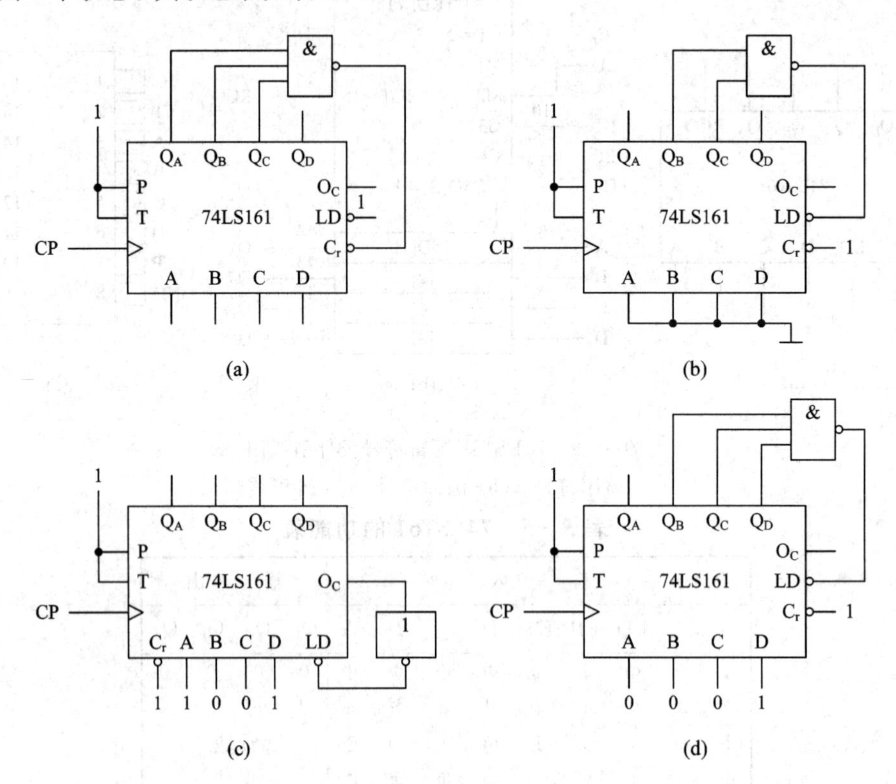

图 5-10　74LS161 构成的计数器

表 5-6　例 5.3 状态表

Q_D	Q_C	Q_B	Q_A	C_r	
0	0	0	0	1	
0	0	0	1	1	
0	0	1	0	1	
0	0	1	1	1	
0	1	0	0	1	
0	1	0	1	1	
0	1	1	0	1	
0	1	1	1	0	C_r=0

(a)

Q_D	Q_C	Q_B	Q_A	LD	
0	0	0	0	1	
0	0	0	1	1	
0	0	1	0	1	
0	0	1	1	1	
0	1	0	0	1	
0	1	0	1	1	
0	1	1	0	0	LD=0

(b)

Q_D	Q_C	Q_B	Q_A	LD	
1	0	0	1	1	
1	0	1	0	1	
1	0	1	1	1	
1	1	0	0	1	
1	1	0	1	1	
1	1	1	0	1	
1	1	1	1	0	LD=0

(c)

Q_D	Q_C	Q_B	Q_A	LD	
1	0	0	0	1	
1	0	0	1	1	
1	0	1	0	1	
1	1	1	1	1	
1	1	0	0	1	
1	1	0	1	1	
1	1	1	0	0	LD=0

(d)

图 5-10(b)采用反馈置数的方法。$LD=\overline{Q_C Q_B}$，计到 6(即 0110)时同步置数，预置输入 DCBA=0000，下一个 CP 上升沿到来时完成预置功能，电路返回初态 0000。

计数范围是 0000→0001→0010→0011→0100→0101→0110→0000 共 7 个状态，其状态表如表 5-6 (b)所示。

图 5-10(c)也采用反馈置数的方法。LD=$\overline{O}_C$，计到 15(即 1111)时，LD = 0 同步置数，预置数为 9，即 DCBA=1001。

有效状态为 1001→1010→1011→1100→1101→1110→1111→1001，选用 7 个状态，其状态表如表 5-6(c) 所示。

图 5-10(d)仍采用反馈置数的方法。LD=$\overline{Q_D Q_C Q_B}$，计数到 $Q_D Q_C Q_B Q_A$=1110 时，LD=0 同步置数，预置数为 DCBA=1000。其状态表如表 5-6(d)所示。

图 5-11 所示是一个计数、译码、显示电路。计数器芯片选用 74LS161。芯片 74LS00 用来实现反馈置数，LD=$\overline{Q_C Q_B}$，计到 6(即 0110)时同步置数，预置输入 DCBA=0000，下一个 CP 上升沿到来完成预置功能，电路返回初态 0000，其状态表如表 5-6 (b)所示。芯片 74LS47 把二进制数码翻译成为十进制数的 7 段显示码，从而实现显示译码。数码管用来显示十进制数字。

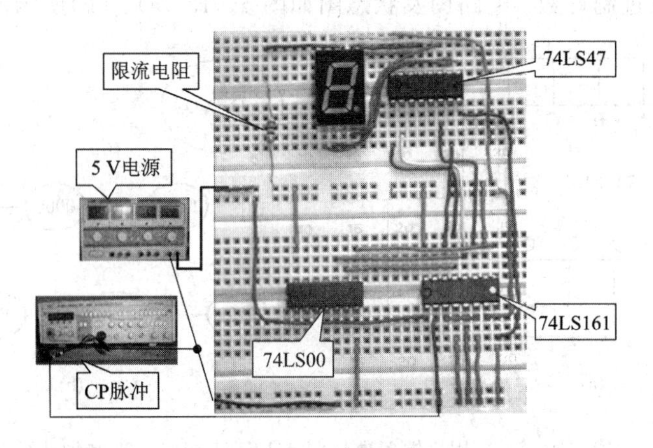

图 5-11　计数、译码、显示电路

*【例 5.4】　采用反馈法，用 74LS161 构成七进制加法计数器。

解：(1) 采用反馈归零法。

利用 74LS161 的异步清零端 C_r，强行中止其计数趋势，返回到初始零态。如设初态为 0000，则在前 6 个计数脉冲作用下，计数器 $Q_D Q_C Q_B Q_A$ 按 4 位二进制规律从 0000～0110 正常计数。

当第 7 个计数脉冲到来后，计数器状态 $Q_D Q_C Q_B Q_A$=0111，这时，与非门的输出为 0，借助异步清零功能，使计数器回到 0000 状态，即 $C_r=\overline{Q_C Q_B Q_A}$，从而实现七进制计数。电路图及状态图分别如图 5-12(a)、(b)所示。在此电路工作中，0111 状态会瞬间出现，但并不属于有效循环。

(2) 采用反馈置数法。

利用 74LS161 的同步置数端 LD，强行中止其计数趋势，返回到并行输入数 DCBA 状态 0000。如设初态为 0000，则在前 6 个计数脉冲作用下，计数器 $Q_D Q_C Q_B Q_A$ 按 4 位二进制规律从 0000～0110 正常计数。

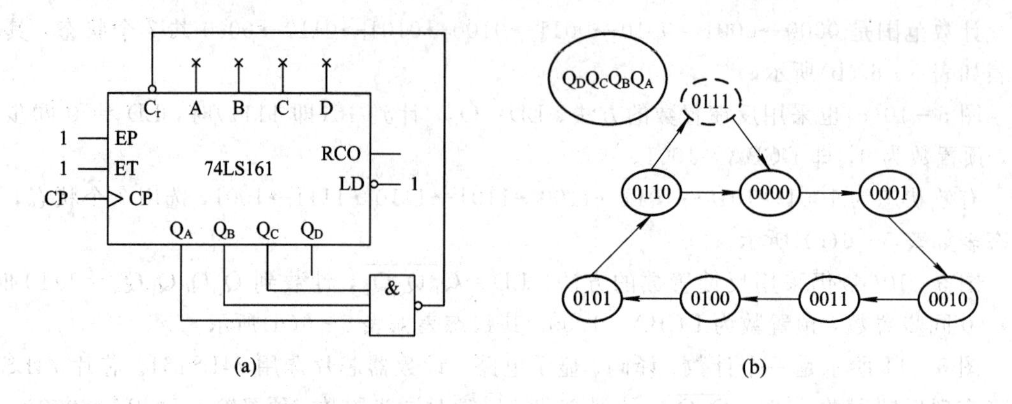

图 5-12 例 5.4 采用反馈归零法用 74LS161 构成七进制加法计数器

当第 6 个计数脉冲到来后，计数器状态 $Q_DQ_CQ_BQ_A$ =0110，这时，与非门的输出为 0。借助同步置数功能，当第 7 个计数脉冲到来后，使计数器返回到并行输入数 DCBA 状态 0000，从而实现七进制计数。电路图及状态图如图 5-13 (a)、(b)所示。

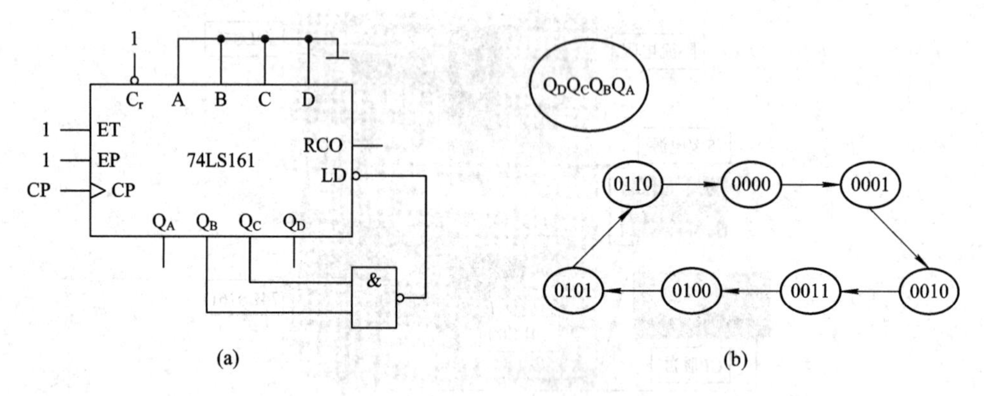

图 5-13 例 5.4 采用反馈置数法用 74LS161 构成七进制加法计数器

反馈清 0 法是通过异步清 0 端 C_r 来实现任意模值计数的。以 0 为起始状态，若构成模 M 的计数器，则计数到 M 状态时，使之产生清 0 脉冲并立即清 0。有效状态为0～(M－1)。M 状态出现的时间很短，只是用来产生清 0 信号，因此 M 为过渡状态。

反馈置数法是通过同步置数端 LD 和预置输入端 DCBA 来实现任意模值计数的。由于 74LS161 是按二进制顺序计数，其最大计数值 N =16，只要从中任选 M 个连续状态便可构成模 M 计数器。实现的方案很多。

多片 74LS161 级联使用可扩大计数范围，P、T、O_C 端的设置为级联扩展提供了方便。可以采用同步级联，也可以采用异步级联。

5.2 中规模寄存器

5.2.1 寄存器

一个触发器可以保存 1 位二进制数，由多个触发器组成的电路能同时保存多位二进制数据，这种电路被称为寄存器(Register)，在数字系统或计算机中常用来存放信息。

图 5－14 所示是 MSI 集成寄存器 74LS273 的符号图，其内部是 8 个 D 触发器。D_7～D_0 为输入端，Q_7～Q_0 为输出端。CP 是公共时钟脉冲端，控制 8 个触发器同步工作。CR 为公共清零端。当时钟脉冲 CP 上升沿到来时，CR＝1，数据从 D_7～D_0 端并行输入 8 个 D 触发器中，从 Q_7～Q_0 端输出，即 $Q_7=D_7$，…，$Q_0=D_0$；若 CR＝0，无论脉冲是否到来，寄存器都会清零。

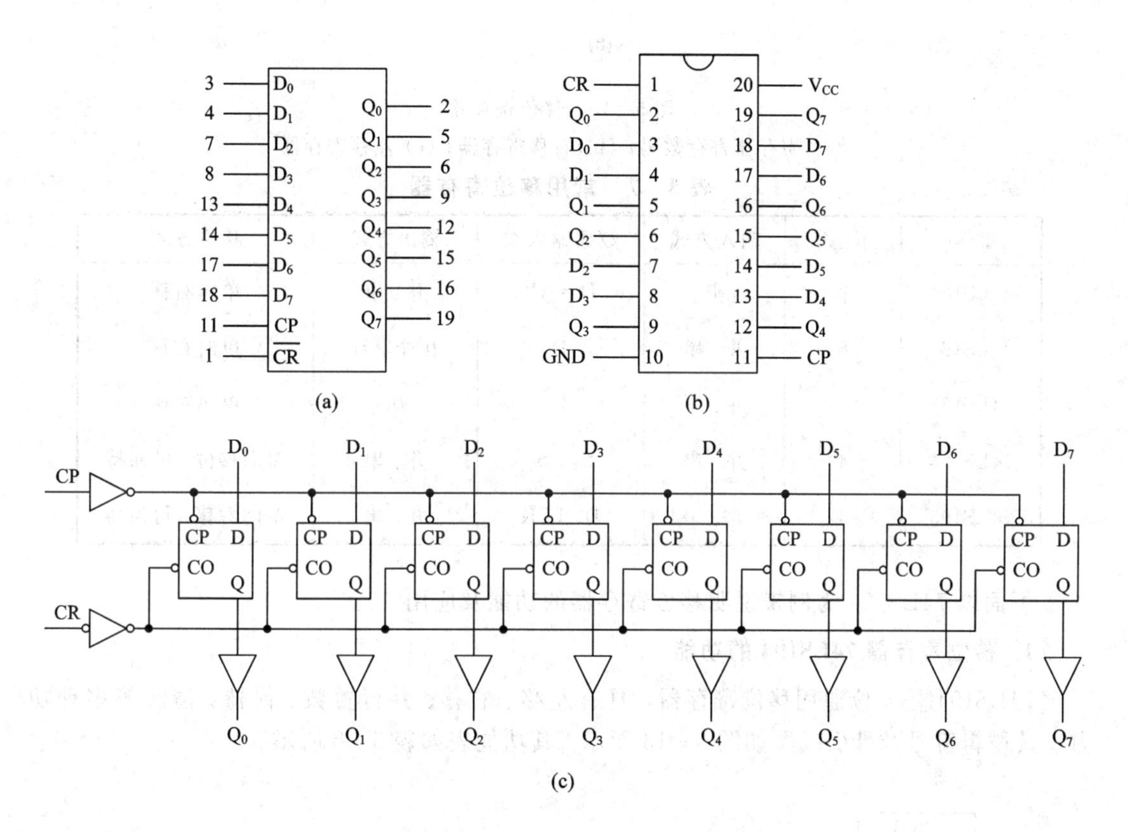

图 5－14　寄存器 74LS273

(a) 逻辑符号图；(b) 外引线图；(c) 内部逻辑图

5.2.2　移位寄存器 74LS194

移位寄存器(Shift register)是数字系统中常见的主要部件，它除了可以寄存数据之外，还可以在时钟脉冲的控制下将所存数据向右移位(数据从高位向低位移动)或向左移位(数据从低位向高位移动)。

如图 5－15(a)所示，4 位寄存器的寄存内容是 0101。图 5－15(b)所示的将寄存器的内容向右移位的寄存器称为右移寄存器，图 5－15(c)所示的将寄存器的内容向左移位的寄存器称为左移寄存器。图中移位的同时，假定从最左或最右补入一位 0。

中规模移位寄存器的种类很多，表 5－7 列出了几种典型的移位寄存器及其基本特点。由表可见，中规模移位寄存器的功能主要从它的位数、输入方式、输出方式以及移位方式来区分。

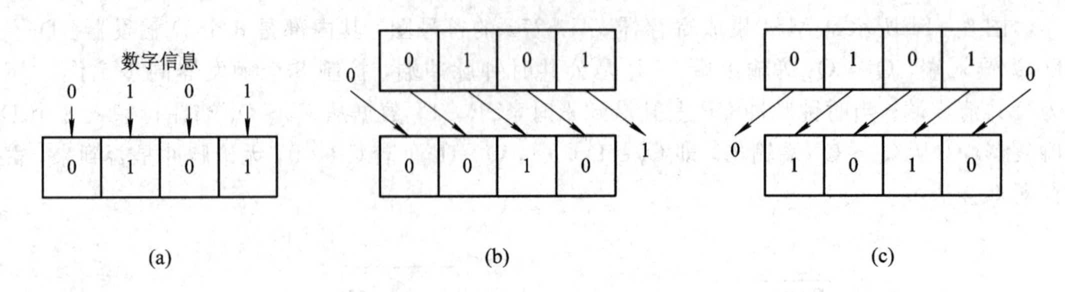

图 5-15　移位寄存器

(a) 寄存器寄存数码；(b) 右移寄存器；(c) 左移寄存器

表 5-7　常用移位寄存器

型 号	位 数	输入方式	数据输入端	输出方式	移位方式
74LS164	8	串	D＝AB	并、串	单向右移
74LS165	8	并、串	D	互补串行	单向右移
74LS166	8	并、串	D	串	单向右移
74LS194	4	并、串	S_R、S_L	并、串	双向移位、可保持
74LS195	4	并、串	D、J、$\overline{K}$	并、串	单向右移、可保持

下面以 74LS194 为例来说明移位寄存器的功能及应用。

1. 移位寄存器 74LS194 的功能

74LS194 是 4 位通用移位寄存器，具有左移、右移、并行置数、保持、清除等多种功能。其逻辑符号及外引线图如图 5-16 所示，其功能表如表 5-8 所示。

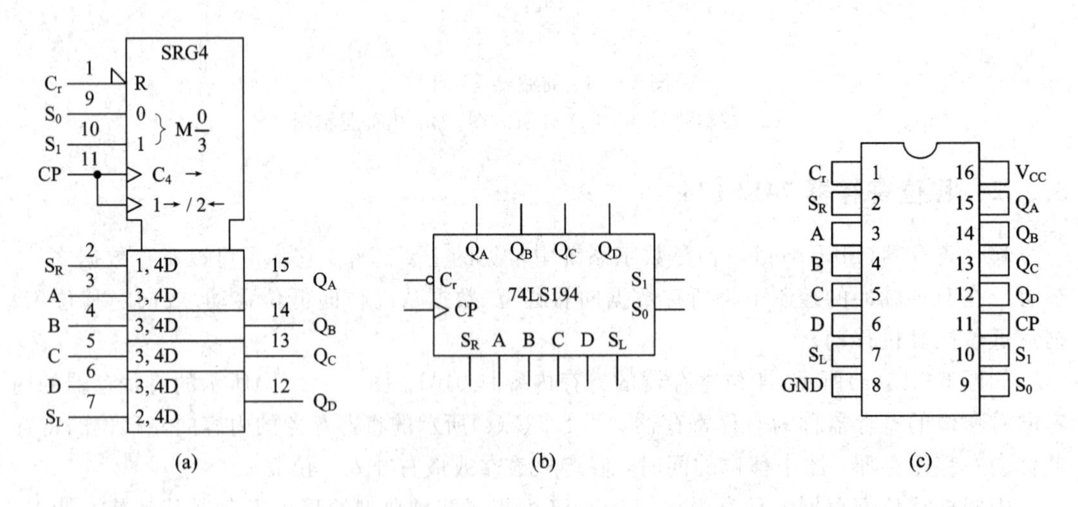

图 5-16　74LS194 逻辑符号及外引线图

(a) 国标符号；(b) 惯用符号；(c) 外引线图

表 5－8　74LS194 功能表

C_r	S_1	S_0	CP	S_R	S_L	A	B	C	D	Q_A	Q_B	Q_C	Q_D
0	Φ	Φ	Φ	Φ	Φ	Φ	Φ	Φ	Φ	0	0	0	0
1	0	0	Φ	Φ	Φ	Φ	Φ	Φ	Φ	保持			
1	0	1	↑	S_R	Φ	Φ	Φ	Φ	Φ	S_R	Q_A^n	Q_B^n	Q_C^n
1	1	0	↑	Φ	S_L	Φ	Φ	Φ	Φ	Q_B^n	Q_C^n	Q_D^n	S_L
1	1	1	↑	Φ	Φ	a	b	c	d	a	b	c	d
1	Φ	Φ	0	Φ	Φ	Φ	Φ	Φ	Φ	保持			

各引脚功能如下：

A、B、C、D：并行数码输入端。

C_r：异步清零端，低电平有效。

S_R：右移串行数码输入端。

S_L：左移串行数码输入端。

S_1、S_0：工作方式控制端。

Q_A Q_B Q_C Q_D：输出端(特别提醒：这个芯片 Q_A 是高位，Q_D 是低位)。

由功能表可以看出，只要 $C_r=0$，寄存器无条件清零。

当 $C_r=1$ 时，工作方式如下：

(1) 当 $S_1S_0=00$ 时，不论有无 CP 作用，各触发器保持原态不变。

(2) 当 $S_1S_0=01$ 时，在 CP 上升沿作用下，寄存器中的数据从高位向低位移动，实现右移位操作。

(3) 当 $S_1S_0=10$ 时，在 CP 上升沿作用下，寄存器中的数据从低位向高位移动，实现左移位操作。

(4) 当 $S_1S_0=11$ 时，在 CP 上升沿作用下，把 A、B、C、D 端的数据 abcd 送到 $Q_AQ_BQ_CQ_D$，实现并行置数操作。

图 5－17 所示是一个移位寄存器实物电路。

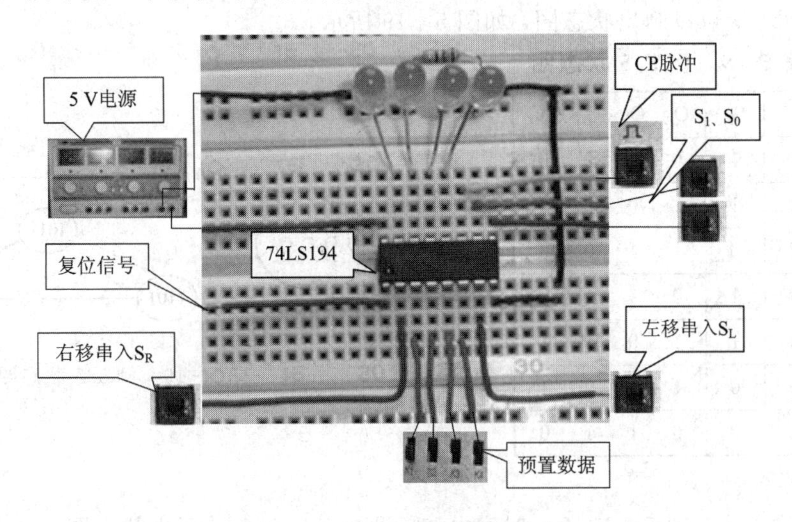

图 5－17　移位寄存器电路

2. 移位寄存器的应用

移位寄存器可以用来实现数据的串/并转换，也可以构成移位型计数器进行计数和分频，还可构成串行加法器、序列信号发生器、序列信号检测器等。

*【例 5.5】 分析图 5-18 所示时序电路，设初态为 0000，画出状态图。

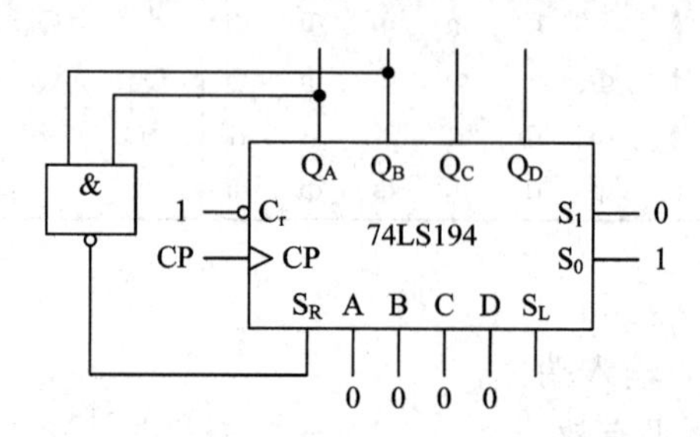

图 5-18 74LS194 构成的四位环形计数器电路图

解：反馈函数取$\overline{Q_A Q_B}$送给 S_R，$S_1 S_0 = 01$，这样只能右移位动作。

在状态 $Q_A Q_B Q_C Q_D$ 为 0000 时，S_R 的值为 1，那么在 CP 上升沿作用下实现右移位操作，$Q_A Q_B Q_C Q_D$ 状态转换为 1000；

在状态 $Q_A Q_B Q_C Q_D$ 为 1000 时，S_R 的值为 1，那么在 CP 上升沿作用下实现右移位操作，$Q_A Q_B Q_C Q_D$ 状态转换为 1100；

在状态 $Q_A Q_B Q_C Q_D$ 为 1100 时，S_R 的值为 0，那么在 CP 上升沿作用下实现右移位操作，$Q_A Q_B Q_C Q_D$ 状态转换为 0110；

在状态 $Q_A Q_B Q_C Q_D$ 为 0110 时，S_R 的值为 1，那么在 CP 上升沿作用下实现右移位操作，$Q_A Q_B Q_C Q_D$ 状态转换为 1011；

在状态 $Q_A Q_B Q_C Q_D$ 为 1011 时，S_R 的值为 1，那么在 CP 上升沿作用下实现右移位操作，$Q_A Q_B Q_C Q_D$ 状态转换为 1101；

在状态 $Q_A Q_B Q_C Q_D$ 为 1101 时，S_R 的值为 0，那么在 CP 上升沿作用下实现右移位操作，$Q_A Q_B Q_C Q_D$ 状态转换为 0110。

根据表 5-9 可以画出状态图，如图 5-19 所示。

表 5-9 例 5.5 状态图

CP	S_R	Q_A	Q_B	Q_C	Q_D
0	1	0	0	0	0
1	1	1	0	0	0
2	0	1	1	0	0
3	1	0	1	1	0
4	1	1	0	1	1
5	0	1	1	0	1
6	0	0	1	1	0

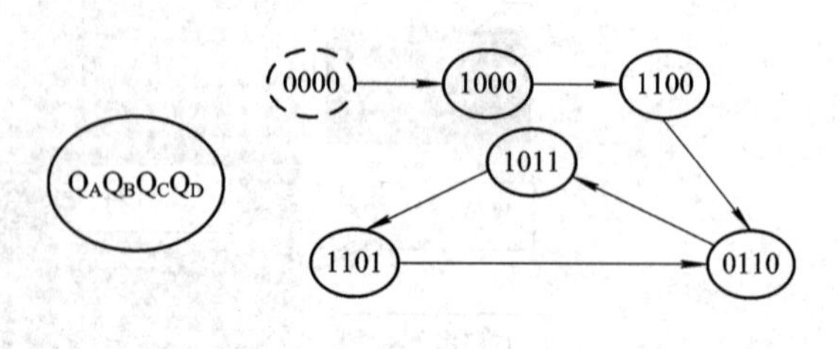

图 5-19 例 5.5 状态图

【例 5.6】 分析图 5-20 所示时序电路，设初态为 0000，画出状态图。

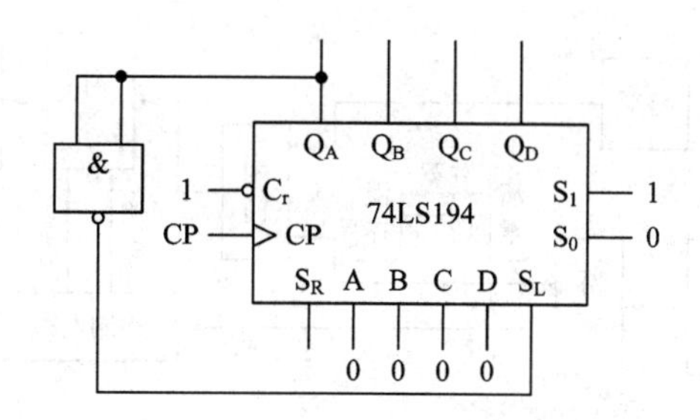

图 5 - 20　74LS194 构成的计数器电路图

解：$S_1S_0=10$，这样 74LS194 工作方式为左移位方式；因为 $S_L=\overline{Q}_A$，所以 $Q_AQ_BQ_CQ_D$ 在时钟 CP 的作用下从 0000 开始按表 5 - 10 所示转换。

表 5 - 10　例 5.6 状态图

CP	Q_A	Q_B	Q_C	Q_D	S_L
0	0	0	0	0	1
1	0	0	0	1	1
2	0	0	1	1	1
3	0	1	1	1	1
4	1	1	1	1	0
5	1	1	1	0	0
6	1	1	0	0	0
7	1	0	0	0	0
8	0	0	0	0	1

根据表 5 - 10 可以画出状态图，如图 5 - 21 所示。由图 5 - 21 可知该电路为八进制计数器。

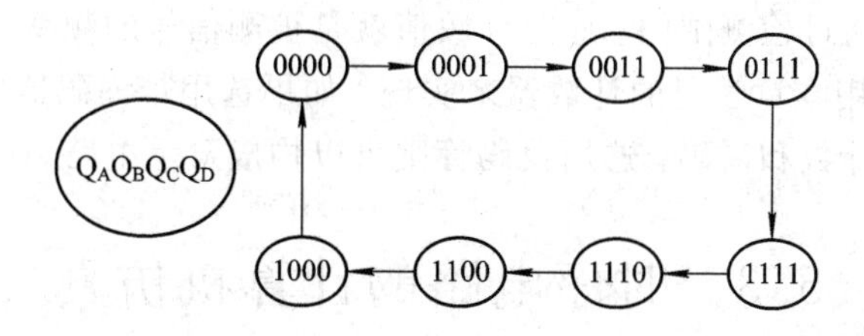

图 5 - 21　74LS194 构成的计数器状态图

除以上介绍的几种器件外，MSI 器件的种类与型号还有很多，读者在分析和设计电路时，可查阅有关集成电路手册。

通过以上的学习，我们对时序逻辑电路已经有了一个基本的概念，下面给出一个小型数字系统来加深对数字电路工作过程的理解。图 5 - 22 所示是数字频率计的原理框图。数字频率计是直接用十进制数字来显示被测信号频率的一种测量装置。它一般都由晶体振荡器、分频器、控制器、放大整形电路、闸门、计数器、译码器、显示器等几部分组成。

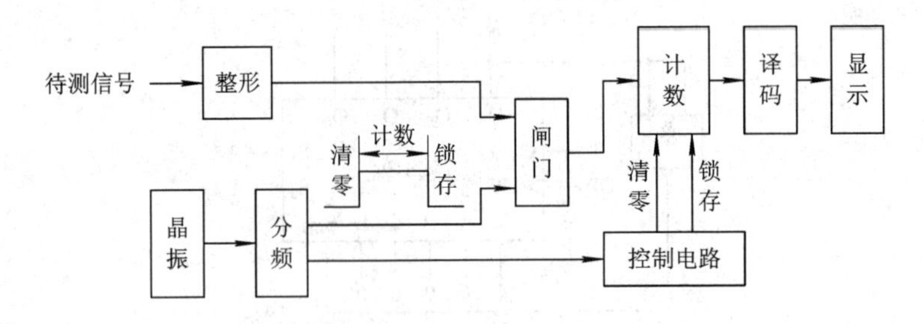

图 5-22 数字频率计的原理框图

如果选用32.768 kHz晶体振荡器产生一标准频率信号，选择可以进行2^{14}分频的4060芯片，通过它可以得到2 Hz的频率信号。经分频电路分频就可以获取1 Hz和0.5 Hz的频率信号。分频电路可以采用第4章所介绍的触发器来实现。

控制电路见4.5节小规模时序电路计算机仿真的练习4，它由触发器和门电路构成。控制脉冲经过控制电路中的门电路分别产生计数器的清零信号和锁存信号。计数信号与锁存信号和清零复位信号共同控制计数、锁存和清零三个状态。

为了使被测信号能够稳定显示，这个记录的脉冲个数必须锁存，所以在选通信号结束后必须马上由锁存信号进行数据的锁存。

为了能够测量变化的信号，在计数选通信号之前，必须清除原来的记录，所以在计数选通信号之前，必须有一个清零信号进行清零。

计数信号取0.5 Hz的方波信号，其周期便为2 s，则正脉冲的周期正好为1 s。这个方波信号的正脉冲作为选通信号，被测信号在1 s内记录的脉冲个数，正好也就是被测信号的频率，其单位为Hz。当然，想改变被测信号的单位，可以通过改变计数选通信号的正脉冲周期来实现。如果计数选通信号的正脉冲取1 ms(缩小1000倍)，其单位就应该为kHz；如果计数选通信号的正脉冲取1 μs(再缩小1000倍)，其单位就应该为MHz 。因此可以把选通信号取不同的时间间隔，这样就可以做多个挡位的数字频率计。

闸门取一个与门即可，将计数选通信号和被测信号相与，当计数选通信号(正脉冲)到来时，被测信号可以通过检测闸门，此时计数值就是被测信号的频率。

计数电路可以利用本章学习的计数器来实现。如果选用带译码器的集成十进制计数芯片，就可以直接实现计数和译码。选用数码管则可以构成显示电路。

5.3 时序电路的计算机仿真

【练习1】 利用74LS90构成的计数器电路如图5-23所示。

(1) 分析该电路是几进制计数器。

(2) 分析电路的工作原理。若要组成五进制计数器，应如何连线?

(3) 用逻辑分析仪测试电路的输出波形，并验证分析的结果。

【练习2】 74160N为异步清零、同步预置的十进制计数器。CLR为异步清零端，LOAD为同步置数端，且均低电平为有效电平。ENT、ENP为计数控制端，且高电平为有效电平。D、C、B、A为预置数据输入端，$Q_DQ_CQ_BQ_A$为输出端，RCO为进位端，且逢十进一。

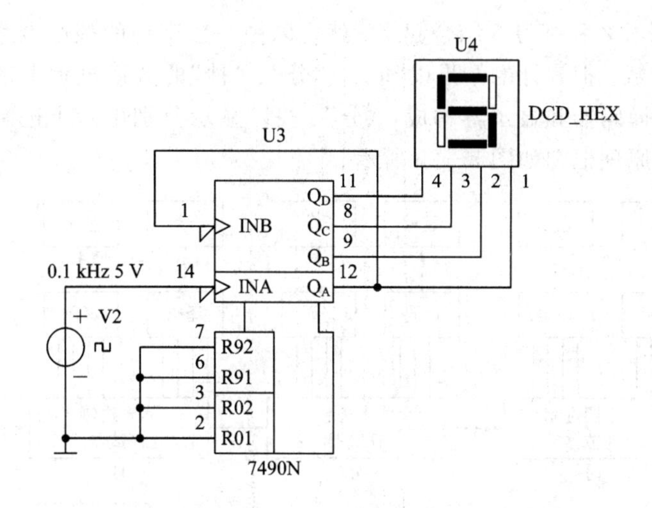

图 5-23　练习 1 电路图

用同步可预置四位十进制计数器 74LS160 构成二十四进制计数器。

(1) 选用带译码七段 LED 数码管，输入是频率 f=1 kHz 的时钟信号。显示输出的二进制数据。

(2) 分别用清零端和预置端进行设计。

(3) 完成电路设计并观察输出结果和各点波形。

【练习 3】 在 TTL 元器件库选择 74LS160 和其它元器件连接电路如图 5-24 所示，指出电路的功能。判断是否是六十进制计数器。

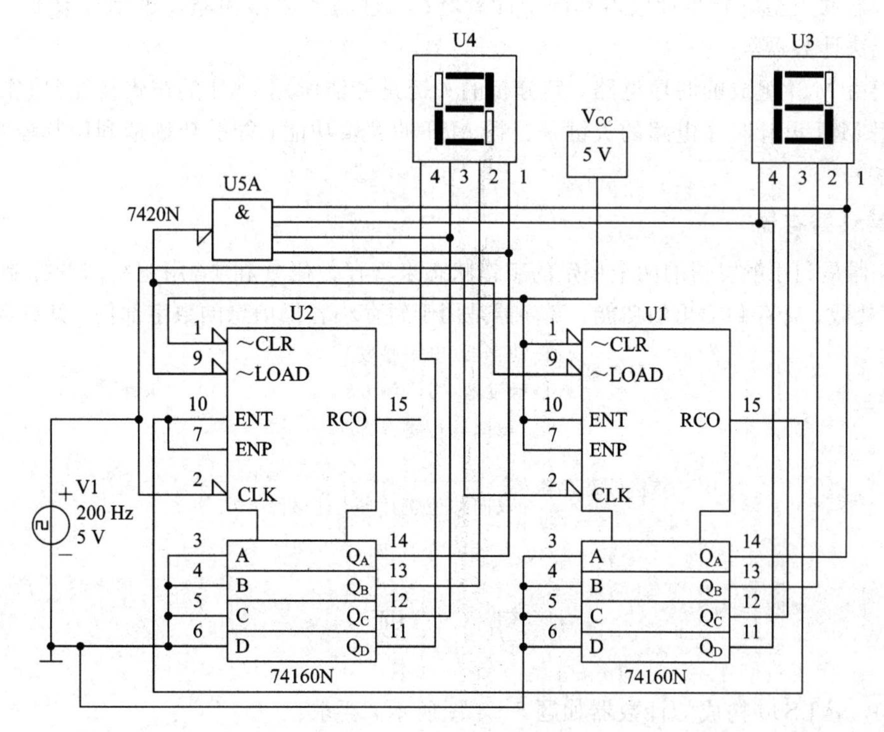

图 5-24　练习 3 电路图

如果我们把练习2和练习3结合起来，就可以做为数字钟的核心电路。我们将秒信号送入计数器进行计数，把累计的结果以“时”、“分”、“秒”的数字显示出来。“时”显示由二十四进制计数器、译码器和显示器构成，“分”、“秒”显示分别由六十进制计数器、译码器和显示器构成。其原理框图如图5-25所示。

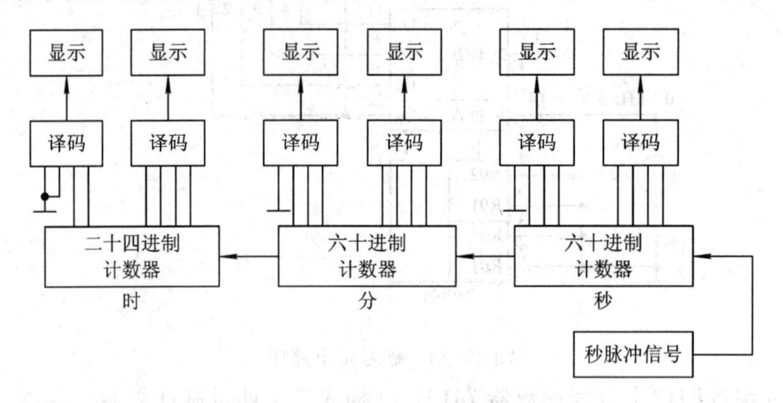

图5-25　数字钟原理框图

本章小结

计数器和寄存器是简单而又常用的时序逻辑器件，它们在数字系统中的应用十分广泛。

1. MSI计数器

计数器的类型有异步计数器和同步计数器、二进制计数器和非二进制计数器、加法计数器和减法计数器等。

对于由MSI组成的时序电路，其分析的关键是弄清所用MSI的逻辑功能(功能表)。

利用MSI设计时序电路的关键是根据MSI的逻辑功能，能够巧妙地利用其控制端(如R、LD端)。

2. MSI寄存器

寄存器是利用触发器的两个稳定的工作状态来寄存数码0和1，用逻辑门的控制作用实现清除、接收、寄存和输出的功能。寄存器是用于暂存小容量信息的数字部件，其分类如下。

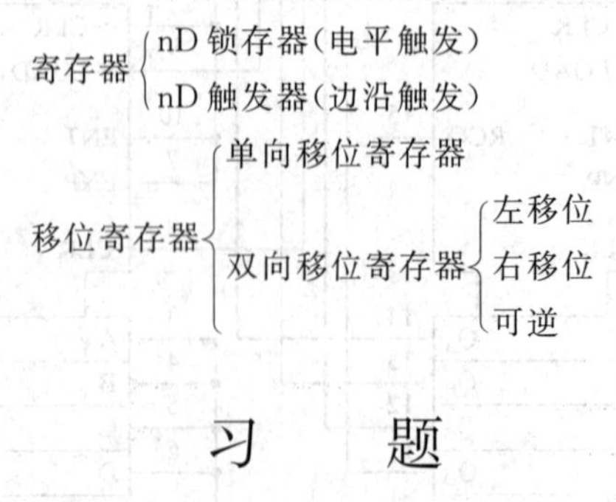

习　题

5-1　74LS90构成的计数器如题5-1图所示，要求：

(1) 画出状态转移图；

(2) 指出计数器的模值。

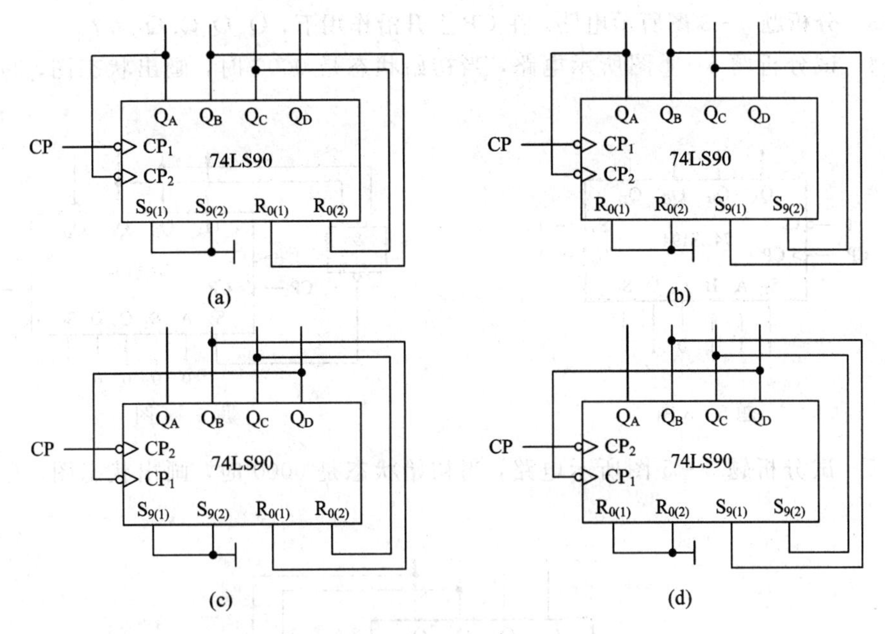

题 5－1 图

5－2　试分析题 5－2 图所示电路。要求：

(1) 画出状态转移图；

(2) 指出计数器的模值。

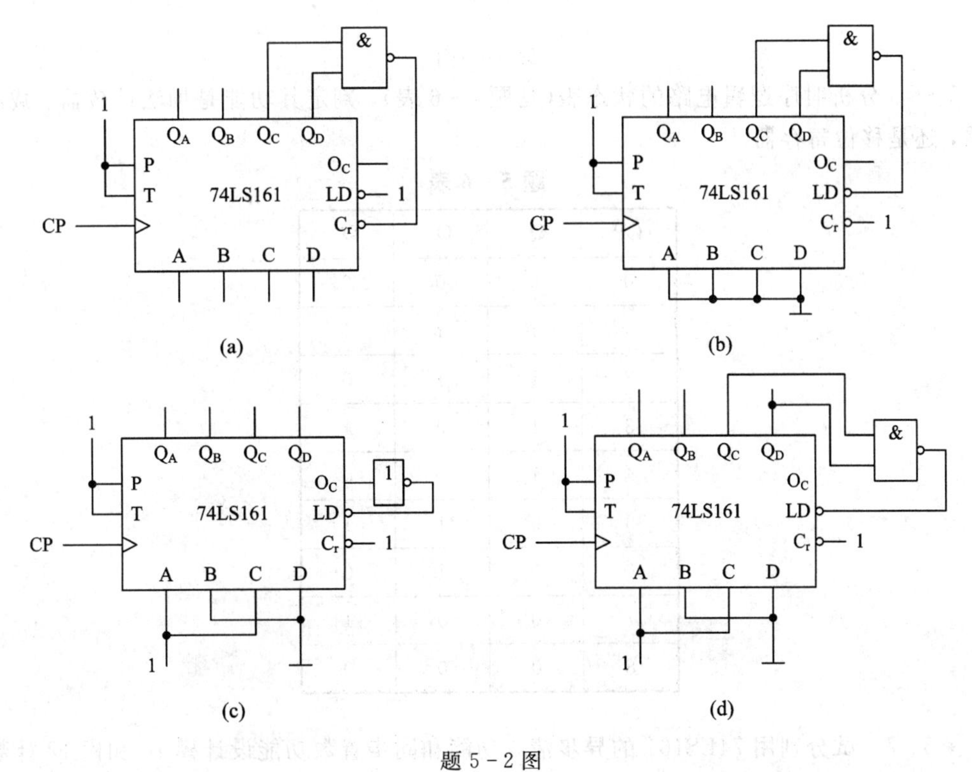

题 5－2 图

5－3　分析题 5－3 图所示电路，在 CP 上升沿作用下，$Q_AQ_BQ_CQ_D$＝?

5－4　试分析题 5－4 图所示电路，当初始状态是 0000 时，画出状态图，写出分析过程。

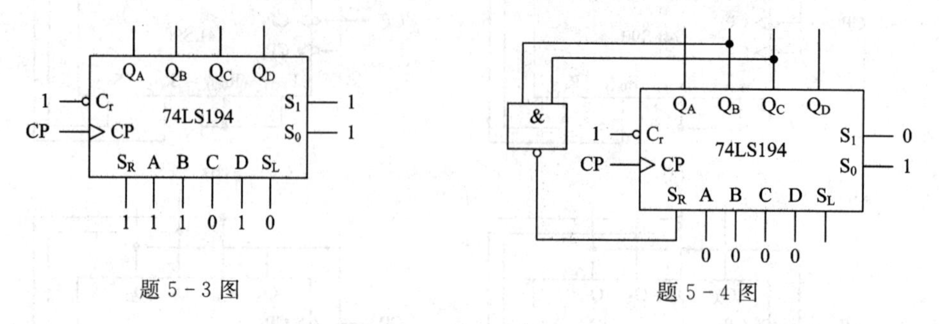

题 5－3 图　　题 5－4 图

5－5　试分析题 5－5 图所示电路，当初始状态是 0000 时，画出状态图，写出分析过程。

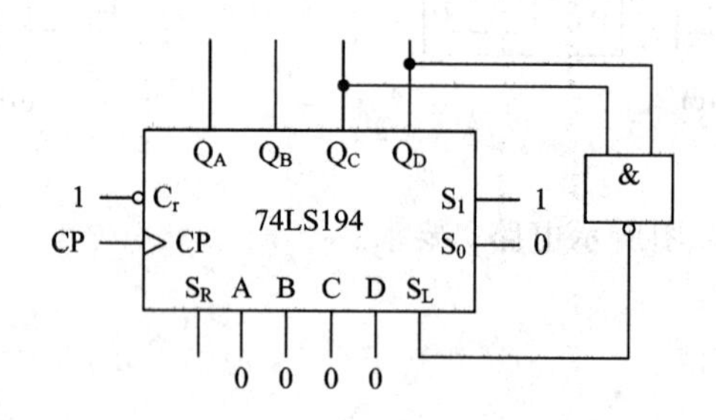

题 5－5 图

5－6　分析时序逻辑电路的状态表(见题 5－6 表)，判定其功能是加法计数器、减法计数器，还是移位寄存器。

题 5－6 表

CP	Q_2	Q_1	Q_0
0	0	0	0
1	1	1	1
2	1	1	0
3	1	0	1
4	1	0	0
5	0	1	1
6	0	1	0
7	0	0	1
8	0	0	0

*5－7　试分别用 74LS161 的异步清 0 功能和同步置数功能设计模 10 和模 12 计数器(可外加门电路)。写出简单的设计过程。

*5－8　分析题 5－8 图所示电路，判断计数器的模值为多少。

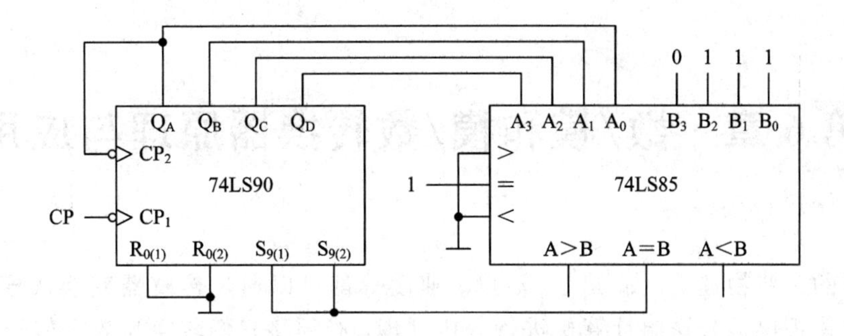

题 5-8 图

*5-9　分析题 5-9 图所示时序电路，画出状态图，并指出其逻辑功能。

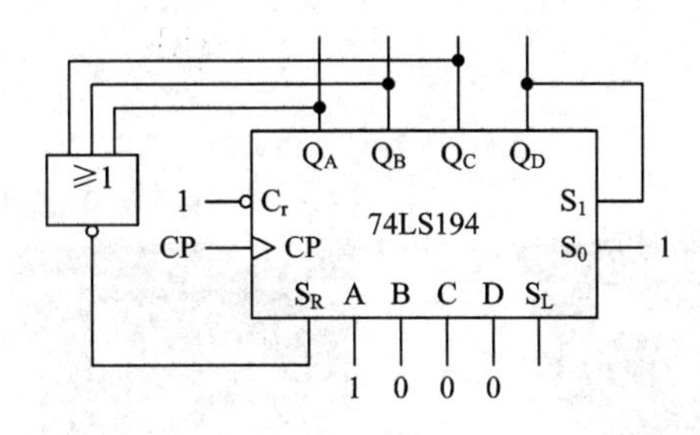

题 5-9 图

第 6 章 数/模和模/数转换器原理与应用

自然界的一些物理量，如压力、温度、速度等都可以通过传感器变换成模拟电信号，如果把这些模拟电信号送给计算机进行分析处理，必须将它们转换为数字信号。经计算机分析处理后，输出的是数字信号，必须再将这些数字信号转换为模拟电信号，才能将其送入控制执行器件。例如，汽车里程表、数字万用表等都是把连续变化的模拟信号转换成数字信号，如图 6-1 所示。

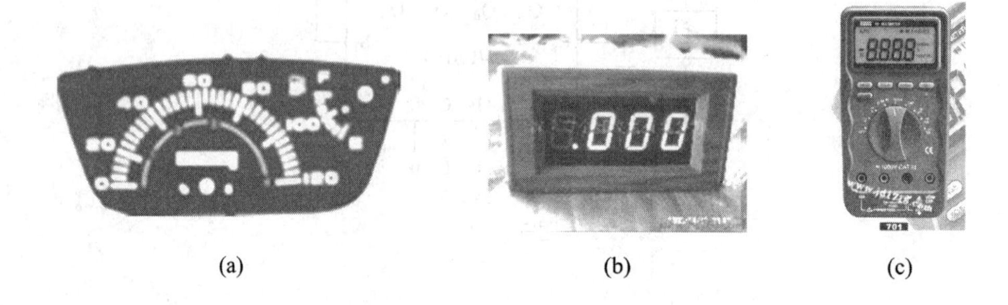

(a) (b) (c)

图 6-1 常用的模拟信号转换成数字信号的器件

(a) 汽车里程表；(b) 汽车里程表；(c) 数字万用表

在我们的生活中，复读机、MP3 和计算机声卡等都是把储存的数字信号转换成连续变化的声音信号，如图 6-2 所示。

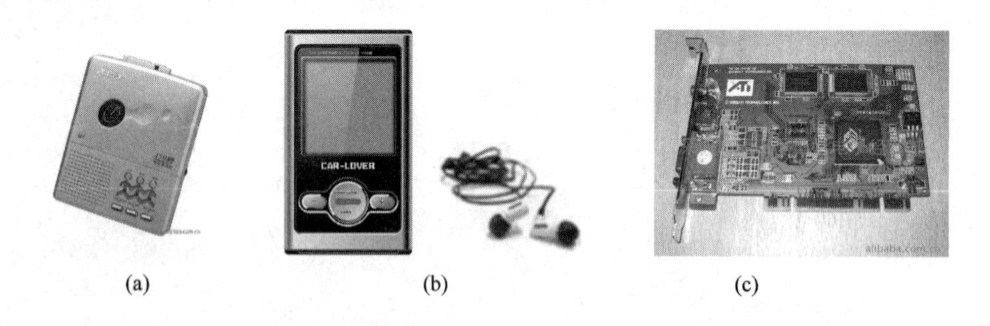

(a) (b) (c)

图 6-2 常用的数字信号转换成模拟信号的器件

(a) 复读机；(b) MP3；(c) 计算机声卡

通常，把数字量转换为模拟量(电流或电压)的过程称为数/模转换，实现这一转换的电路或器件称作数/模转换器(Digital - Analog Converter，简称 DAC)；把模拟量转换为相应数字量的过程称为模/数转换，相应的电路或器件称作模/数转换器(Analog - Digital Converter，简称 ADC)。

6.1 数/模转换器(DAC)

D/A 转换器的原理框图如图 6-3(a)所示。图中 n 位数字信号 D 经过 DAC 后输出模拟信号 V_O。其中，n 位数据 D 为并行输入方式，V_{REF} 为实现 D/A 转换所必需的参考电压。

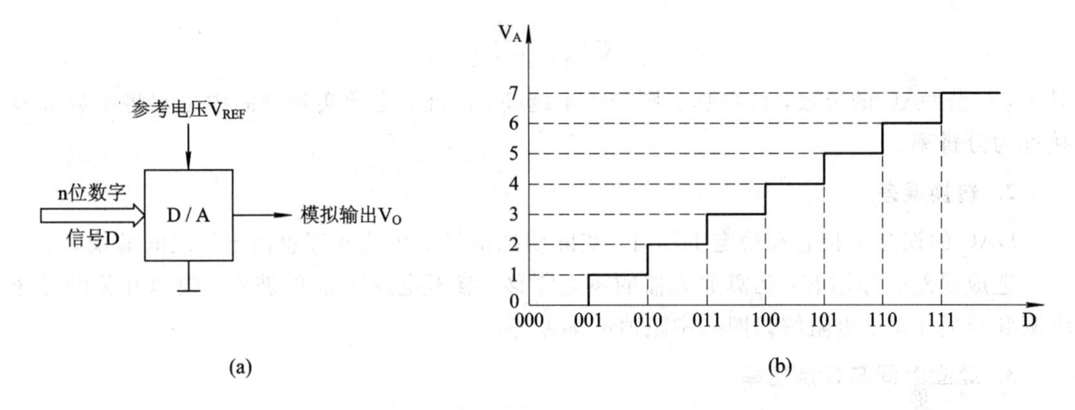

图 6-3　DAC 原理图与理想传输特性

V_O、D 及 V_{REF} 三者之间的关系可用数学表达式表示为

$$V_O = KDV_{REF}$$

式中，K 是比例系数，不同的 DAC 有各自对应的 K。输入的数字信号通常用 n 位二进制代码表示，这里的 D 是指输入的 n 位二进制数所代表的数值。n 位数字输入有 2^n 种二进制数字的组合，对应有 2^n 个模拟电流或电压值。一个 3 位 DAC 的理想传输特性如图 6-3(b)所示。必须指出，转换后的模拟信号并不是连续的，其最小值由最低代码位(LSB)的权值决定。这个最小值通常称为量化单位，是信息所能分解的最小量。对于 n 位二进制代码，该值为满量程的 $1/(2^n-1)$。因此，数字代码的位数越多，对于同样的满量程输入和输出信号变化的台阶越小，输出信号就越接近连续的模拟信号。所以转换精度也可以用数字代码的位数 n 来直接表示。

6.1.1 DAC 的主要技术参数

在选择、使用 D/A 转换器时，首先要考虑选择使用技术参数合适的器件。D/A 转换器的主要技术参数分为静态参数、动态参数和极限参数三大类。常用的技术参数主要有分辨率、转换误差和工作速度等。

1. 分辨率(Resolution)

通常分辨率用最小输出电压 V_{LSB}（或 V_{Omin}）来表示，即在输入数字量 $D=D_{n-1}\cdots D_0$ 中，仅当 $D_0=1$ 时，对应的模拟电压输出值。

满量程输出 A_{FSR}（电压 V_{FSR} 或电流 I_{FSR}）是输入全为 1 时，对应的输出模拟值。

例如，对于一个 8 位 DAC，当 $V_{REF}=10$ V 时，满量程输出电压为

$$V_{FSR} = V_{Omax} = 255 \div 256 \times 10 = 9.961\ V \approx 10\ V$$

为了方便起见，生产厂家往往以 V_{REF} 代替 V_{FSR}（或 V_{Omax}），如上例则称满量程输出电压 V_{FSR} 为 10 V。

对于电流型输出 DAC，往往需要外接运放以转换成输出电压。这时输出量程就是 I_{FSR}。应该注意输出电流也是有极性的，其极性与 V_{REF} 极性有关。

分辨率是衡量 DAC 性能的重要静态参数，它表示 DAC 能够分辨最小输出电压的能力。这里的分辨率表示其理论上可以达到的精度，它定义为 DAC 的最小输出电压 V_{LSB} 和满量程输出电压 V_{FSR}（或 V_{Omax}）的比值，即

$$\frac{V_{LSB}}{V_{FSR}}=\frac{1}{2^n-1}$$

其中，n 是 DAC 的位数，位数越多则分辨率越高。因此，通常实际产品中也常将位数 n 直接称为分辨率。

2. 转换误差

DAC 的误差是指它在稳定工作时，实际模拟信号输出值和理想输出值之间的偏差。

造成误差的原因有：运算放大器的零点漂移、参考电压 V_{REF} 的波动、模拟开关的导通电阻和导通压降、电阻解码网络中阻值的偏差等。

3. 建立时间与转换速率

建立时间常用于衡量器件的转换速度，所以也称为转换时间。建立时间定义为 DAC 输入发生阶跃到输出信号达到规定的误差范围内所需的最大时间，规定误差范围为±0.5 量化单位。有时也给出转换器每秒的最大转换次数。例如某个高速 DAC 转换时间为 1 μs，也称转换速率为 1 MHz。

6.1.2 常用的 D/A 转换技术

D/A 转换是将输入数字信号转换成相对应的模拟信号输出。常用的 D/A 转换方式有加权电阻 D/A 转换、R-2R T 型电阻 D/A 转换、加权电流 D/A 转换等。现代的 D/A 芯片中，有些是采用上述方式中的一种，更多的则是混合应用。基本的 DAC 芯片内部电路分为四部分：电压基准或电流基准、精密电阻网络、电子开关和电流求和电路。D/A 转换器大多为电流输出形式，有的芯片内集成有运放，可以直接输出电压信号。

1. 二进制权电阻网络 DAC

以 4 位 D/A 转换电路为例，权电阻网络 D/A 转换器电路如图 6-4 所示。这是一个电流相加型权电阻网络 DAC，图中电路由四部分组成。

（1）权电阻网络。权电阻网络由 4 个加权电阻组成，每位输入数据对应一个电阻，阻值与该位的权值成反比。如 D_3 对应 2^0R，D_2 对应 2^1R，D_1 对应 2^2R，D_0 对应 2^3R。它们的作用是对各位二进制数进行加权。

（2）模拟开关。模拟开关由四个模拟开关组成，每个模拟开关对应一个数据，由数据 D_i 控制模拟开关 S_i 所接的位置。若 $D_i=1$，则 S_i 接通 V_{REF}；若 $D_i=0$，则 S_i 接地。其中 S_i 为模拟电子开关。

（3）参考电压 V_{REF}，它是一个基准电压源，要求精度高、稳定性好。

（4）求和输出。求和输出由运算放大器构成的反相求和电路组成。反相求和电路对加权后的电流求和，并通过 R_f 输出相应的模拟电压值。

由图 6-4 可得，流入放大器反相端的总电流为

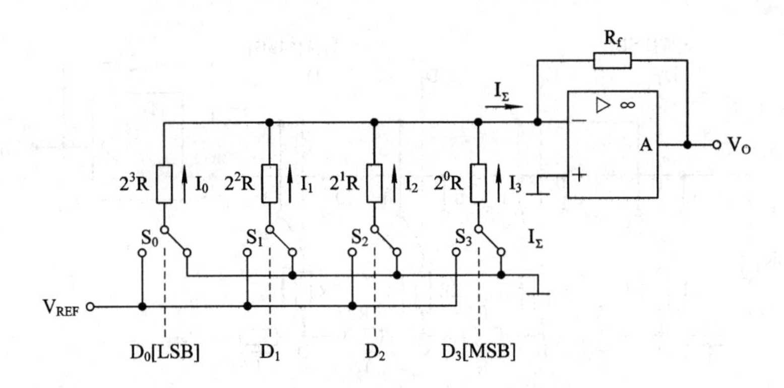

图 6-4　权电阻网络 DAC 原理图

$$I_\Sigma = I_0 + I_1 + I_2 + I_3$$

$$I_i = \frac{D_i V_{REF}}{2^{3-i} R}$$

式中：i=0、1、2、3，所以有

$$I_\Sigma = \frac{D_0 V_{REF}}{2^3 R} + \frac{D_1 V_{REF}}{2^2 R} + \frac{D_2 V_{REF}}{2^1 R} + \frac{D_3 V_{REF}}{2^0 R}$$

$$= \frac{V_{REF}}{2^3 R} \sum_{i=0}^{3} D_i \times 2^i$$

输出电压为

$$V_O = -R_f I_\Sigma = -\frac{V_{REF} R_f}{8R} \sum_{i=0}^{3} D_i \times 2^i$$

通常令 $R_f = R/2$，相应的求和放大器输出电压为

$$V_O = -R_f I_\Sigma = -\frac{V_{REF}}{16} \sum_{i=0}^{3} D_i \times 2^i = -\frac{V_{REF}}{2^4} \sum_{i=0}^{3} D_i \times 2^i$$

那么，对于 n 位二进制权电阻网络 DAC，则有

$$V_O = -R_f I_\Sigma = -\frac{V_{REF}}{2^n} \sum_{i=0}^{n-1} D_i \times 2^i$$

上式表明，二进制权电阻网络 DAC 中的量化单位为 $V_{REF}/2^n$。

2. 倒 T 型 R-2R 网络 DAC

4 位倒 T 型 R-2R 电阻网络 DAC 电路如图 6-5 所示。与图 6-4 所示的权电阻网络 DAC 相比，权电阻网络中 n 位数字需要 n 种阻值的电阻，这对集成电路来说是很难实现，而倒 T 型网络尽管电阻个数增加了一倍，但只需要 R 和 2R 两种阻值的电阻，所以它便于集成。该电路由四部分组成：R-2R T 型电阻网络、模拟开关、基准电压和输出级求和运算放大器。

模拟开关受输入二进制数码控制。当输入数据 $D_i=1$ 时，对应 S_i 便将 2R 接到运算放大器的反相输入端；而当 $D_i=0$ 时，对应 S_i 便将 2R 接到地。由于运算放大器虚短 $V_- = V_+ = 0$，因此，不论数码是 0 还是 1，流过倒 T 型电阻网络各支路的电流始终不变，即电源所提供的电流是恒定的。

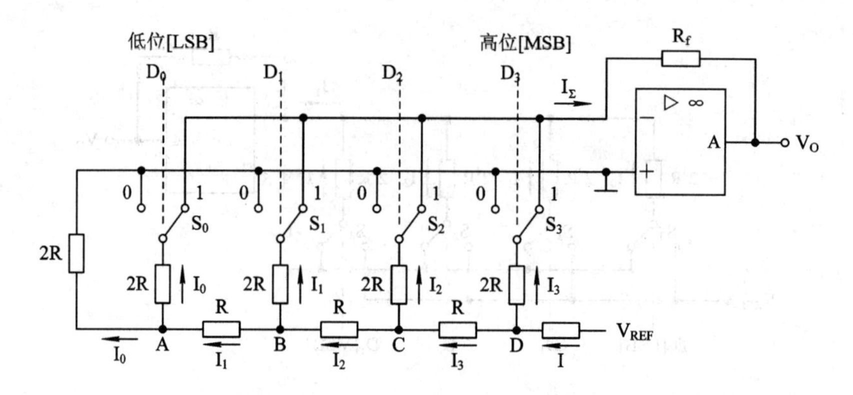

图 6－5　4 位倒 T 型电阻网络 DAC 原理图

4 位倒 T 型 R－2R 电阻网络的等效电路如图 6－6 所示。由此电路可以看出，R－2R 电阻网络的特点是：不论任何一位数码为 0 还是为 1，每节电路向左看进去的输入电阻都等于 R，即网络中各节点(A、B、C、D)从右向左看进去等效电阻均为 R，所以 $I=V_{REF}/R$。根据分流公式，电路中 D、C、B、A 各支路的电流依次减半，即 $I_3=I/2$，$I_2=I/4$，$I_1=I/8$，$I_0=I/16$，它们就是倒 T 型电阻网络中各支路的权电流。当 $D_i=1$ 时，电流流向运算放大器；当 $D_i=0$ 时，电流流向地。

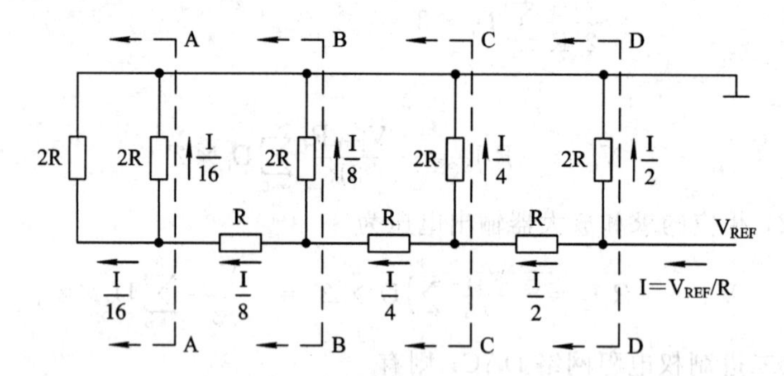

图 6－6　4 位倒 T 型电阻网络的等效电路

由此可见，流入放大器反相端的总电流为

$$\begin{aligned} I_\Sigma &= I_3+I_2+I_1+I_0 \\ &= \frac{I}{2}D_3+\frac{I}{4}D_2+\frac{I}{8}D_1+\frac{I}{16}D_0 \\ &= \frac{I}{16}(8D_3+4D_2+2D_1+D_0) \\ &= \frac{V_{REF}}{2^4R}(D_3\times 2^3+D_2\times 2^2+D_1\times 2^1+D_0\times 2^0) \end{aligned}$$

输出电压为

$$V_O=-R_fI_\Sigma=-\frac{V_{REF}R_f}{2^4R}\sum_{i=0}^{3}D_i\times 2^i$$

通常令 $R_f=R$，对应的求和放大器输出电压为

$$V_O=-R_fI_\Sigma=-\frac{V_{REF}}{2^4}\sum_{i=0}^{3}D_i\times 2^i$$

那么，对于 n 位倒 T 型 R－2R 网络 DAC，则也有

$$V_O = -R_f I_\Sigma = -\frac{V_{REF}}{2^n}\sum_{i=0}^{n-1} D_i \times 2^i$$

上式表明，倒 T 型电阻网络 DAC 中的量化单位也为 $V_{REF}/2^n$。

由于倒 T 型电阻网络中各权电阻支路都是直接通过模拟开关与运算放大器的反相输入端相连的，不存在信号传输延迟问题，而且模拟开关在切换过程中，各权电阻支路的电流不变，减小了电流建立时间和转换过程中的尖峰脉冲，因此提高了 DAC 的转换速度。

在分析权电阻网络 DAC 和倒 T 型电阻网络 DAC 的过程中，把模拟开关当作理想开关，忽略了它们的导通电阻和导通压降。而实际的电子开关总存在一定的导通电阻，而且每个开关的导通电阻不可能完全相同。导通电阻和导通压降的存在将引起转换误差，影响转换精度。解决这个问题的方法之一就是用恒流源取代图 6－5 所示电路中 R－2R 倒 T 型电阻网络，即倒 T 型电阻网络中各支路的权电流变为恒流源，这样就构成了权电流网络 DAC。

【例 6.1】 已知某 8 位 DAC 电路，当输入数据 D 为 $(10000000)_2$ 时，输出模拟电压 $V_O=3.2$ V。求输入数据 D 为 $(10101000)_2$ 时的输出模拟电压 V_O。

解：由于输出模拟电压与输入数字量成正比，且有 $(10000000)_2=128$，$(10101000)_2=168$，因此有

$$3.2 : 128 = V_O : 168$$

$$V_O = \frac{3.2}{128}\times 168 = 4.2\ \text{V}$$

【例 6.2】 已知 D/A 转换电路，当输入数字量为 10000000 时，输出电压为 5 V。试问该电路的最小分辨电压是多少？最大输出电压是多少？

解：D/A 转换电路的输出电压为

$$V_O = -\frac{V_{REF}}{2^n}\sum_{i=0}^{n-1} D_i 2^i$$

当输入数字量为 10000000 时，输出电压为 5 V，即

$$5\ \text{V} = -\frac{V_{REF}}{2^8}\times 2^7$$

则 $V_{REF}=-10$ V。

(1) 最小分辨电压。若输入数字量为 00000001，则输出电压是最小分辨电压，即

$$V_{LSB} = -\frac{V_{REF}}{2^8} = -\frac{-10}{2^8} = 0.039\ \text{V}$$

(2) 最大输出电压。若输入数字量为 11111111，则输出电压是最大输出电压，即

$$V_{Omax} = -\frac{-10}{2^8}\times(2^8-1) = 0.039\times 255 = 9.96\ \text{V}$$

6.1.3　典型 DAC 器件及其应用

集成 DAC 芯片的生产厂家与产品型号很多，分辨率有 6、8、10、12、13、14、16、18 位不等。另外，低电压、低功耗型产品可以在＋5 V、＋3.3 V 或＋2.7 V 的电压下工作，工作电流仅有几十微安，功耗仅几毫瓦，非常适合微型设备应用。芯片性能主要包括分辨

率、速度、线性度、功耗等几方面。表 6-1 列出了几种常用的 DAC 模块。

表 6-1 常用的 DAC 模块

型　号	电源电压	分辨率	建立时间	线性度
AD7524	+5～+15 V	8 位	250 ns	+0.05%
DAC0832	+5～+15 V	8 位	1 μs	<0.2%
DAC1200	+5～+15 V	12 位	1.5～2.5 μs	0.012%

DAC0830/0831/0832 是由美国国家半导体公司(NS)生产的 8 位 DAC。这种 DAC 采用双列直插式 20 脚封装，是目前微机中最常用的 D/A 芯片。下面以 DAC0832 为例，介绍其功能及应用。

1. DAC0832 的功能

DAC0832 采用 CMOS 工艺和 R-2R T 型电阻网络，具有与计算机接口完全兼容的逻辑电平。它的原理框图和引脚排列如图 6-7 所示。

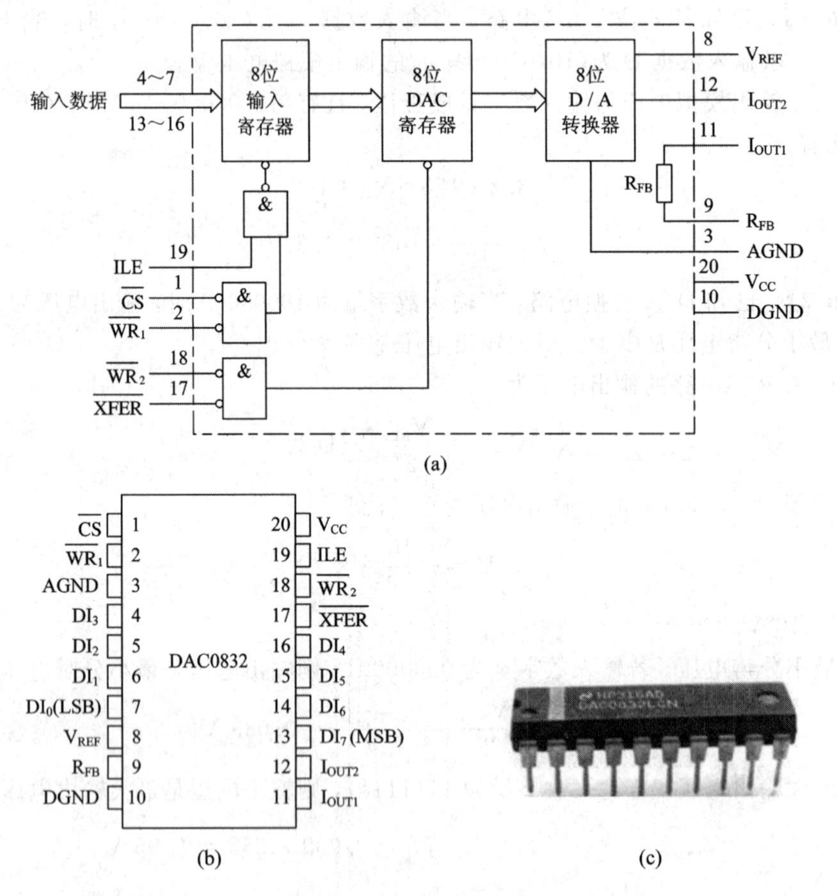

图 6-7　DAC0832

(a) 原理框图；(b) 引脚排列图；(c) 实物图

DAC0832 由一个 8 位输入寄存器，一个 8 位 D/A 寄存器和一个 8 位 D/A 转换器组成。数据进入 R-2R T 型 D/A 转换器之前，先通过两个独立控制的 8 位寄存器，即所谓的双缓冲。

DAC0832 片内没有运放，两个电流 I_{OUT1} 和 I_{OUT2} 输出端使用时分别与外接运放的反相端、同相端连接。片内设有反馈电阻 R_{FB}，运放输出端只要接到 R_{FB} 引脚即可。

DAC0832 器件的引脚功能分别介绍如下。

$\overline{WR_1}$、$\overline{WR_2}$：允许写信号，低电平有效，$\overline{WR_1}$、$\overline{WR_2}$ 与 ILE、$\overline{CS}$、$\overline{XFER}$ 配合使用，输入数据由寄存器传送到 D/A 寄存器中。

ILE：锁存允许端。

$\overline{CS}$：片选端，低电平有效。

$\overline{XFER}$：数据传递控制信号，低电平有效。

$D_0 \sim D_7$：8 位数据输入。

I_{OUT1}：电流输出。I_{OUT1} 正比于参考电压和输入数字量，若输入数据为全 1，则 I_{OUT1} 最大；若数据为全 0，则 I_{OUT1} 最小。

I_{OUT2}：电流输出。I_{OUT2} 正比于输入数字量的补码。$I_{OUT1}+I_{OUT2}$＝常数。

R_{FB}：片内反馈电阻端。反馈电阻 $R_{FB}=15\ k\Omega$，它集成在芯片内部，与内部 R－2R 电阻网络相匹配。

V_{REF}：参考电压输入，范围为－10～＋10 V。

V_{CC}：数字电源电压，范围为＋5～＋15 V，采用＋15 V 最佳。

AGND：模拟地。

DGND：数字地。

2. DAC0832 的工作方式

由于 DAC0832 中含有两个数据寄存器，因此 DAC0832 有三种工作方式可供选择，即单极性双缓冲工作方式、单极性单缓冲工作方式和单极性直通方式。

单极性直通工作方式原理如图 6－8(a)所示。由于 $\overline{WR_1}$、$\overline{WR_2}$、$\overline{CS}$ 和 $\overline{XFER}$ 同时接地为低电平，ILE 为高电平，所以两个寄存器都处于常通状态。由于这种工作方式中数据寄存器直通，数据直接进入 D/A 寄存器，因此被称为直通方式。图 6－8(b)所示是 DAC0832 单极性直通工作方式实物电路图，运放采用 LM358。

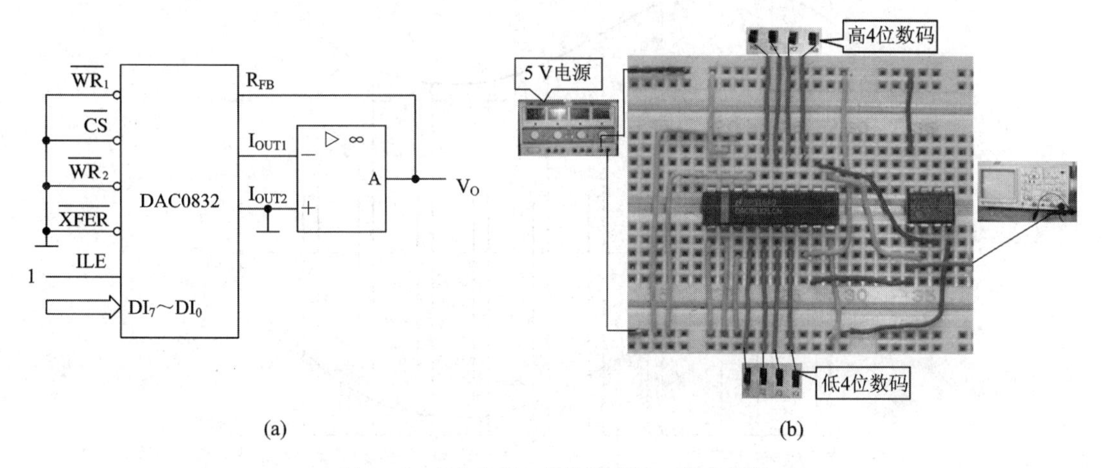

图 6－8　DAC0832 单极性直通工作电路图

6.2 模/数转换器(ADC)

A/D转换器是用来把连续变化的模拟信号转换为一定格式的数字信号的器件。ADC的基本原理如图6-9所示。它完成对某 t_i 时刻输入模拟量 $V_A(t_i)$ 进行二进制编码的功能，输出二进制码与 $V_A(t_i)$ 的大小成一定比例关系，输出二进制码为n位数字量D。图中 V_{REF} 为参考电压。ADC的转换关系可以表示为

$$D = KV_A(t_i)$$

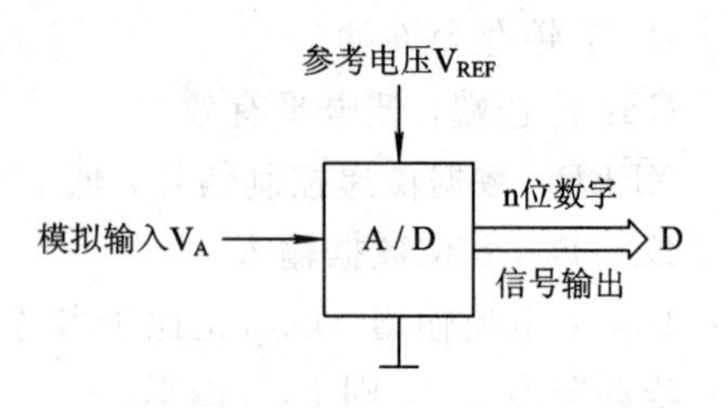

图6-9　ADC原理框图

由于模拟信号在时间上是连续的，而数字信号是离散量，因此，A/D转换必须按一定的时间间隔取模拟电压值，再对其进行A/D转换，这个过程称为对模拟信号的采样。而A/D转换需要时间，这就需要将采样时刻的电压值保持下来，对保持下来的模拟电压值进行量化和编码，得到数字量输出D。因此，A/D转换必须包含四个过程：采样、保持、量化和编码。

6.2.1 A/D转换的一般过程

1. 采样和保持

(1) 采样(又称取样或抽样)是将时间上连续的模拟信号转换为时间间隔均匀的模拟量的过程。也就是将模拟量转换为一串幅度与模拟信号一致的脉冲，如图6-10所示。图中 $V_A(t)$ 为模拟输入；S(t)为采样脉冲信号，周期为 T_S；$V_O(t)$ 为采样输出信号。采(取)样器实际上是一个模拟开关，在采样脉冲 t_P 期间开关闭合，信号通过，否则开关断开没有信号。即仅在 T_S、$2T_S$、$3T_S$、…这些离散的时间点上有信号，而在其它时间上没有信号。

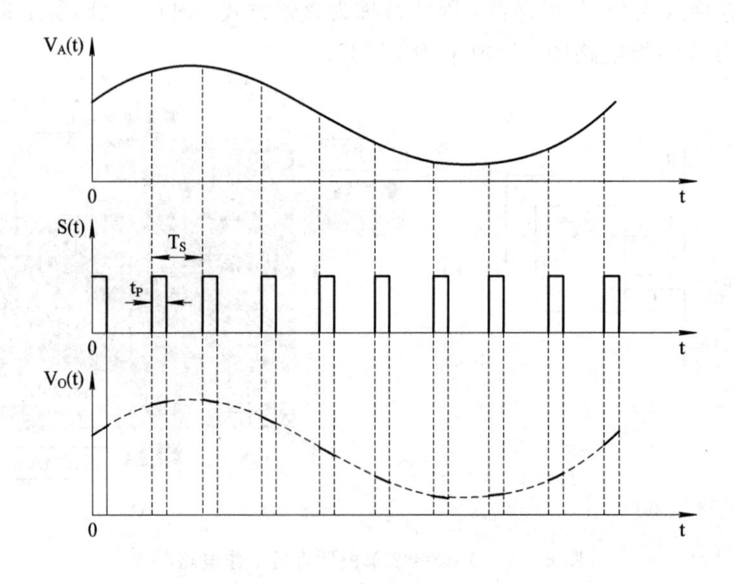

图6-10　采样过程波形图

为了保证能够由采样信号完全恢复原信号的特征，采样脉冲应满足：

$$T_S \leqslant \frac{1}{2f_{imax}} \quad 或 \quad f_S \geqslant 2f_{imax}$$

式中，f_{imax} 为输入信号 $V_A(t)$ 中最高频率分量的频率。上式又称为采样定理。

(2) 保持。由于采样脉冲宽度往往是很窄的，因此样值的宽度也很窄，而进行 A/D 转换需要一定的时间。为了后续电路能很好地完成转换功能，通常在采样后将采样值保存起来，直到下一次采样值到来再更新。实现上述功能的电路称为保持电路。

在 ADC 中常将采样和保持电路合为一体，称为采样-保持电路。图 6-11 给出了一种典型的采样-保持电路。它们包括存储采样值的电容 C、模拟开关 V 和缓冲运算放大器 A 等主要部分。图中用场效应管作为模拟开关，在采样脉冲持续期内，开关接通，模拟信号对电容 C 充电。当电容 C 充电时，电容上的电压在随模拟信号变化，V_O 输出也随之变化。当采样结束后，开关断开，电容上电压保持不变，V_O 也保持不变，如图 6-12 所示。

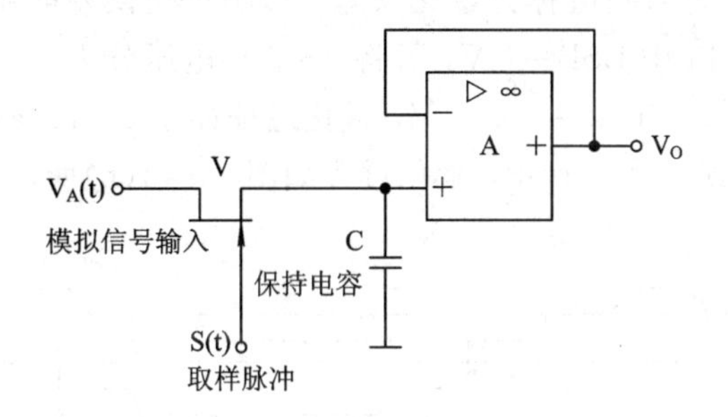

图 6-11　典型采样-保持电路

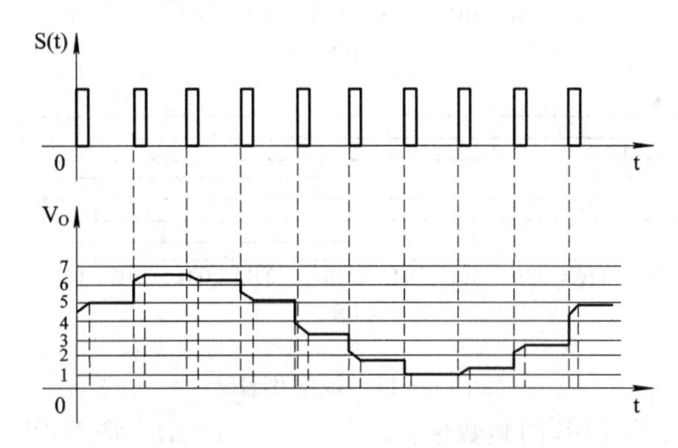

图 6-12　采样-保持电路的输出

2. 量化和编码

采样-保持电路的输出信号 V_O 虽然已经成为在时间上离散的阶梯信号，但在数值上仍是某一时刻模拟量的值，可能有无限多个值，难以用二进制数字量来表示。比如一个 3 位的 ADC，3 位的数字输出有 000，001，010，011，100，101，110，111 八种状态，即模拟输入信号只能转化为八种数字输出中的一种。模拟输入电压和数字输出的关系如图 6-13 所示，每一个数字量对应一个离散的阶梯信号电平。那么介于两个离散电平之间的采样点就要归并到这两个电平之一上。这种取整归并的过程成为量化。离散电平之间的最小电压差，也就是 ADC 能分辨的最小模拟电压值就叫做分辨率，也可用 LSB(Least Significant Bit)表示。

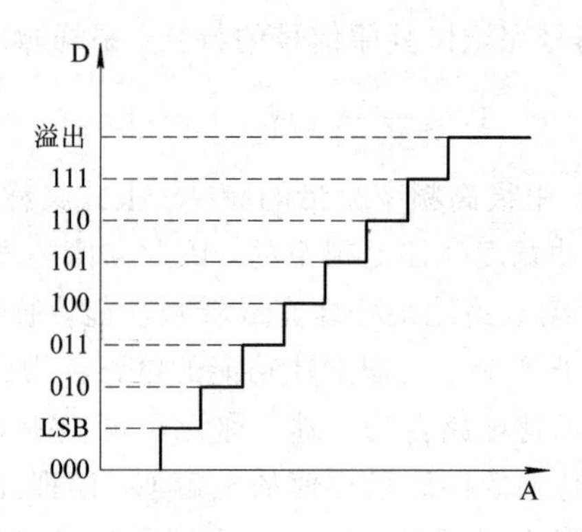

图 6-13　模拟输入电压和数字输出的关系图

量化常采用四舍五入或只舍不入的方法。量化的过程如图 6-14 所示，V_g 是量化以后的电压。V_g 与 V_O 之间的差值称为量化误差。影响量化误差的主要因素是量化阶梯(即量化单位 LSB)。图 6-14 中 LSB=1 V，可将 0～7 V 电压分为 7 个阶梯。如果按四舍五入方法，最大量化误差为±LSB/2=±0.5 V，量化过程如图 6-14(a)所示。如果按只舍不入的方法量化，最大量化误差为 1 LSB，量化过程如图 6-14(b)所示。

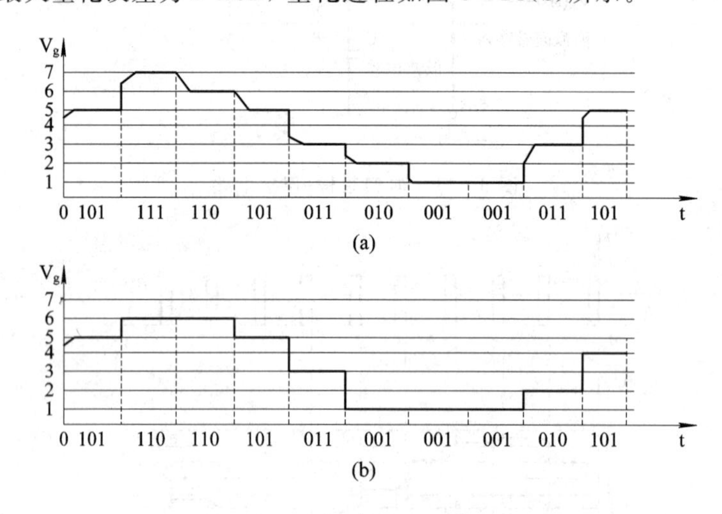

图 6-14　量化及编码

量化后的电压 V_g 为 LSB 的整数倍，即 V_g= N (LSB)。将 N 用二进制编码来表示的过程称为编码。

ADC 电路中的核心是量化与编码电路，各种 A/D 转换技术的差异主要反映在这部分电路上。下面介绍各种 A/D 转换技术时，将着重介绍这方面的内容。

6.2.2　ADC 的主要技术参数

ADC 的技术参数有静态和动态之分，主要的静态参数是转换精度(分辨率和转换误差)，主要的动态参数是转换时间(转换速度)，其次还有转换电压范围等。

(1) 分辨率。ADC 的分辨率是指转换器所能分辨的输入模拟量的最小值，也就是使输出数字量最低位发生变化时输入模拟量的最小值。ADC 的分辨率不仅与输入电压(或电流)有关，而且与数字量位数有关。如 n 位二进制 ADC，其分辨率为

$$\frac{A_{FSR}}{2^n-1}$$

(2) 转换误差。转换误差主要包括量化误差、偏移误差、增益误差等，其中量化误差是A/D 转换器本身固有的一种误差。而其它几种误差则是由内部电路各元器件及单元电路偏差产生的。ADC 的误差是指与输出数字量对应的理论模拟值和产生该数字量的实际输入模拟量之间的差值，通常以 LSB 为单位来表示。

(3) 转换时间。转换时间被定义为 ADC 完成一次完整的转换所需的时间，也就是从发出对输入模拟信号进行采样的命令开始，直到输出端产生完整而有效的数字量输出所需的时间。

(4) 输入电压范围。输入电压范围是指集成 A/D 转换器能够转换的模拟电压范围。单极性工作的芯片有 +5 V、+10 V 或 −5 V、−10 V 等，双极性工作的芯片有以 0 V 为中心的 ±2.5 V、±5 V、±10 V 等，其值取决于基准电压的值。理论上最大输入电压范围 $V_{Imax}=V_{REF}(2^n-1)/2^n$，有时也用 V_{REF} 近似代替。

6.2.3　常用 A/D 转换技术

A/D 转换是将输入模拟信号转换成相对应的数字信号来进行输出。常用的 A/D 转换电路有并行比较型 A/D 转换、逐次逼近型 A/D 转换、双积分型 A/D 转换、Σ-Δ 调制型 A/D 转换等。

1. 并行比较型 ADC 电路

并行 ADC 是一种高速 A/D 转换器。图 6-15 所示为三位并行 ADC 的原理图。它由以下各部分组成。

(1) 电阻分压器。它由九个电阻串联组成，产生不同数值的参考电位，分别送到各比较器。由原理图可得参考电位为

$$V_1=\frac{1}{16}V_{REF}\qquad V_2=\frac{3}{16}V_{REF}$$

$$V_3=\frac{5}{16}V_{REF}\qquad V_4=\frac{7}{16}V_{REF}$$

$$V_5=\frac{9}{16}V_{REF}\qquad V_6=\frac{11}{16}V_{REF}$$

$$V_7=\frac{13}{16}V_{REF}\qquad V_8=\frac{15}{16}V_{REF}$$

(2) 电压比较器。三位 ADC 共有 8 个电压比较器，其中比较器 8 作为溢出指示。当溢出时，比较器输出为“1”；否则，输出为“0”。

当 $V_A<V_1$ 时，则所有比较器的输出全为低电平，时钟 CP 到来时触发器的状态全为 0。

当 $V_1\leqslant V_A<V_2$ 时，则除电压比较器 C_1 输出为 1 外，其余所有比较器的输出全为 0；时钟 CP 到来时触发器 1 的状态为 1，其余所有触发器的状态为 0。

依此类推，可得其真值表(见表 6-2)。

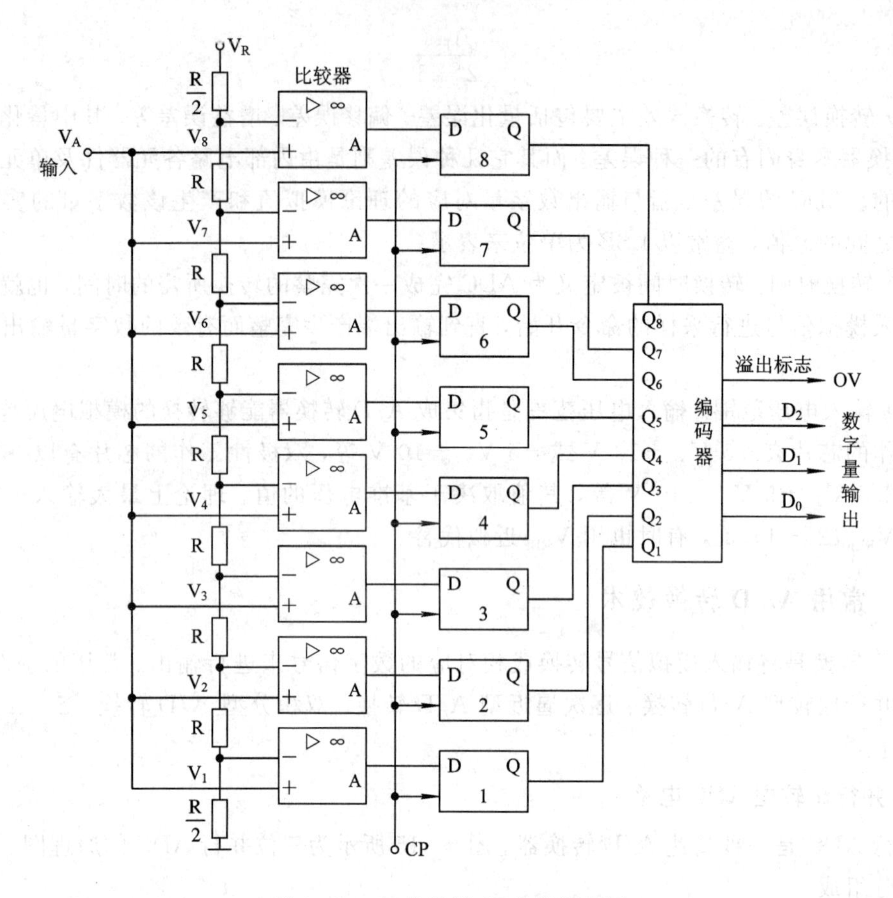

图 6-15 三位并行 ADC 的原理图

表 6-2 三位并行 ADC 真值表

输入 V_A	比较输出								溢出	数字量		
	Q_8	Q_7	Q_6	Q_5	Q_4	Q_3	Q_2	Q_1	OV	D_2	D_1	D_0
$0 \leqslant V_A < \frac{1}{16}V_{REF}$	0	0	0	0	0	0	0	0	0	0	0	0
$\frac{1}{16}V_{REF} \leqslant V_A < \frac{3}{16}V_{REF}$	0	0	0	0	0	0	0	1	0	0	0	1
$\frac{3}{16}V_{REF} \leqslant V_A < \frac{5}{16}V_{REF}$	0	0	0	0	0	0	1	1	0	0	1	0
$\frac{5}{16}V_{REF} \leqslant V_A < \frac{7}{16}V_{REF}$	0	0	0	0	0	1	1	1	0	0	1	1
$\frac{7}{16}V_{REF} \leqslant V_A < \frac{9}{16}V_{REF}$	0	0	0	0	1	1	1	1	0	1	0	0

续表

输入 V_A	比较输出								溢出	数字量		
	Q_8	Q_7	Q_6	Q_5	Q_4	Q_3	Q_2	Q_1	OV	D_2	D_1	D_0
$\frac{9}{16}V_{REF}\leqslant V_A<\frac{11}{16}V_{REF}$	0	0	0	1	1	1	1	1	0	1	0	1
$\frac{11}{16}V_{REF}\leqslant V_A<\frac{13}{16}V_{REF}$	0	0	1	1	1	1	1	1	0	1	1	0
$\frac{13}{16}V_{REF}\leqslant V_A<\frac{15}{16}V_{REF}$	0	1	1	1	1	1	1	1	0	1	1	1
$\frac{15}{16}V_{REF}\leqslant V_A$	1	1	1	1	1	1	1	1	1	无意义		

(3) 寄存器及编码电路。8 个触发器在时钟脉冲作用下，将比较器的结果暂存于其中，供编码器使用，从而编译生成相应的二进制代码。如有溢出，则输出溢出标志。编码器的表达式为

$$D_2=Q_4$$
$$D_1=Q_6+\overline{Q}_4Q_2$$
$$D_0=Q_7+\overline{Q}_6Q_5+\overline{Q}_4Q_3+\overline{Q}_2Q_1$$

2. 逐次逼近型 ADC 电路

逐次逼近型 ADC 电路的原理如图 6-16 所示。它由电压比较器、逻辑控制电路、逐次逼近寄存器和 n 位 D/A 转换器组成。采样的模拟信号送到比较器的同相输入端。当电路收到启动信号后，首先把逐次逼近寄存器置零，第一个 CP 脉冲来到时，首先将寄存器最高位 D_{n-1} 置“1”，经过 D/A 转变成模拟电压 V_o，该电压与输入电压 V_i 进行比较，若 $V_i\geqslant V_o$，则保留这一位，否则该位置“0”。当第二个 CP 脉冲来到时，将次高位 D_{n-2} 置“1”，并与 D_{n-1} 一起送入 D/A 转换器再次转换成模拟电压 V_o，再次与 V_i 进行比较。此过程不断重复，直到最后一位 D_0 比较完毕为止。这样把输入模拟量 V_i 与 ADC 内部的 DAC 产生的反

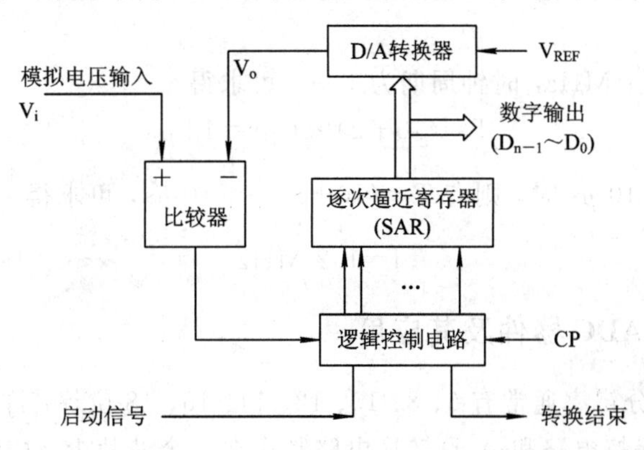

图 6-16　逐次逼近型 ADC 电路

馈电压 V_o 进行 n 次比较，使输送到 DAC 的数字量 D 逼近于输入模拟量 V_i，此时寄存器中的 n 位数字即为输入模拟电压 V_i 所对应的数字量。逐次比较的过程与天平称物体重量的过程类似。位长为 n 的寄存器，需要经过 n 次比较，即需 n 个 CP 脉冲，在第(n+1)个 CP 作用下，寄存器的状态被送至输出端，在第(n+2)个 CP 作用下，逻辑控制电路恢复到初始状态，同时将输出端状态清除掉，为下一次 A/D 转换做好准备。因此，对于位长为 n 的寄存器，完成一次 A/D 转换所需时间 T 为 (n+2)个时钟周期。

并行比较型 A/D 转换电路在进行 A/D 转换的过程中，所有比较器是同时进行比较的，仅作一次比较即实行转换，因此转换速率极高，从 CP 时钟信号的上升沿算起，电路完成一次转换所需要的时间仅包括一级触发器的翻转时间和门电路的延迟时间。目前，8 位 A/D 转换芯片的转换时间可以达到 50 ns 以下。并行比较 A/D 转换电路的缺点是电路规模很大，随着位数的增加，分压电阻、比较器、寄存器数目成几何级数增加。因此，并行比较 A/D 转换电路通常用于视频 A/D 转换等速度特别高的领域，并行比较 A/D 转换芯片都属于高速 A/D 转换芯片，价格昂贵，分辨率一般比较低。

n 位逐次逼近型 A/D 转换电路完成一次转换需要 n+2 个时钟周期，转换速度低于并行比较型，但是电路规模不大，在转换速度和电路复杂程度之间取了一个较好的折衷，因此，在高分辨率、中速以下的廉价 A/D 转换芯片中得到了广泛应用。

双积分型 A/D 转换电路的工作原理是将输入电压转换成时间(脉冲宽度)或频率(脉冲频率)，然后由定时器或计数器获得数字值。其优点是用简单电路就能获得高分辨率，工作性能稳定，抗干扰能力强。但缺点是由于转换精度依赖于积分时间，因此转换速率很低，多用在测量仪表中的 A/D 转换电路中。

Σ-Δ 调制型 A/D 转换电路的量化误差非常小，转换的精度可以做得很高，使芯片在较低的成本条件下获得很高的性能，但其转换速率较低，主要用于音频和测量领域。

【例 6.3】 对于一个 10 位逐次逼近式 A/D 转换电路，当时钟频率为 1 MHz 时，其转换时间是多少？如果要求完成一次转换的时间小于 10 μs，试问时钟频率应选多大？

解：根据逐次逼近式 A/D 转换电路的工作原理可知：位长为 n 的寄存器，需要经过 n 次比较，即需 n 个 CP 脉冲，在第(n+1)个 CP 作用下，寄存器的状态被送至输出端，在第(n+2)个 CP 作用下，逻辑控制电路恢复到初始状态，同时将输出端状态清除掉，为下一次 A/D 转换做好准备。因此，对于位长为 n 的寄存器，完成一次 A/D 转换所需时间 T 为(n+2)个时钟周期。

(1) 时钟频率为 1 MHz，时钟周期为 1 μs。可求得

$$T=(10+2)\times 1\ \mu s=12\ \mu s$$

(2) 当要求小于 10 μs 时，则有 $T=(10+2)\frac{1}{f}\leqslant 10\ \mu s$，可求得

$$f=1.2\ MHz$$

6.2.4 典型集成 ADC 器件及其应用

集成 ADC 芯片分辨率通常有 6、8、10、12、14、16、18 位等，许多型号的产品性能各异。大多数将采样-保持电路和 A/D 转换电路制作在一个芯片上。按输入模拟信号的通道来分，有单通道和多通道两种类型。表 6-3 列出了几种常用的 ADC 模块。

表 6-3　常用的 ADC 模块

型　号	电源电压	分辨率	输入电压范围	转换时间
ADC0801 系列	+5 V	8 位	0～+5 V	100 μs
ADC0808/0809	+5 V	8 位	0～+5 V	100 μs

1. ADC0808/0809 功能

ADC0808/0809 是美国国家半导体公司(NS)生产的 8 位数字输出、8 路模拟输入的逐次逼近型 A/D 转换器。ADC0808/0809 采用双列直插式 28 脚封装，与 8 位微机兼容，其三态输出可以直接驱动数据总线。0808 误差为±1/2 LSB，0809 误差为±1 LSB。

ADC0808/0809 的原理图和引脚图如图 6-17 所示。三位地址信号经锁存译码输出控

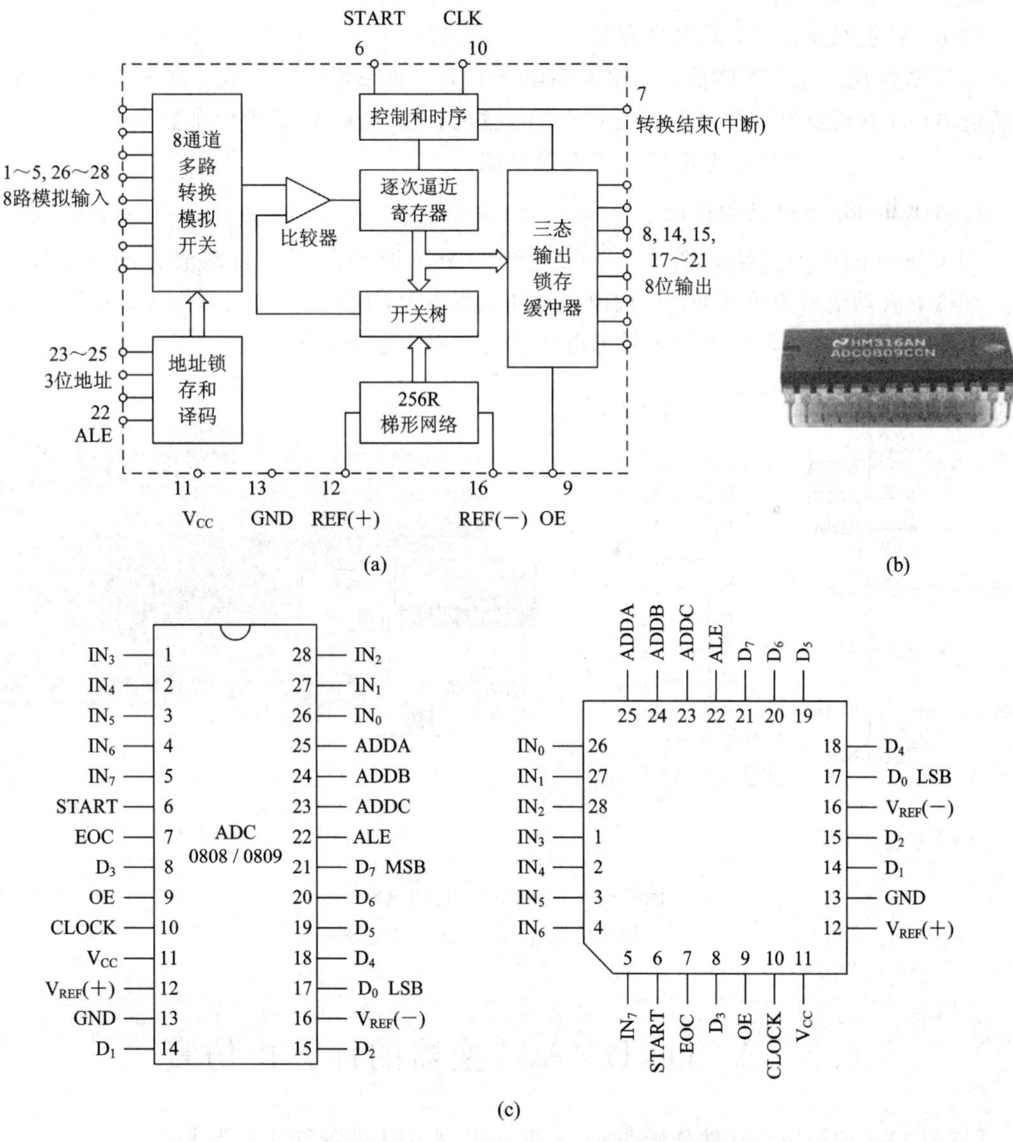

图 6-17　ADC0808/0809 原理图、引脚图

(a) 原理图；(b) 实物图；(c) 引脚排列及封装形式

制 8 个模拟输入通道。ADC 输出信号为三态输出，具有与计算机接口完全兼容的输出电平。图 6-17(c)中引脚功能介绍如下。

IN_7～IN_0：8 路模拟输入。

ADDC、ADDB、ADDA：3 位地址变量，ADDC 为高位地址。如 011 选择 IN_3 作为输入。

ALE：地址锁存允许信号，高电平有效。

START：A/D 转换的启动脉冲信号，上升沿将数据寄存器清 0，下降沿开始进行转换。

CLK：时钟输入，10～1280 kHz。

D_7～D_0：输出数据。

EOC：转换结束信号，高电平有效。

OE：数据输出允许控制信号，输入高电平有效。如采用中断方式，则 EOC=1，发出中断请求，计算机发出读数据指令使 OE=1，这时计算机从 ADC 中取走数据。

V_{REF+}、V_{REF-}：基准参考电压的正端和负端。

2. ADC0808/0809 典型接法

ADC0809 的典型接法如图 6-18(a)所示。外加时钟的频率典型值为 500 kHz，若 V_{CC}=5 V，启动信号为单脉冲，外加模拟电压为 2.5 V，则灯 L_7 亮，其余灭，八位输出数据为 10000000B。改变不同的输入模拟电压将会有对应输出数据。

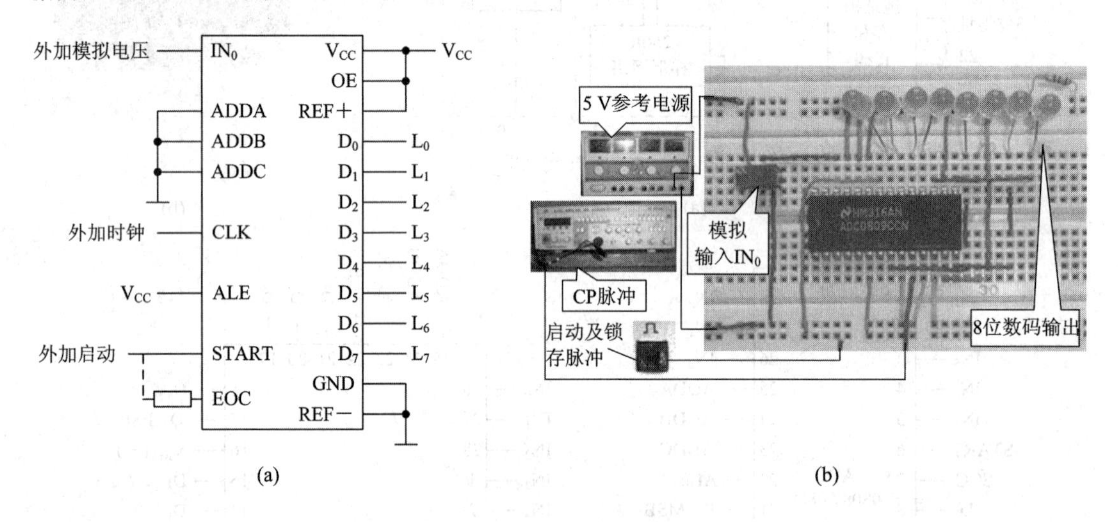

图 6-18 ADC0809 应用电路

(a) 原理电路；(b) 实物连接电路

6.3 A/ D、D/ A 转换器的计算机仿真

【练习 1】 利用仿真软件分析图 6-5 所示 T 型电阻网络 DAC，要求：

(1) 利用软件平台提供的仿真仪表分析电路。

(2) 读出当 $D_3=1$、$D_2=1$、$D_1=1$、$D_0=1$ 时的输出电压 V_o，并得出输出与输入数据的关系。

(3) 若输入数据为$(1101)_B$，$V_R=5$ V，测出输出电压，并计算转换精度。

(4) 改变 V_{REF} 的极性和大小，观察 V_{REF} 对输出的影响。

【练习 2】 利用仿真软件分析 DAC 的工作过程，DAC 的输入 D_3、D_2、D_1、D_0 由字信号发生器产生，输出端连接电压表或示波器。其中，输入二进数据为 $D_7 \sim D_0$，电压输出为 V_O，参考电压 V_{REF} 为 10 V。要求：

(1) 验证 DAC 的工作时序。

(2) 每位二进制数对应的输出电压是多大？

(3) 求出 DAC 的转换精度。

(4) 若 V_{REF} 为幅度是 5 V 的正弦信号，观察输出的变化。

【练习 3】 利用仿真软件分析 ADC 的工作过程。其中，V_{REF} 为 5 V，输入电压加在 VIN 端，输出数据端连接逻辑分析仪。要求：

(1) 用示波器观察 ADC 的工作时序。

(2) 每位数据输出的电压为多大？

(3) 求出 ADC 的转换精度。

本 章 小 结

A/D 和 D/A 转换器集成芯片又可称为 ADC、DAC，它们都是大规模集成芯片，在电子系统中被广泛应用。在电子系统不断数字化的今天，DAC 和 ADC 作为沟通模拟量和数字量的桥梁，就显得更为重要。

1. D/A 转换器

D/A 转换器可将数字量转换成模拟量，其电路形式按其解码网络结构分为权电阻网络、权电流网络、T 型电阻网络、倒 T 型网络等多种。其中倒 T 型电阻网络应用较广，由于其支路电流流向运放反向端时不存在传输时间，因而具有较高的转换速度。

其基本转换公式为

$$V_O = -\frac{V_{REF}}{2^n}\sum_{i=0}^{n-1} D_i \times 2^i$$

2. A/D 转换器

A/D 转换器可将模拟量转换成数字量，按其工作原理可分为直接型和间接型。直接型的典型电路有并行比较型和逐次比较型，特点是工作速度较快但精度不高。间接型典型电路为双积分型和电压频率转换型，特点是工作速度慢，但抗干扰性能好。

A/D 转换要经采样、保持和量化、编码来实现。采样、保持由采样、保持电路完成；量化、编码由 ADC 实现。

ADC 量化编码的基本思想是“比较”。并联比较型 ADC 是用电阻链同时获得各量化级的比较电压，并同时和 V_i 比较；逐次逼近型 ADC 是用 DAC 依次产生比较电压和 V_i 逐次比较；双积分型 ADC 则用两次积分的时间作比较，基本转换公式为

$$(D)_{10}=(V_i/\Delta)\text{四舍五入}$$

或

$$(D)_{10}=(V_i/\Delta)\text{舍去小数}$$

一般，式中的 $\Delta=V_{REF}/2^n$。

随着电子技术的不断发展，高精度、高速度的A/D和D/A转换器集成芯片层出不穷，使其在各类数字电路的设计中得到了广泛的应用。

习　题

6-1　4位权电阻DAC中，若 $V_R=10$ V，$R_f=R/2$，试求：

(1) 最大电压值。

(2) D=1011B时输出的电压值。

6-2　已知D/A转换电路，当输入数字量为1000时，输出电压为5 V，试问该电路的分辨率是多少？如果输入数字量为0101，输出电压为多少？

6-3　已知某四位D/A转换电路，当输入数字量为1111时，输出电压为5 V，当输入数字量为1010时，输出电压为多少？

6-4　DAC主要参数是什么？

6-5　ADC的主要参数是什么？

6-6　ADC转换的主要过程是哪些？

*6-7　如果要求ADC能够分辨0.0025 V的电压变化，其满刻度输出所对应的输入电压为6.9976 V，该ADC至少应有多少位字长？

第 7 章　存储器与可编程逻辑器件

本章主要介绍 RAM、ROM 和 PLD 三部分内容。重点介绍 RAM 和 ROM 存储器的结构及工作原理，LDPLD 器件的结构；简要介绍其它类型的存储器及 HDPLD 器件。

7.1　随机存储器 RAM

由触发器构成的寄存器也是一种存储器(Memory)，这种存储器能够存储几个字节的数据，器件规模小，存储容量也很小。随着数字设备中需要存储的信息容量剧增，对存储器提出了更高的要求。

存储器是一种能存储二进制信息的器件。计算机系统中的存储器可分为两类：一类是用于保存正在处理的指令和数据，CPU 可以直接对它进行访问，这类存储器通常称为主存储器(或内存)；另一类是由能记录信息的装置组成，CPU 需要使用其所存放的信息时，可将信息读入内存。这类存储器通常称为外存储器或海量(Mass storage)存储器。

微型计算机的存储器按物理介质的不同，存在多种分类，如图 7-1 所示。

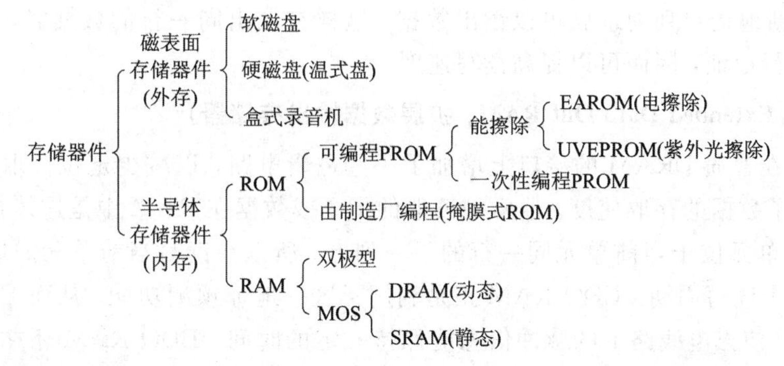

图 7-1　存储器的分类及实物图

磁表面存储器常用于组成外存储器，半导体存储器用来组成内存储器。主存储器总是由只读存储器(ROM)和随机存储器(RAM)两类器件组成。RAM 中的任何一个数据可以被随机的读取或修改，而 ROM 中的数据只能被读取。本节重点介绍半导体存储器中的随机存取存储器。

RAM 正常工作时，可以随时对任意地址的数据进行读或写操作，但断电后器件中所存储的信息也会随之消失，因此被称为易失性存储器。而通常作外存的磁表面存储器在断电后，器件中所存储的信息不会随之消失，因此被称为非易失性存储器。

根据制造工艺的不同，RAM 可分为双极(TTL)型 RAM 和单极(MOS)型 RAM，双极型 RAM 的存取速度高，可达 10 ns 甚至更高，但其功耗较大，集成度较低；MOS 型 RAM 的功耗小，集成度高。

MOS 型 RAM 又分为静态 RAM(SRAM，Static RAM)和动态 RAM(DRAM，Dynamic RAM)两类。DRAM 存储单元的结构非常简单，所以集成度远高于 SRAM，单片存储容量可达几百兆位甚至更大，但存取速度比 SRAM 慢。

存储器的存储容量和存取时间是存储系统性能的两个重要指标。存储容量指存储器所能存放的信息的多少，存储容量越大，说明存储器能够存储的信息越多。存储器以字为单位来组织信息，一个字包含若干个(一般为 8 个)基本存储单元，一个字中所含的二进制位数称为字长，每个字都有一个确定的地址与之对应。存储器的容量一般用字数 N 同字长 M 的乘积即 N×M 来表示。例如，1 K×8 表示该存储器有 1024 字，每个字存放 8 位二进制信息。存取时间一般用读/写周期来描述，读/写周期越短，存储器的工作速度就越高。

目前常用 SDRAM 存储器的存取时间通常在纳秒(ns)级，常见的有 60 ns、70 ns 和 80 ns。存取时间的数值越小，存储器的存取速度越快。各种随机存储器的特点介绍如下。

1. DRAM(Dynamic RAM，动态随机存储器)

DRAM 最初采用页面模式存储器(Page Mode RAM，PM RAM)，后来发展为快速页面模式存储器(Fast Page Mode RAM，FPM RAM)。当 CPU 访问连续地址时，在指出行地址后，它只要不断地指定列地址就可以读出数据，这样在取出同一行的数据时，用不着每一次都要再指定行地址，因而可以提高读写速度。

2. EDO RAM(Extended Data Out RAM，扩展数据输出存储器)

EDO RAM 是在普通 DRAM 的接口上增加了一些逻辑电路，以减少定位读取数据时的延时，从而提高了数据的存取速度。通常被读取的指令或数据在 RAM 中是连续存放的，即下一个要读写的单元位于当前单元同一行的下一列上。所以在读写当前单元的周期中，就可以初始化下一个读写周期。EDO RAM 正是利用了这一地址预测功能，从而缩短了读写周期。另外，为了使充电线路上的脉冲信息能保持一定的时间，EDO RAM 还在输出端增加了一组“门槛”电路，将充电线上的数据保持到 CPU 准确读完为止。

EDO 技术与以往的内存技术相比，最主要的特点是取消了数据输出与传输两个周期之间的间隔时间。同高速页面模式相比，由于增大了输出数据所占的时间比例，在大量存取操作时可极大地缩短存取时间，性能提高近 15%～30%，而制造成本与快速面页模式 RAM 相近。

3. BEDO RAM(Burst Extended Data Output RAM，突发扩充数据输出随机存储器)

突发模式技术是假定 CPU 要读的下四个数据的地址是连续的，同时启动对它们的操作，从而更大地增加 RAM 的带宽。

BEDO RAM 的工作方式是在“突发动作”中读取数据，即在提供内存地址后，CPU 假定其后的数据地址是连续的，并自动把它们预取出来。于是在每个时钟周期，BEDO RAM 可读取三个数据中的每一个数据，从而明显地提高了指令的传送速度。它的缺陷是无法与高于66 MHz的总线相匹配。

4．SDRAM(Synchronous DRAM，同步动态随机存储器)

此类RAM与系统时钟以相同的速度同步工作，这样就可以取消等待周期，减少数据存取时间。数据可在脉冲上升沿便开始传输。

由于SDRAM的速度比EDO内存提高了50%，因此它能够以高达100 MHz的速度传递数据，是标准DRAM的4倍。另外，SDRAM不仅可用作主存，在显示卡方面也有广泛应用。

5．SDRAM Ⅱ(同步动态随机存储器Ⅱ)

同步动态随机存储器Ⅱ也称DDR(Double Data Rate)，其核心以SDRAM为基础，但在速度和容量上有明显提高。与SDRAM相比，DDR运用了更先进的同步电路，使指定地址、数据的输送和输出等主要步骤既能独立执行，又保持与CPU完全同步。DDR本质上不需要提高时钟频率就能加倍提高SDRAM的速度，它允许在时钟脉冲的上升沿和下降沿读出数据，因而其速度是标准SDRAM的两倍。

6．CDRAM(Cached DRAM，高速缓存动态随机存储器)

此项技术把高速的SRAM存储单元集成至DRAM芯片中，作为DRAM内部的缓存，其两者存储单元间通过内部总线相连。

7．SLDRAM(Sync Link DRAM，同步链接动态随机存储器)

SLDRAM是一种增强和扩展的SDRAM架构，同SDRAM一样使用每个脉冲上升沿传输数据。

8．RDRAM(Rambus DRAM)

RDRAM是由Rambus公司开发的具有高系统带宽、芯片到芯片接口的新型高性能DRAM，它能在很高的频率范围内通过一个简单的总线传输数据。

这种存储器由于利用行缓冲器作为高速暂存，故能够以高速方式工作。普通的DRAM行缓冲器的信息在写回存储器后便不再保留，而RDRAM则具有继续保持这一信息的特性，于是在进行存储器访问时，如行缓冲器中已经有目标数据，则可利用，因而实现了高速访问。

9．Concurrent RDRAM(并行型RDRAM)

并行型RDRAM属第三代RDRAM，其在处理图形和多媒体程序时可以达到非常高的带宽，即使在寻找小的、随机的数据块时也能保持相同的带宽。作为RDRAM的增强产品，它在600 MHz的频率下可以达到每个通道600 MB/s的数据传输率。另外，Concurrent RDRAM可同其前一代产品兼容，预计其工作频率最高可达到800 MHz。

10．Direct RDRAM

Direct RDRAM是RDRAM的扩展，它使用了同样的RSL(Rambus Signaling Logic，Rambus信号逻辑)技术，其工作频率达到了800 MHz，效率较之RDRAM更高。单个Direct RDRAM传输率可达1.6 GB/s。

11．PC100 SDRAM

PC100 SDRAM又称SPD(Serial Presence Detect)内存，这是专为支持100 MHz主板

外频的芯片组相匹配的带有SPD的新一代内存条。SPD为内存的一种新规范，SPD是在SDRAM内存上加入一颗很小的EEPROM，可以预先将内存条的各种信息(如内存块种类、存取时间、容量、速度、工作电压等)写入其中。电脑启动过程中，系统的BIOS通过系统管理总线把SPD的内容读入，并自动调整各项设定，以达到最稳定和最优化的效果。

7.1.1 RAM的存储单元

RAM的核心部件是存储矩阵中的存储单元。按工作原理分，RAM的存储单元分为静态和动态两种；按存储单元所用器件分，可分为双极型(TTL)和单极型(MOS)型两种。

1. 静态存储单元

图7-2所示是六管MOS静态基本存储单元电路，图中V_1～V_4是由两个交叉耦合连接的反相器组成的基本RS触发器，用以存储一位二进制信息。V_5、V_6管是由数据选择端X_i控制的门控管，用于控制触发器与数据线的接通与断开。上述六只MOS管构成了一个静态基本存储单元电路。

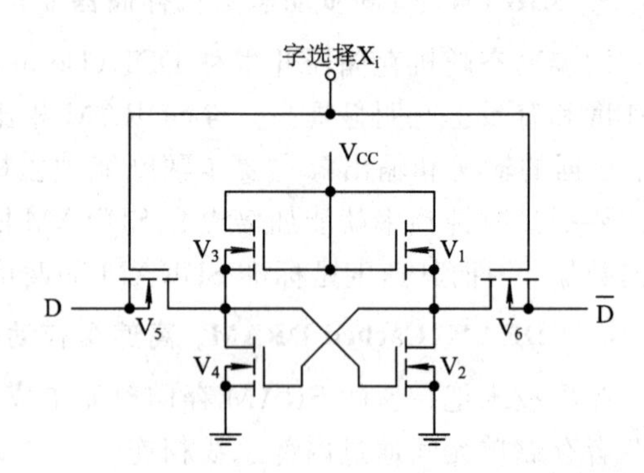

图7-2 六管MOS静态基本存储单元

2. 动态存储单元

动态基本存储单元电路是利用MOS管栅—源间电容对电荷的暂存效应来实现信息存储的。为避免所存信息的丢失，必须定时给电容补充漏掉的电荷，这一操作称为刷新。

常见的MOS动态基本存储电路有单管电路、三管电路和四管电路等。为提高存储器的集成度，目前大容量的动态RAM大多采用单管MOS动态基本存储电路。单管MOS动态存储电路结构如图7-3所示，图中的电容C用于存储信息，V为门控管。

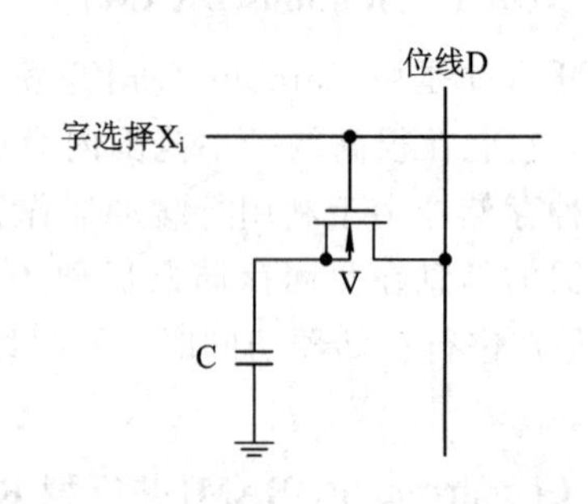

图7-3 单管MOS动态基本存储单元

由于门控管和电容C的漏电，C上的电荷会随时间的推移逐渐减少，因此，当不对该单元进行操作时，为了能长时间保存数据，必须定时进行刷新操作，刷新的过程是先将该数据读出来，然后立即回写回去。

动态RAM的优点是单元电路结构简单，单片集成度高，功耗比静态RAM低，价格更便宜。其缺点是需要进行刷新和再生操作。另外，由于电容中信号较弱，读出时需要进行放大。

7.1.2 RAM的结构

RAM由存储矩阵、地址译码器和读/写控制器三部分组成。图7-4所示为RAM的结构框图。

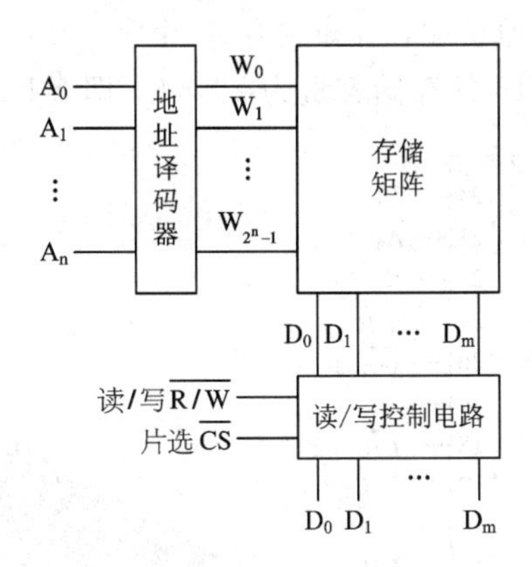

图 7-4　RAM 的结构框图

1. 存储矩阵

存储矩阵由若干存储单元组成，一个存储单元称为存储器的一个字，每个存储单元由若干个可以存放一位二进制信息的基本存储单元组成，一个存储单元所含有的基本存储单元的个数，也即能存放的二进制位数称为存储器的“字长”。存储器中的每个字都赋予一个唯一的编号，这个编号称为“地址”。地址以二进制表示，经地址译码器译出后对存储单元中的基本存储单元进行选通，地址译码器输出线称为“字线”。每个单元中的基本存储单元通过各自的连线与读/写控制器相连，这样的连线称为存储器的“位线”。字线是某个存储单元专用的，而位线中的某一位是所有存储单元中相同数位的基本存储单元所公用的。对于有 n 位地址和 m 位字长的存储器来说，它共有 $2^n \times m$ 个基本存储单元，即存储容量为 $2^n \times m$。

2. 地址译码

在图 7-4 中，输入的 n 位地址（$A_0 \sim A_{n-1}$）经译码器译出后，2^n 条字线（$W_0 \sim W_{2^n-1}$）中的一条有效。这条有效的字线在存储矩阵的 2^n 个存储单元中选中其中之一。在读/写控制信号的作用下，被选中单元的 m 个基本存储电路通过 m 根位线与读/写控制器连通，从而可以通过 m 位数据输入/输出线读出存储单元的内容或者向存储单元写入新内容。这样就实现了对指定地址的存储单元的读/写操作。

3. 读/写与片选控制

数字系统中的 RAM 一般由多片组成，而系统每次读/写时，只对其中的一片（或几片）进行读/写（或称访问），为此在每片 RAM 上均加有片选端$\overline{CS}$，只有$\overline{CS}=0$ 的 RAM 芯片才被选中，可以进行读/写操作。$\overline{CS}=1$ 的 RAM 芯片均为高阻状态，不进行任何操作。

【例 7.1】 已知 Intel2164A 是一种采用单管动态存储单元的典型的动态 RAM，存储容量为 64 K×1 位。试判断 Intel2164A 有多少根地址线，多少根数据线。

解： 由于 $64\ K=2^{16}$，可得 Intel2164A 的容量为 $2^{16}\times1$，因此 Intel2164A 具有 16 根地址线，1 根数据线。

【例 7.2】 已知芯片 HM6116 是一种典型的 CMOS 静态 RAM，其引脚排列如图 7-5 所示。HM6116 有 11 个地址输入端 $A_{10} \sim A_0$、8 个数据输入/输出端 $I/O_8 \sim I/O_1$，试确定 HM6116 的存储容量。

解：由 HM6116 有 11 个地址端，可知它有 2^{11} 个字，又由数据输入/输出线为 8 根，可知它的字长为 8，所以 HM6116 的存储容量为 $2^{11}\times8$，即 2 K×8。

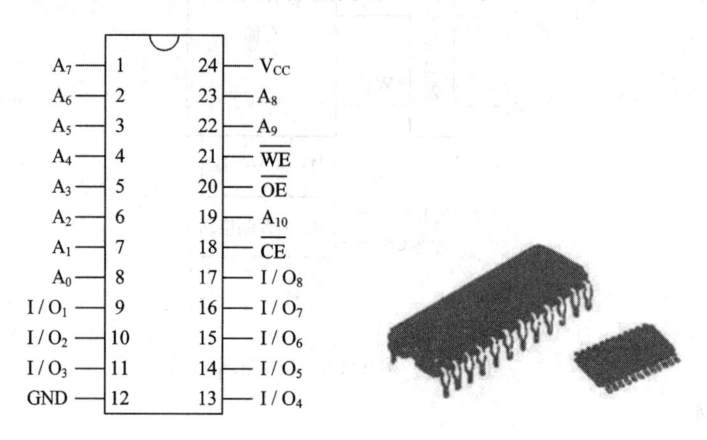

图 7-5　HM6116 引脚排列及封装形式

7.1.3　RAM 的扩展

一片 RAM 的存储容量是一定的，当一片 RAM 不能满足存储容量需要时，就得将若干片 RAM 组合起来，扩展成满足存储容量要求的存储器。RAM 的扩展分为位扩展和字扩展两种。

1. 位扩展

在存储器芯片的字长不能满足实际的存储系统的字长要求时，需要进行位扩展。位扩展可以采用并联方式实现。图 7-6 所示为用 4 片 32×1 位的 RAM 扩展为 32×4 位的 RAM 的存储系统框图。图中 4 片 RAM 的所有地址线、$R/\overline{W}$ 和 $\overline{CS}$ 分别对应并接在一起，而每一片的 I/O 端作为整个 RAM 的 I/O 端的一位。

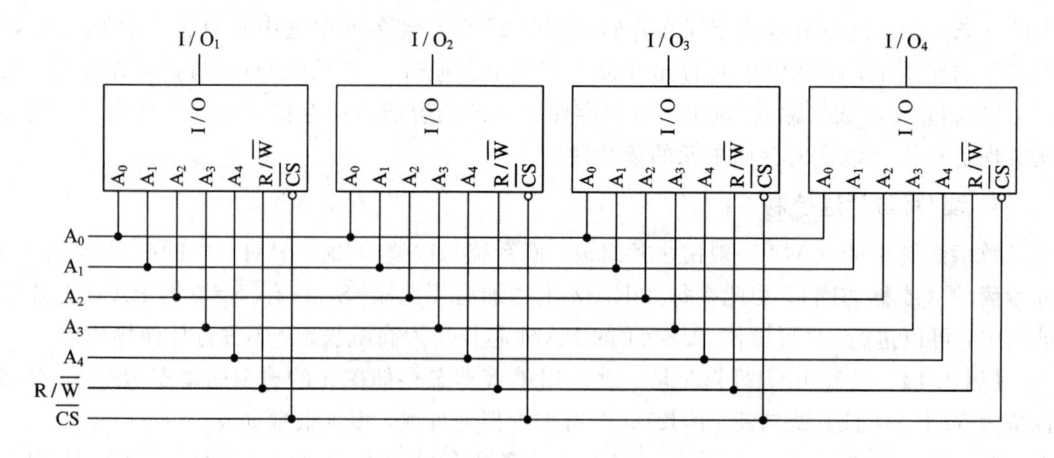

图 7-6　RAM 的位扩展连接

2. 字扩展

在 RAM 的数据位数(字长)满足系统要求而字数达不到要求时，需要进行字扩展。字数若增加，地址线也要做相应增加。每增加一位地址，系统中存储单元数(字数)就增加一倍。可采用多个芯片地址串联的方式进行扩展，即用高位地址译码输出控制每个芯片的片选端来指定工作的芯片，实现芯片间地址串行连接，从而达到扩展字数的目的。

图 7-7 是用四片 32×1 的 RAM 扩展为 128×1 的 RAM 的系统框图。图中，译码器的输入是系统的高位地址 A_5 和 A_6，译码输出分别连到四片 RAM 的片选端 $\overline{CS}$，使各 RAM 分地址段轮流工作，整个系统字数扩大了 4 倍，而字长不变。

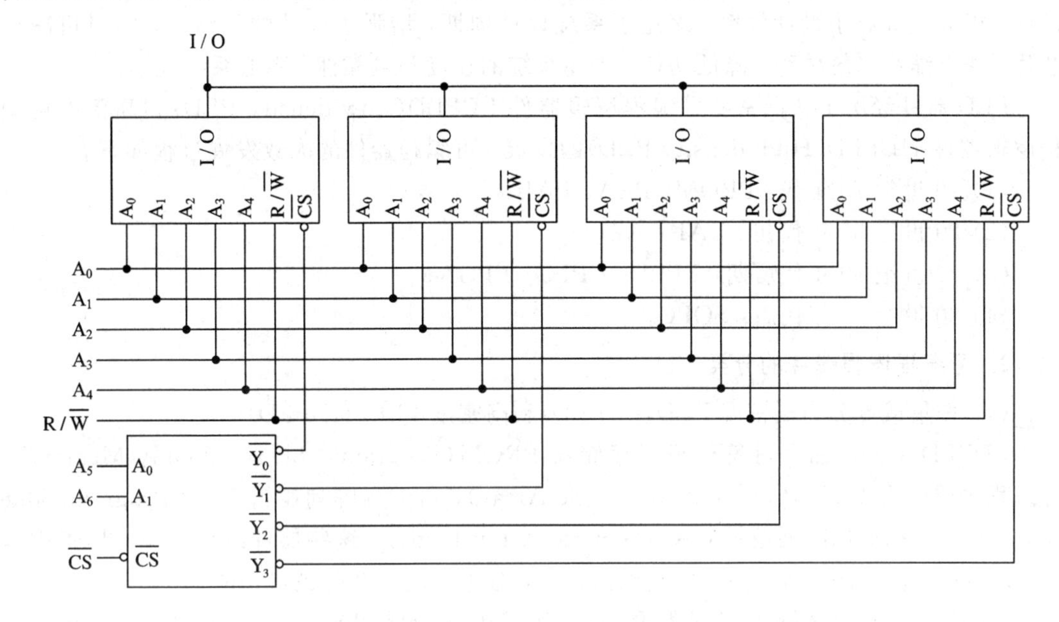

图 7-7　RAM 的字扩展连接

7.2　可编程逻辑器件 PLD

7.2.1　可编程逻辑器件 PLD 的分类

1. 可编程器件的发展历程

20 世纪 70 年代中期诞生了专用集成电路 ASIC(Application Specific Integrated Circuit)。ASIC 可分为全定制和半定制两种类型。全定制 ASIC 的各层掩膜都是按照特定电路的功能而专门制造的。半定制 ASIC 是按一定规格预先加工好的半成品芯片，然后再按具体要求进行加工和制造。

半定制 ASIC 有门阵列(Gate Array)、标准单元(Standard Cell)和可编程逻辑器件 PLD(Programmable Logic Device)三种类型。门阵列是一种预先制造好的硅阵列，内部包括基本逻辑门和触发器等，芯片中留有一定的连线区，用户根据需要的功能设计电路确定连线方式，然后交厂家进行最后的布线。标准单元是厂家将预先配置好、经过测试、具有一定功能的逻辑块作为标准单元存放在数据库中，设计者根据需要在库中选择单元构成电路，并完成电路到版图的最终设计。这两种半定制 ASIC 都要由用户向生产厂家定做，设计和制造周期较长，开发费用也较高，适用于大批量产品的生产。

PLD 器件是 ASIC 的重要分支，它是厂家作为通用器件生产的半定制电路，由用户利用软、硬件工具对器件进行设计和编程，使之实现所需要的逻辑功能。PLD的出现为数字系统设计带来了崭新的变化，传统的系统设计方法采用SSI、MSI标准通用器件对电路板进行设计，由于器件种类多、数量多、连线复杂，因而系统板往往体积大、功耗大、可靠性差。采用PLD进行系统设计时，可将原来的板级设计改为芯片级设计，而且所有的设计都可以利用电子设计自动化EDA(Electronic Design Automation)工具来完成，从而简化系统设计，极大地提高了设计效率，缩短了系统设计周期，增强了设计的灵活性，同时可减少芯片数量、缩小系统体积、降低功耗、提高系统的速度和可靠性、降低系统成本。

PLD器件经历了从低密度可编程逻辑器件LDPLD(Low-density PLD)到高密度可编程逻辑器件HDPLD(High-density PLD)的发展。可编程器件的大致发展过程如下。

(1) 20世纪70年代：PROM、PLA、PAL；

(2) 20世纪80年代初：GAL；

(3) 20世纪80年代后期：EPLD、CPLD、FPGA；

(4) 20世纪90年代后：SOPC。

2. 可编程逻辑器件的分类

(1) 按集成度分为低密度PLD(LDPLD)和高密度PLD(HDPLD)。

LDPLD主要产品有可编程只读存储器PROM(Programmable Read-Only Memory)、可编程逻辑阵列PLA(Programmable Logic Array)、可编程阵列逻辑PAL(Programmable Array Logic)和通用阵列逻辑GAL(Generic Array Logic)。这些器件结构简单，具有成本低、速度高、设计简便等优点，但其规模较小，难以实现复杂的逻辑功能。

HDPLD包括可擦除可编程逻辑器件EPLD(Erasable Programmable Logic Device)、复杂可编程逻辑器件CPLD(Complex Programmable Logic Device)和现场可编程门阵列FPGA(Field Programmable Gate Array)三种类型。EPLD和CPLD是在PAL、GAL的基础上发展起来的，其基本结构由与或阵列组成，因此通常称为阵列型PLD，而FPGA具有门阵列的结构形式，通常称为单元型PLD。

(2) 按结构特征可分为乘积项结构器件和查找表结构器件两大类。

乘积项结构器件的基本结构为"与或阵列"，大部分简单PLD和CPLD属于此类器件。

查找表结构器件由简单的查找表组成可编程门，再构成阵列形式。FPGA属于此类器件。

(3) 按编程工艺可分为如下四类。

一次性编程型的熔丝(Fuse)或反熔丝(Antifuse)结构，如PROM和个别FPGA(如Actel公司的FPGA)。

紫外光擦除电可编程的UVCMOS结构，如EPROM。

电擦除电可编程的E^2CMOS结构或Flash结构，如CPLD等。

SRAM结构，如大部分的FPGA器件。

目前应用比较广泛的可编程逻辑器件有两种，一种是基于E^2CMOS(或Flash)结构的PLD，另一种是基于SRAM的PLD。

E^2CMOS结构的PLD可以编程100次以上，其优点是断电后信息不会丢失。这类器件又分为在编程器上编程的PLD和在系统编程(ISP，In System Programmable)的PLD。ISP器件不需要编程器，可以先装配在印制板上，通过电缆进行编程，调试和维修十分方便。

7.2.2 PLD器件的简化表示方法

逻辑电路通常用逻辑图来表示，而传统的表示方法对于大规模集成电路而言，一方面不易读和画，另一方面描述困难，设计方及使用方都不易接受。因此，厂家和用户都广泛接受一种与传统方法不同的简化表示法。

PLD的输入缓冲器和输出缓冲器都采用了互补输出结构，其表示法如图7-8所示。

PLD与门表示法如图7-9所示，图中与门的输入线通常画成行(横)线，与门的所有输入变量都称为输入项，并画成与行线垂直的列线以表示与门的输入。列线与行线的相交处若有“・”，表示有一个耦合元件固定连接，“×”表示编程连接。交叉处若无标记则表示不连接(被擦除)。与门的输出称为乘积项P，图中与门的输出P=ABD。或门使用类似的方法表示，如图7-10所示。

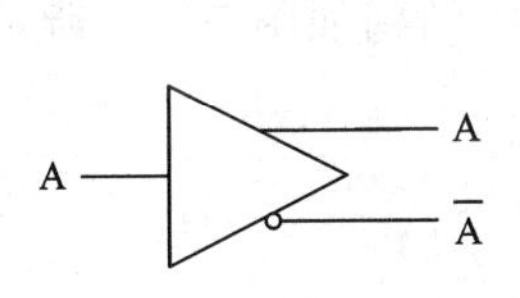

图7-8 PLD缓冲器表示法

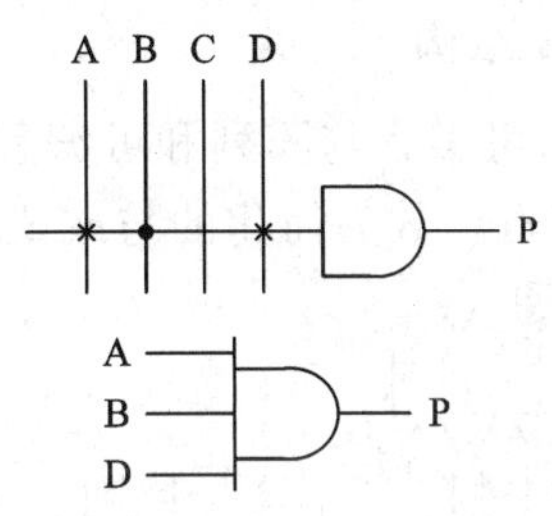

图7-9 PLD与门表示法

图7-11所示为PLD与门的简略表示法。图中与门P_1的全部输入项接通，因此$P_1=\overline{A}\cdot A\cdot\overline{B}\cdot B=0$，这种状态称为与门的缺省(Default)状态。为简便起见，对于这种全部输入项都接通的缺省状态，可以用带有“×”的与门符号表示，如图7-11中的P_2所示。P_3中任何输入项都不接通，即所有输入都悬空，因此$P_3=1$，也称为“悬浮1”状态。

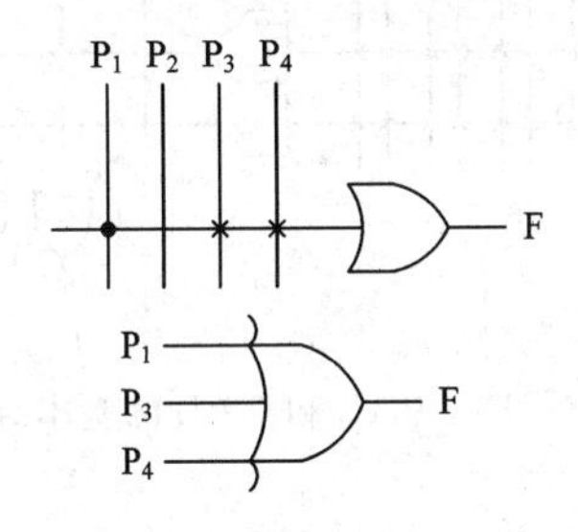

图7-10 PLD或门表示法

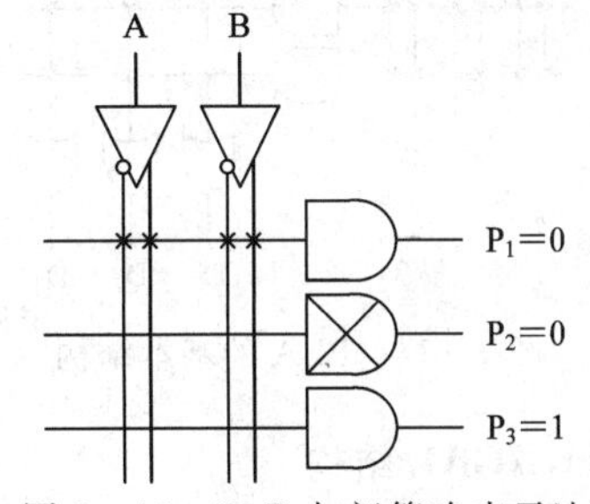

图7-11 PLD与门简略表示法

7.2.3 PLD器件的基本结构

1. ROM结构

ROM是最早出现的PLD器件。ROM具有典型的PLD结构——与逻辑阵列和或逻辑阵列，从而可以方便地实现任何组合逻辑函数。大规模的ROM也常作为存储器使用。

ROM包含一个不可编程的与阵列和一个可编程的或阵列，如图7-12所示。图中清楚地表明了不可编程的与阵列和可编程的或阵列。为了简便起见，也可以简化为图7-13所示的表示方法。

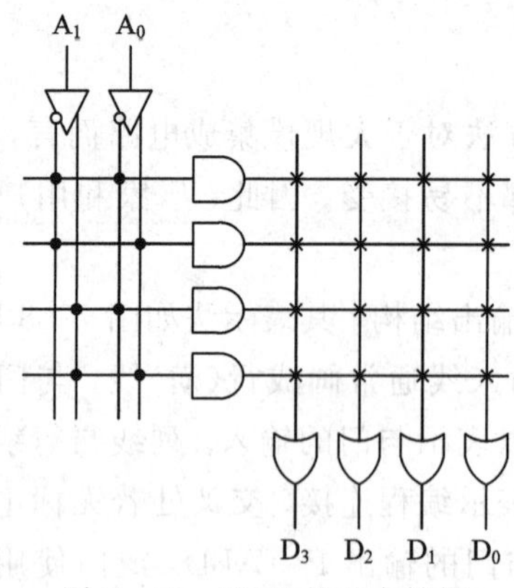

图 7-12 ROM 的基本结构

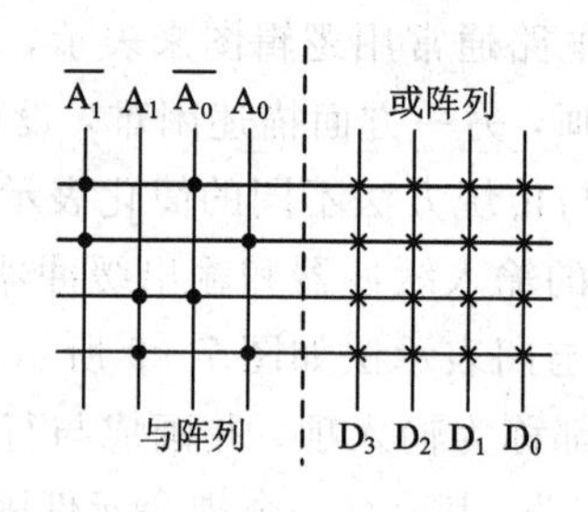

图 7-13 ROM 结构简化表示

2. PLA 结构

PLA 由可编程与阵列和可编程或阵列构成，它的基本结构如图 7-14 所示。PLA 输出端产生的逻辑函数为简化的与或式。

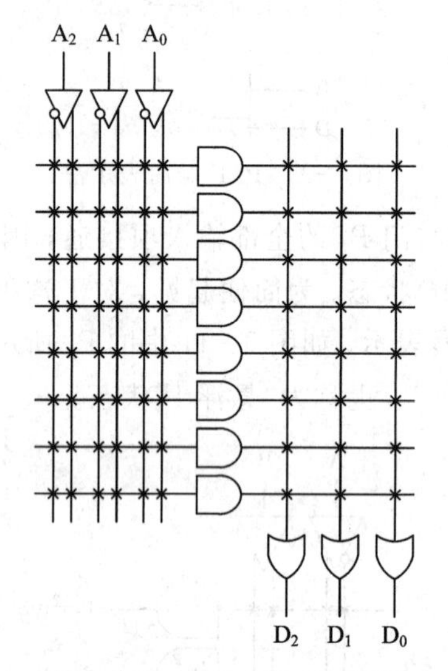

图 7-14 PLA 的基本结构

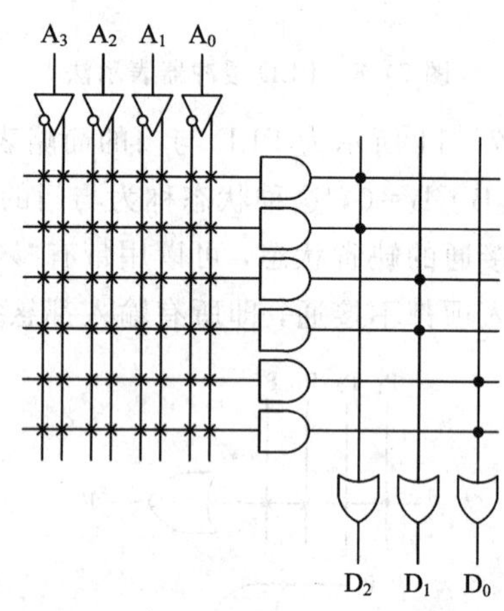

图 7-15 PAL 和 GAL 的基本结构

3. PAL/GAL 结构

PAL 是由可编程与阵列和固定的或阵列构成的，它的输出乘积项的个数是固定的。输出为若干个乘积项之和。输出方式灵活多样，应用广泛。其结构如图 7-15 所示。

GAL 是 1986 年问世的新型器件，其基本结构与 PAL 一样，由一个可编程与阵列和一个固定或阵列组成。GAL 与 PAL 的区别在于输出结构不同，GAL 器件的每一个输出端都配置了一个可组态的输出逻辑宏单元 OLMC，为设计者提供了极大的方便。

4. PLD 器件的基本结构

PLD 器件的基本结构框图如图 7-16 所示，电路的主体是由门构成的“与阵列”和“或阵列”，可以用来实现组合逻辑函数。输入电路由缓冲器组成，可以使输入信号具有足够的驱动能力，并产生互补输入信号。

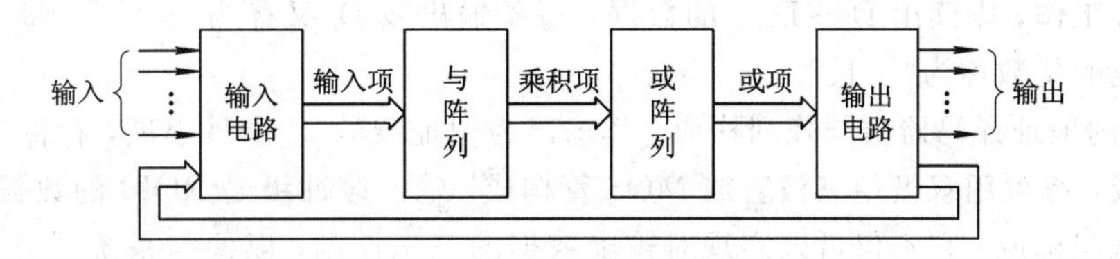

图 7－16　PLD 器件基本结构框图

输出电路可以提供不同的输出结构，如直接输出（组合输出）或通过寄存器输出（时序输出）。此外，输出端口都有三态门（TS），可以通过三态门控制数据直接输出或反馈到输入端。通常 PLD 电路中只有部分电路可以编程或组态，表 7－1 列出了 4 种 PLD 电路的结构特点。

表 7－1　四种 PLD 器件的特点

类型	阵列		输出方式
	与	或	
PROM	固定	可编程	TS、OC
PLA	可编程	可编程	TS、OC、H、L
PAL	可编程	固定	TS、I/O、寄存器
GAL	可编程	固定	用户可组态

7.3　只读存储器 ROM 和可编程逻辑阵列 PLA

7.3.1　ROM 的基本原理

ROM 在正常工作时只能读取信息，而不能写入信息。ROM 中的信息是在制造时或用专门的写入设备写入的，并可以长期保存，断电后信息也不会丢失，因此是非易失性存储器。ROM 又分为掩膜 ROM、可编程 ROM（PROM，Programmable ROM）和可擦除可编程 ROM（EPROM，Erasable Programmable ROM）等几种不同的类型。

ROM 的一般结构如图 7－17 所示。它主要由地址译码器、存储矩阵及输出缓冲器组成。存储矩阵是存放信息的主体，它由许多存储单元排列组成。每一个基本存储单元存放一位二进制代码（0 或 1），若干个基本存储单元组成一个字。地址译码器有 n 条地址输入线 $A_0 \sim A_{n-1}$，2^n 条译码输出线 $W_0 \sim W_{2^n-1}$，每一条译码输出线 W_i 称为“字线”，与存储矩阵中的一个“字”相对应。当给定一组输入地址时，译码器只有一条输出字线 W_i 被选中，即 $W_i=1$，该字线可以在存储矩阵中找到一个相应的字，并将字中的 m 位信息 $D_0 \sim D_{m-1}$ 送至输出缓冲器。此时，若三态控制

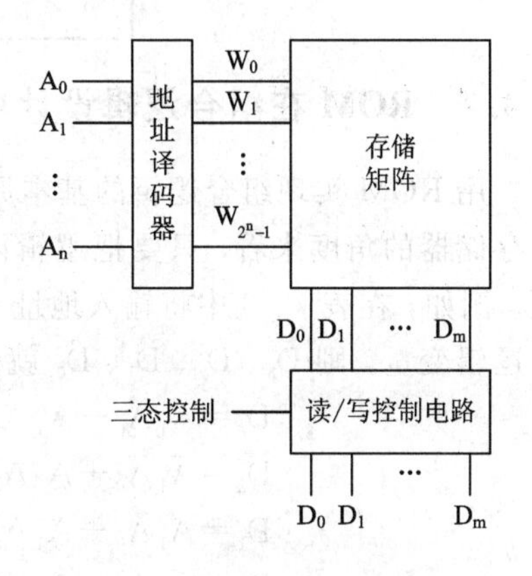

图 7－17　ROM 结构图

端使缓冲极工作，则读出 $D_0 \sim D_{m-1}$ 的数据。每条输出线 D_i 又称为“位线”，每个字中包含二进制数码的位数称为“字长”。

ROM 的地址译码器由与阵列构成，其输出为地址线的 2^n 个最小项，存储单元可以用二极管构成，也可用双极型三极管或 MOS 管构成。输出缓冲级是 ROM 的数据读出电路，通常用三态门构成，它不仅可以实现对输出数据的三态控制，以便与系统总线连接，还可提高存储器的负载能力。

图 7-18 所示为一个 4×4ROM 未编程时的阵列图。图 7-19 是该 ROM 经编程后的阵列图。读出数据时，首先输入地址码，在数据输出端 $D_3 \sim D_0$ 则可以获得该地址对应字中所存储的数据。例如，当 $A_1A_0=00$ 时，第一个字被选中读出，对应字中的数据 $D_3D_2D_1D_0=1100$。当 A_1A_0 为 01、10、11 时，依次读出的数据是 1001、1010、1101。该 ROM 存储的数据如表 7-2 所示。

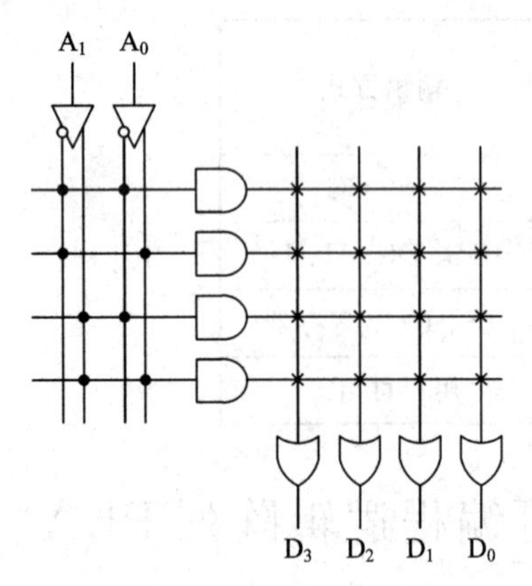

图 7-18 ROM 阵列图

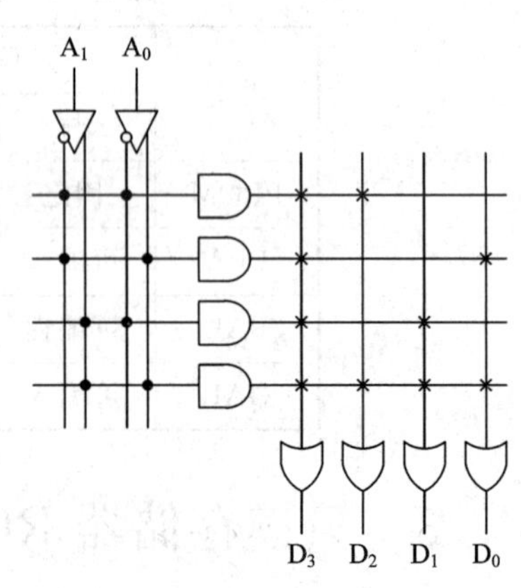

图 7-19 编程后的 ROM 阵列图

表 7-2 图 7-14 ROM 的数据表

A_1	A_0	D_3	D_2	D_1	D_0
0	0	1	1	0	0
0	1	1	0	0	1
1	0	1	0	1	0
1	1	1	1	1	1

7.3.2 ROM 在组合逻辑设计中的应用

用 ROM 实现组合逻辑的基本原理可从“存储器”和“与或逻辑网络”两个角度来理解。从存储器的角度来看，只要把逻辑函数的真值表事先存入 ROM，便可用 ROM 实现该函数。例如，在表 7-3 中将输入地址 A_1A_0 视为输入变量，而将 D_3、D_2、D_1、D_0 视为一组输出逻辑变量，则 D_3、D_2、D_1、D_0 就是 A_1、A_0 的一组逻辑函数，即

$$D_3=\overline{A}_1\overline{A}_0+\overline{A}_1A_0+A_1\overline{A}_0+A_1A_0=m_0+m_1+m_2+m_3$$

$$D_2=\overline{A}_1\overline{A}_0+A_1A_0=m_0+m_3$$

$$D_1=A_1\overline{A}_0+A_1A_0=m_2+m_3$$

$$D_0=\overline{A}_1A_0+A_1A_0=m_1+m_3$$

可见，用 ROM 实现组合逻辑函数时，具体的做法就是将逻辑函数的输入变量作为

ROM 的地址输入，将每组输出对应的函数值作为数据写入相应的存储单元中，这样按地址读出的数据便是相应的函数值。

从与或逻辑网络的角度看，ROM 中的地址译码器形成了输入变量的所有最小项，即实现了逻辑变量的“与”计算。ROM 中的存储矩阵实现了最小项的“或”运算，即形成了各个逻辑函数，如上式所示。

由上可知，在用 ROM 实现逻辑函数时，需列出它的真值表或最小项表达式，然后画出 ROM 的符号矩阵图。工厂根据用户提供的符号矩阵图，便可生产出所需的 ROM。利用 ROM 不仅可实现逻辑函数(特别是多输出函数)，而且可以用做序列信号发生器和字符发生器，以及存放数学函数表(如快速乘法表、指数表、对数表及三角函数表等)。下面举例说明这些应用。

用 ROM 实现逻辑函数一般按以下步骤进行：

(1) 根据逻辑函数的输入、输出变量数，确定 ROM 容量，选择合适的 ROM。

(2) 写出逻辑函数的最小项表达式，画出 ROM 阵列图。

(3) 根据阵列图对 ROM 进行编程。

【例 7.3】 分析图 7-20 所示电路，指出该电路的功能。

C_{i+1} 和 F_i 的表达式分别为：

$$C_{i+1} = m_3 + m_5 + m_6 + m_7 = \sum m(3, 5, 6, 7)$$

$$F_i = m_1 + m_2 + m_4 + m_7 = \sum m(1, 2, 4, 7)$$

所以，C_{i+1} 和 F_i 的真值表如表 7-3 所示，容易看出该电路的功能为一位全加器。

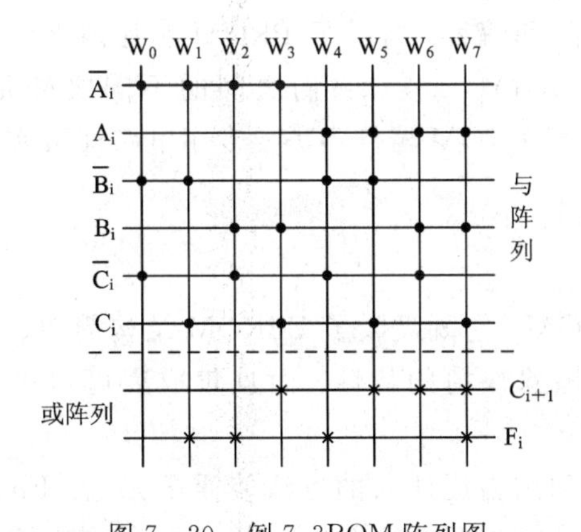

图 7-20　例 7.3ROM 阵列图

表 7-3　例 7.3 函数真值表

A_i	B_i	C_i	C_{i+1}	F_i
0	0	0	0	0
0	0	1	0	1
0	1	0	0	1
0	1	1	1	0
1	0	0	0	1
1	0	1	1	0
1	1	0	1	0
1	1	1	1	1

7.3.3　ROM 的编程及分类

ROM 的编程是指将信息存入 ROM 的过程。根据编程和擦除的方法不同，ROM 可分为掩膜 ROM、可编程 ROM(PROM)和可擦除的可编程 ROM(EPROM)三种类型。

1. 掩膜 ROM

掩膜 ROM 中存放的信息是由生产厂家采用掩膜工艺专门为用户制作的，这种 ROM 出厂时其内部存储的信息就已经“固化”在里边了，所以也称固定 ROM。它在使用时只能读出，而不能写入，因此通常只用来存放固定数据、固定程序和函数表等。这种方法适合产品的大批生产。

2. 可编程 ROM(PROM)

PROM在出厂时，存储的内容为全0(或全1)，用户可根据需要，将某些单元改写为1(或0)。这种ROM采用熔丝(反熔丝)或PN结击穿的方法编程，由于熔丝烧断或PN结击穿后不能再恢复，因此PROM只能改写一次。对PROM的编程是在编程器上通过计算机来进行的。这种方法适合定型产品的小批量生产。

3. 可擦除的可编程 ROM(EPROM)

EPROM可实现多次编程，早期的EPROM芯片大多采用UVCMOS工艺生产，它的写入方法与PROM相同，擦除采用紫外线灯照射芯片的透明窗口的方法，大约10～30分钟即可将芯片中的编程信息擦除，以便重新写入。重新写入信息后需要将擦除窗口用非透明材料封住，以防紫外线照射，丢失编程信息。由于它具有擦除功能，因此适合于产品开发。

4. 电可擦除的 EPROM(E^2PROM)

采用UVCOMS工艺的EPROM器件，写入和擦除都需要特定工具编程器和紫外线灯，使用很不方便。而E^2PROM是利用电脉冲对芯片进行写入、擦除的芯片。在E^2PROM的储存单元中采用了浮栅隧道氧化层MOS管(Flotox)，它有控制极G_C和浮置栅G_F两个栅极。Flotox管的特点是浮置栅和漏极之间有一个氧化层极薄的隧道区。由于其隧道效应，Flotox管的信息可以利用一定宽度电脉冲擦除和编程。有的E^2PROM芯片内部含有编程电压发生器，单字节或整片写入就像存入RAM一样。它们之间的不同之处是，E^2PROM掉电后存入信息不会丢失。这种类型的E^2PROM器件不需要专用电路即可实现编程。

5. 快闪存储器(Flash Memory)

快闪存储器是新一代电信号擦除的可编程ROM。它既吸收了EPROM结构简单、编程可靠的优点，又保留了E^2PROM用隧道效应擦除快捷的特性，而且集成度可以做得很高。

快闪存储器的写入方法和EPROM相同，即利用雪崩注入的方法使浮栅充电。Flash的擦除方法是利用隧道效应进行的，类似于E^2PROM的写0操作，但Flash只能一次擦除一个扇区(一个扇区包含连续的若干个存储单元)或整个芯片的所有数据，这是不同于E^2PROM的一个特点。

7.3.4 可编程逻辑阵列 PLA

1. PLA 的基本结构

PLA的基本结构如图7-21所示，它由与阵列和或阵列两部分构成，且都可以编程。图7-22是时序型PLA的基本结构，它包含三个组成部分：与阵列、或阵列和触发器网络。

由于与阵列可以编程，因此，当用 PLA 实现组合逻辑设计时，为更加有效地利用资源，可先把组合逻辑化为最简与或表达式，式中每一个乘积项用与阵列中的一个门来实现。利用时序 PLA 设计时序电路，与前面介绍的经典方法类似，不同之处仅仅是由与、或阵列代替门电路而已。

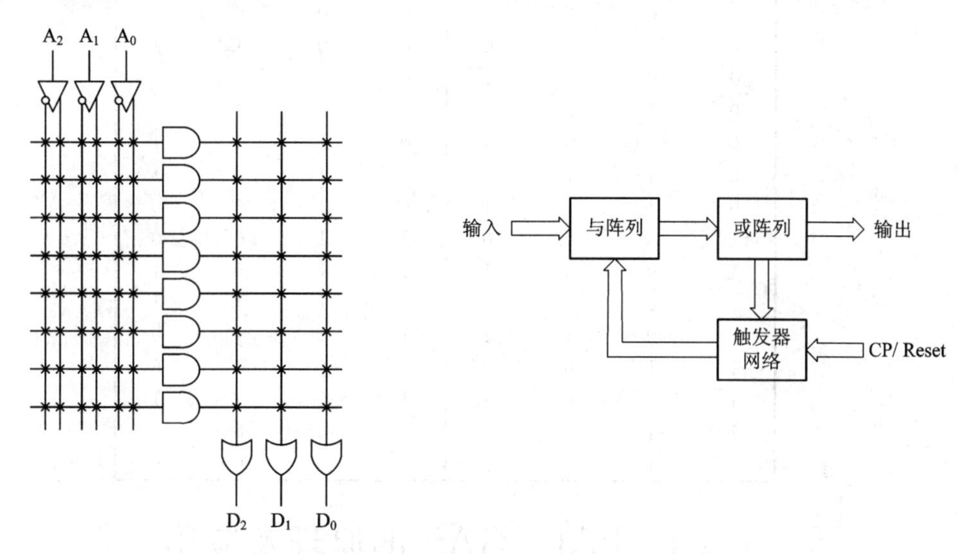

图 7－21　PLA 的基本结构　　图 7－22　时序型 PLA 的基本结构

2. PLA 的应用

【例 7.4】 已知某 PLA 的编程阵列图如图 7－23 所示，试写出 G_3、G_2、G_1、G_0 的逻辑表达式。

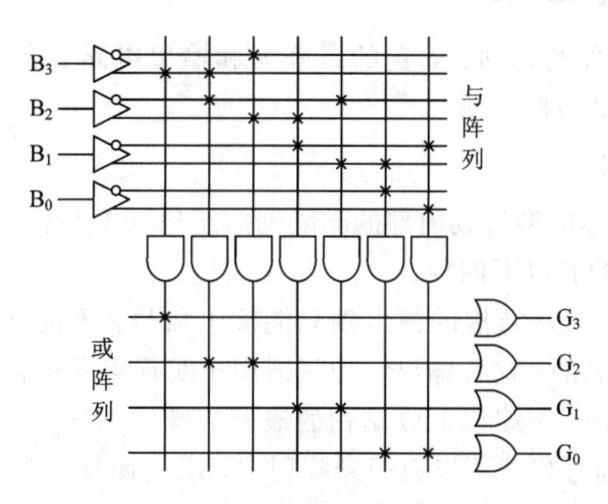

图 7－23　例 7.4PLA 编程阵列图

由图 7－23 可知 PLA 的输出逻辑函数 G_3、G_2、G_1、G_0 分别为：

$$G_3 = B_3$$

$$G_2 = B_3\overline{B}_2 + \overline{B}_3 B_2$$

$$G_1 = B_2\overline{B}_1 + \overline{B}_2 B_1$$

$$G_0 = B_1\overline{B}_0 + \overline{B}_1 B_0$$

列出函数真值表，如表 7－4 所示，所以该电路实现的是四位二进制码到格雷码的转换。

表 7－4 四位二进制码转换为格雷码的真值表

二进制数				格雷码			
B_3	B_2	B_1	B_0	G_3	G_2	G_1	G_0
0	0	0	0	0	0	0	0
0	0	0	1	0	0	0	1
0	0	1	0	0	0	1	1
0	0	1	1	0	0	1	0
0	1	0	0	0	1	1	0
0	1	0	1	0	1	1	1
0	1	1	0	0	1	0	1
0	1	1	1	0	1	0	0
1	0	0	0	1	1	0	0
1	0	0	1	1	1	0	1
1	0	1	0	1	1	1	1
1	0	1	1	1	1	1	0
1	1	0	0	1	0	1	0
1	1	0	1	1	0	1	1
1	1	1	0	1	0	0	1
1	1	1	1	1	0	0	0

*7.4 PAL、GAL 的原理及应用

PAL 是在 ROM 和 PLA 的基础上发展起来的一种现场可编程器件，采用阵列逻辑技术，比 ROM 逻辑阵列更加灵活。PAL 与 GAL 的结构相似，本节首先介绍 PAL 的原理及应用，对 GAL 则主要介绍其与 PAL 的差别。

7.4.1 可编程阵列逻辑 PAL

PAL 器件由可编程的与阵列、固定的或阵列和输出电路三部分组成。PAL 的输出电路比较灵活，有多种输出结构。

1. PAL 的输出结构

PAL 有许多型号，不同型号其内部的与阵列的结构基本是相同的，但其输出结构和反馈方式却不相同，常见的有以下四种：

(1) 专用输出结构。这种结构的输出端只能输出信号，不能兼做输入。它是由基本门阵列的输出加反相器构成的。这种输出结构只适用于实现组合逻辑函数。

(2) 可编程 I/O 结构。可编程 I/O 结构的输出端既可以作为输入端，也可以作为输出端。作为输出端时，其信号仍然可以返回到阵列中，以实现复杂逻辑。

(3) 寄存器输出结构。这种结构的输出端增加了一个 D 触发器，将或门输出存入 D 触发器，D 触发器的输出再通过三态门输出，同时反馈信号至与阵列，以便实现时序电路。

(4) 异或型输出结构。异或型输出结构是把乘积项分为两个项，在 D 触发器输入端异或，并在时钟上升沿到达时存入 D 触发器。

2. 典型的 PAL

PAL 的种类繁多，PAL16L8 和 PAL16R8 是两种典型的 PAL 器件。图 7－24 所示为 PAL16L8 的逻辑图。图中画出了可编程与阵列和固定或阵列(用或门的逻辑符号表示)。阵

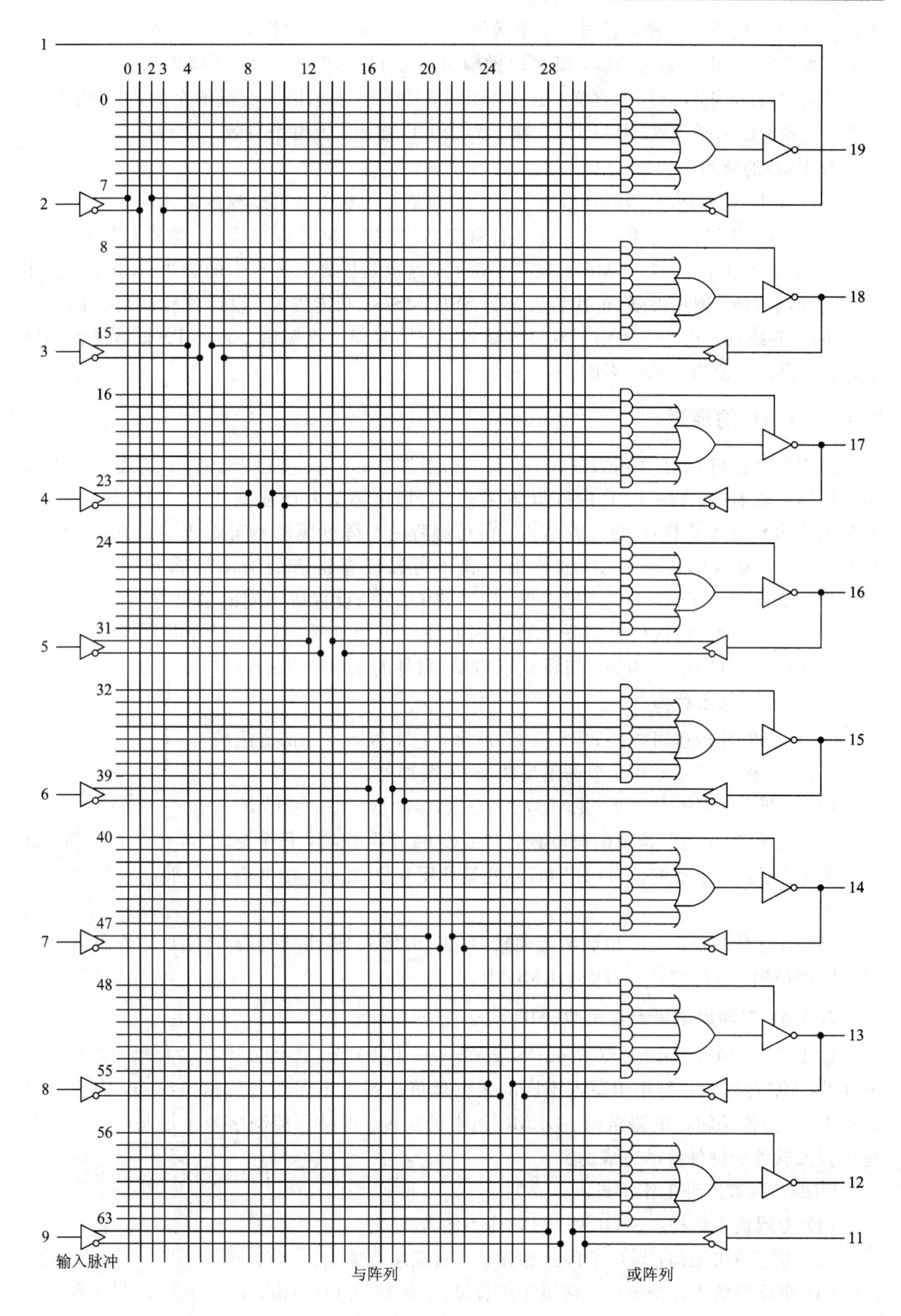

图 7-24　PAL16L8 的逻辑图

列中每条纵线代表一个输入信号，每条横线表示一个乘积项(PT)，其中引脚2～9是输入端，引脚12～19由三态门控制，既可以做输出，也可以做输入，是一种I/O结构。

PAL型各标识数据项的含义：在PAL16L8中，16表示输入变量的个数，8表示输出端数，L表示低电平有效。PAL16L8属于异步I/O输出，低电平有效。

3. PAL的特点

PAL器件是在PLA器件之后第一个具有典型实用意义的可编程逻辑器件。

PAL与SSI、MSI标准产品相比具有密度高、节省空间等许多优点。通常一片PAL可代替6～8片SSI或2～4片MSI。提高了速度，这也是提高工艺水平的结果。PAL的主要优点是使用方便、通用性强(可代替大部分SSI、MSI)、功能强大、设计容易、保密性好等。PAL的主要缺点是由于它采用了双极型熔丝工艺，只能一次编程。另外PAL器件种类繁多，也为设计和使用带来了不便。

7.4.2 GAL的原理

通用阵列逻辑GAL(Generic Array Logic)器件是Lattice公司于1985年首先推出的新型可编程逻辑器件。它采用了E^2CMOS工艺。可以电擦除并反复编程上百次。GAL在基本阵列结构上沿袭了PAL的与或结构，由可编程的与阵列驱动不可编程的或阵列。GAL与PAL的主要区别在于GAL的输出配置了可以任意组态的输出逻辑宏单元OLMC(Output Logic Macro Cell)。通过编程，可以将OLMC设置成不同的输出方式。这样，同一型号的GAL就可以取代大部分PAL，因而使用更加灵活。GAL型号定义规则与PAL相同。下面以GAL16V8为例，简要介绍GAL器件的基本特点。

1. GAL的基本结构

GAL16V8片内逻辑阵列如图7-25所示，它由以下4个部分组成：

(1) 8个输入缓冲器和8个输出反馈/输入缓冲器；

(2) 8个输出逻辑宏单元OLMC，8个三态缓冲器，每个OLMC对应一个I/O引脚；

(3) 由8×8个与门构成的与阵列，共形成64个乘积项，每个与门有32个输入项，由8个输入信号及8个反馈信号(分别有原变量和反变量)组成，故共有32×8×8=2048个可编程单元；

(4) 具有系统时钟CK和输出选通信号OE的输入/输出缓冲器。GAL器件没有独立的或阵列结构，或门放在各自的OLMC中。

2. GAL的输出逻辑宏单元OLMC

输出逻辑宏单元OLMC(Output Logic Macro Cell)经组态可以实现各种输出功能。只要在OLMC的结构控制字中写入不同的数据就可以得到不同类型的输出结构，完全可以取代PAL的各种输出电路结构。OLMC组态的实现，即结构控制字各个控制位的设定都是由开发软件和硬件自动完成的。

OLMC共有五种工作模式：

(1) 专用输入结构：该OLMC只能作为输入。

(2) 专用输出结构：输出不经过触发器，直接组合输出。

(3) 带反馈的组合型输出：它属于组合输入/输出(I/O)结构，适合于三态I/O缓冲等双向组合逻辑。

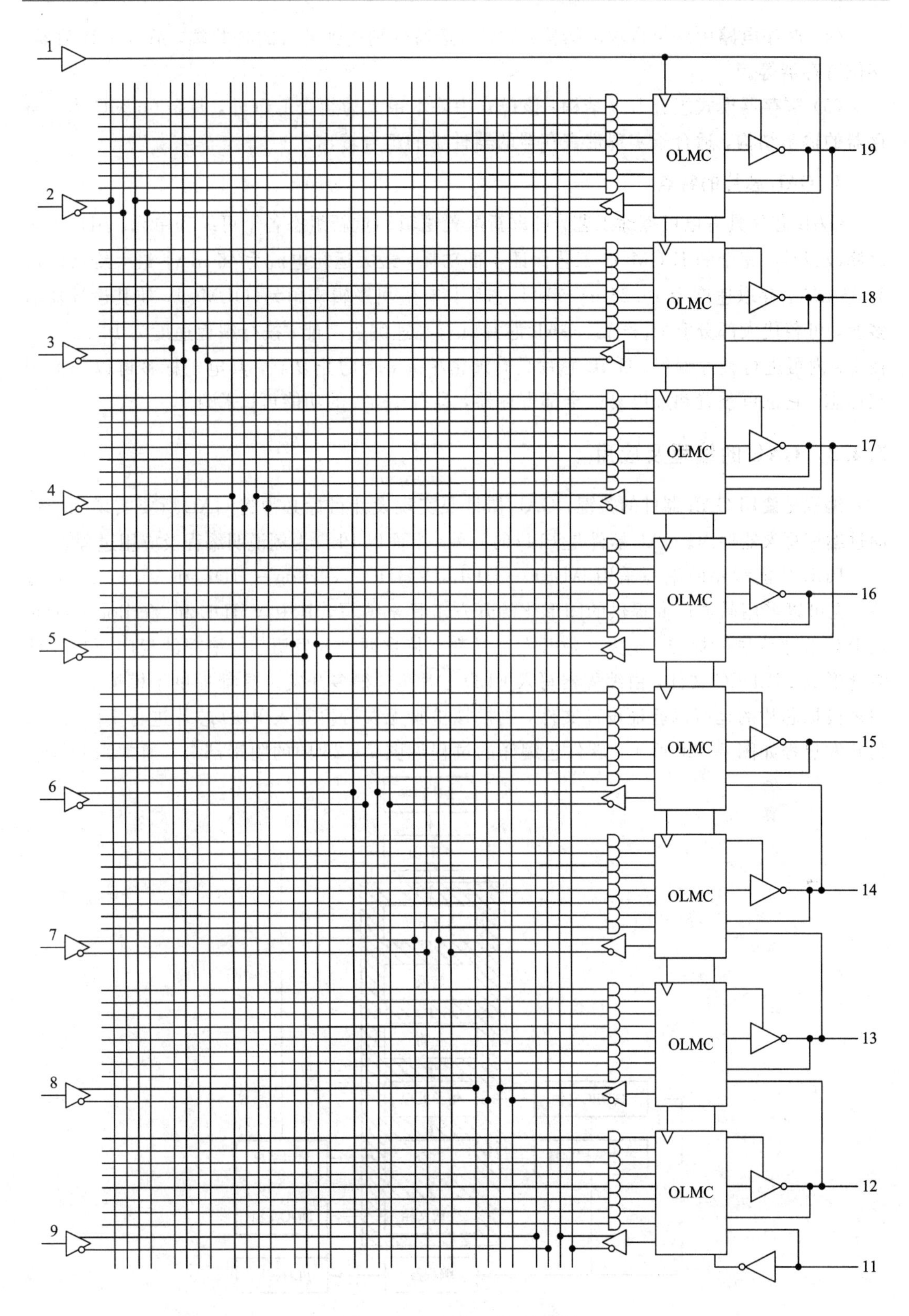

图 7-25　GAL16V8 阵列图

(4) 时序电路中的组合输出结构：时钟、选通分别连到各自的公共端，适合于计数器、移位寄存器等。

(5) 寄存器模式组合 I/O 结构：该模式中除本单元为组合 I/O 外，其余 OLMC 为带寄存器的输出结构，适合于实现带寄存器的器件中的组合输出。

3. GAL 芯片的特点

GAL 芯片具有电可擦除工艺，可重新配置逻辑和重新组态各个可编程单元。用户可随时修改设计。完全的 E^2CMOS 工艺保证了低功耗，最大运行电流为 45 mA，最大维持电流为 35 mA，存取速度为 10.25 ns。GAL 芯片具有输出逻辑宏单元(OLMC)，使其设计灵活多变，可替代大部分 PAL 产品。GAL 芯片具有高速编程功能，按行编程速度为 10 ms/行，在 1 s 内可进行整片编程。GAL 芯片具有加密单元，可防止复制，其电子标签可以作为识别标志。它也可预置和加电复位全部寄存器，具有 100％的功能可试验性。

7.4.3 GAL 的编程及应用

编程是使用 GAL 器件的关键，GAL 器件要实现设计目标必须将 GAL 所要实现的功能通过编程写入器件内。GAL 器件是 PLD 的一种，下面以 PLD 为例说明编程及应用过程。

PLD 功能程序的编写采用 ABEL - HDL、VHDL、Verilog - HDL 和 View Logic 编写，也可以采用软件厂商提供的图形化的开发工具来编写，其中 VHDL 和 Verilog - HDL 被 ISO 收录为国际标准，绝大多数开发工具都支持这两种开发语言。编写的程序通过软件编译形成 .JEDEC 文件，由编程器写入 PLD 芯片内。很多开发工具都提供了模拟的功能，用来模拟芯片的运行以验证设计文件，当模拟检验无误后再写入 PLD 芯片进行实际测试，其开发过程如图 7 - 26 所示。软件包编译的过程见图 7 - 26 中的阴影部分，通常由开发软

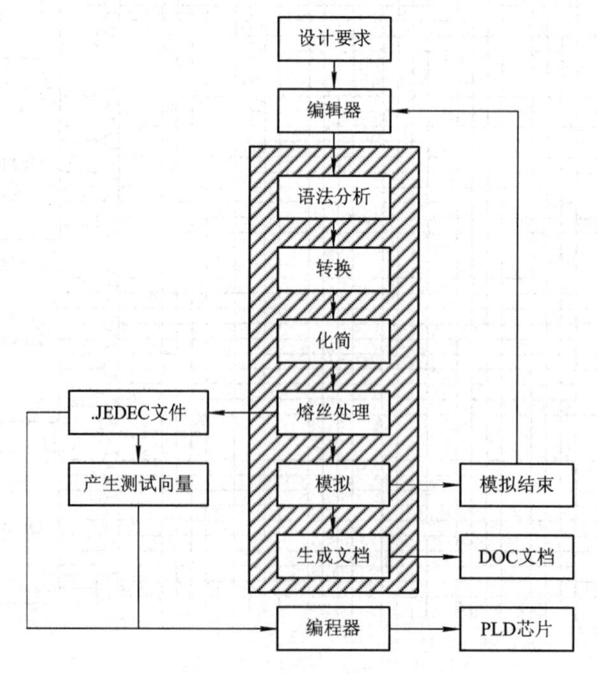

图 7 - 26 PLD 开发软件工作流程

件自动完成。开发软件可以选用厂家提供的专用软件，也可选用第三方开发软件，但基本流程都是相同的。

*7.5　HDPLD原理

通常将集成密度大于1000等效门/片的PLD称为高密度可编程逻辑器件HDPLD，HDPLD有两大类型：一类是在GAL基础上加以改进和扩展而研制出的阵列型HDPLD，主要有EPLD和CPLD两种；另一类是采用了类似掩膜编程门阵列的通用结构，由内部的许多独立的可编程的逻辑模块组成的单元型HDPLD，其典型器件是FPGA。

7.5.1　阵列型HDPLD

阵列型HDPLD的基本结构形式和PAL、GAL相似，都是由可编程的与阵列、固定的或阵列和逻辑宏单元组成的，但其集成度都比PAL和GAL高得多。

EPLD(Erasable Programmable Logic Device)是20世纪80年代中期Altera公司推出的新型可擦除、可编程逻辑器件。它采用了UVEPROM工艺，以叠栅注入MOS管作为编程单元，使用方法和EPROM类似。EPLD的结构和GAL类似，它大量增加了OLMC的数目，提供了更大的与阵列，而且增加了对OLMC中触发器的预置和异步清0功能，因此使用起来具有更大的灵活性。EPLD保留了逻辑块的结构，内部连线固定，延时很小，有利于器件在高频率下工作，但EPLD的内部互连能力较弱。

CPLD(Complex Programmable Logic Device)是在EPLD的基础上发展起来的，与EPLD相比，它增加了内部连线，对OLMC和I/O单元都做了重大改进。CPLD采用E^2CMOS工艺制作，有些CPLD内部还集成有RAM、FIFO或双端口RAM等存储器，许多CPLD具有在系统编程能力，因此，CPLD比EPLD功能更强大，使用更灵活。

典型的CPLD有Lattice公司的ispLSI系列器件、Xilinx公司的9500系列器件、Altera公司的MAX7000和MAX9000系列器件以及AMD公司的MACH系列器件。各公司的CPLD芯片都有各自的特点，但其基本结构大致相同，都至少包含可编程逻辑宏单元、可编程I/O单元和可编程内部连线三种结构。下面以Lattice公司的ispLSI1016为例来介绍CPLD的组成及原理。

ispLSI1016的外部引线如图7-27所示，内部结构如图7-28所示。ispLSI1016由两个宏块MEGABLOCK、一个全局布线区GRP和一个时钟分配网络组成。每个宏块中包含了8个通用逻辑块GLB，一个输出布线区，一个输入总线和18个引脚(其中16个为I/O引脚，另两个为直接输入引脚)。

(1) 全局布线区GRP(Global Routing Pool)。GRP是LATLICE特有的连通结构，其任务是将所有片内逻辑联系在一起，供设计者实现各种复杂的设计。它能实现通用逻辑块GLB和I/O单元之间的任意互连。

(2) 通用逻辑块GLB(Generic Logic Block)。GLB是LATLICE高密度ispLSI器件的标准逻辑块。一个GLB有18个输入端，4个输出端和实现大部分标准逻辑函数所必要的逻辑。GLB内部逻辑分为与阵列、乘积项共享矩阵、可重配寄存器和控制功能四个分离的部分(见图7-29)。

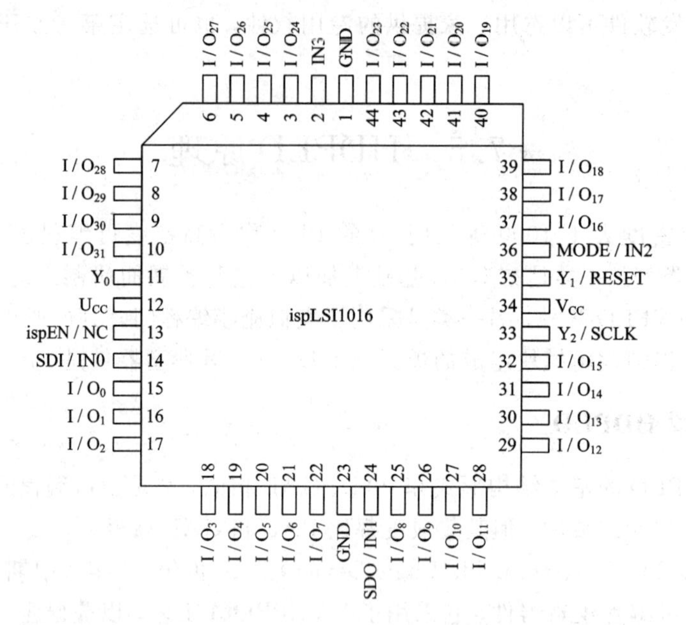

图 7-27 ispLSI1016 的外部引线图

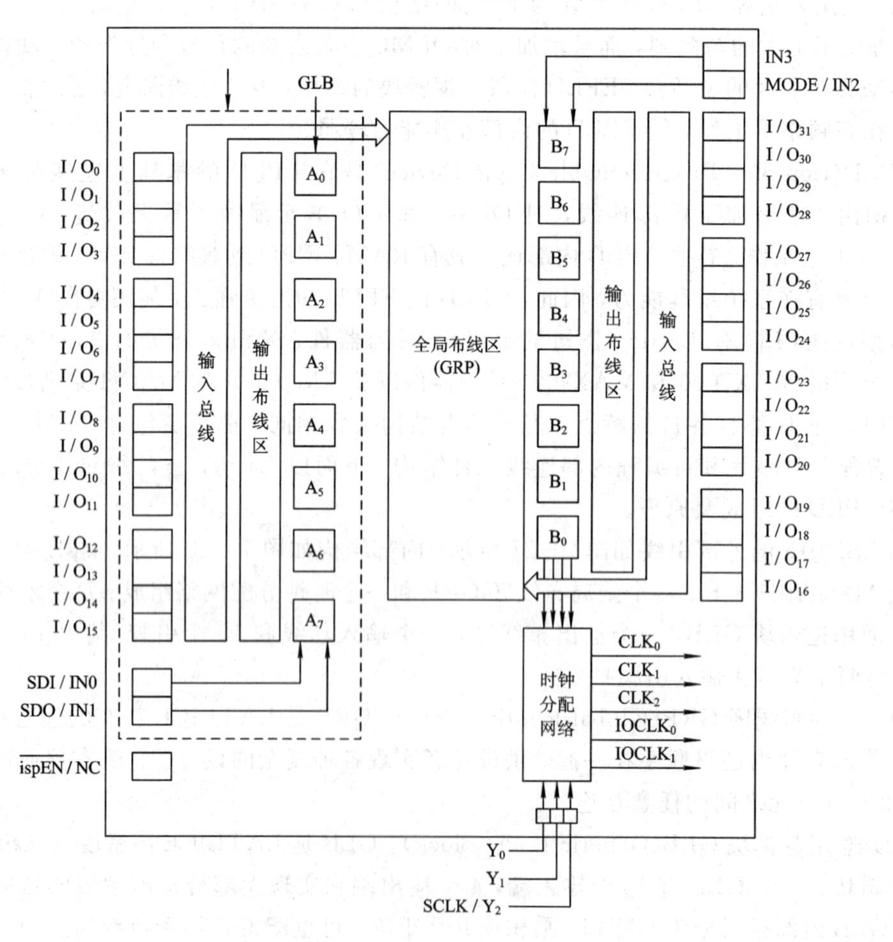

图 7-28 ispLSI1016 的内部结构框图

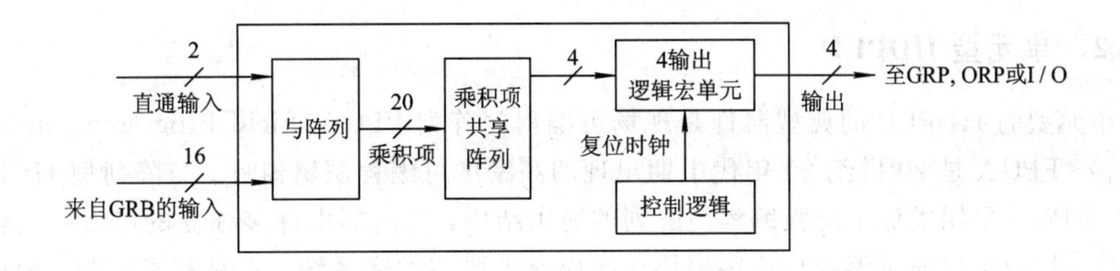

图 7-29　GLB 逻辑框图

(3) 宏块结构。一个宏块包含了 8 个 GLB、一个输出布线区(池)、16 个 I/O 单元、两个直接输入端(IN0、IN1)和一个公共乘积项 OE。宏块结构如图 7-30 所示。

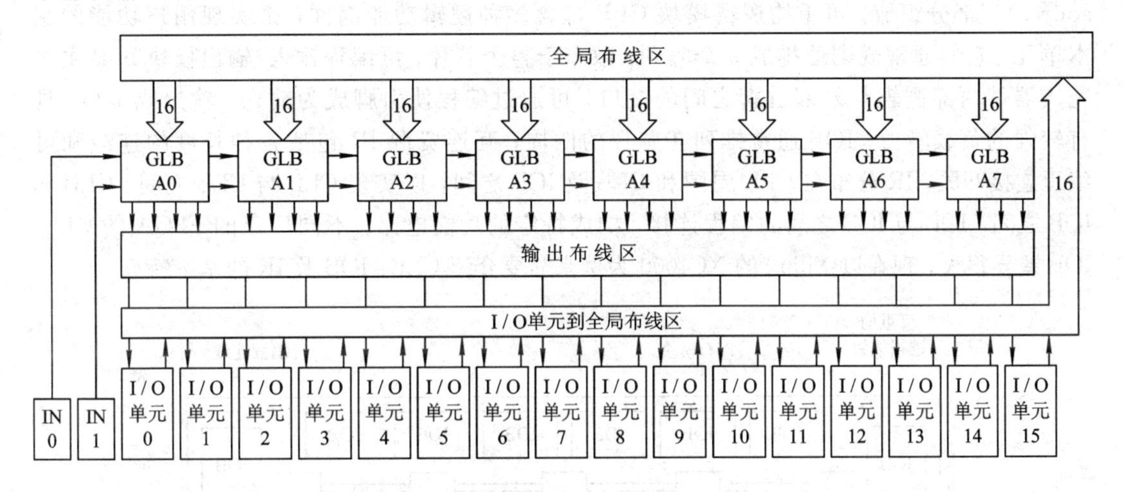

图 7-30　宏块结构图

(4) 时钟分配网络。时钟分配网络产生 5 个全局时钟信号：CLK_0、CLK_1、CLK_2、$IOCLK_0$ 和 $IOCLK_1$。5 个全局时钟信号中前 3 个(CLK_0、CLK_1、CLK_2)作为器件中的 GLB 的时钟信号，后两个($IOCLK_0$ 和 $IOCLK_1$)作为 I/O 单元的时钟信号。这些时钟信号来自时钟输入引脚(Y_0、Y_1、Y_2)。这几个引脚中 Y_0 直接连到 CLK_0，其余可以通过时钟分配网络，连到其余 4 个时钟信号上，如图 7-31 所示。

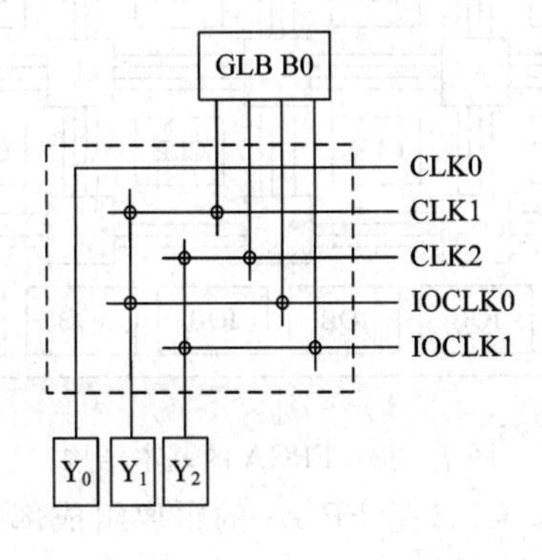

图 7-31　时钟分配网络

7.5.2 单元型 HDPLD

单元型的 HDPLD 的典型器件是现场可编程门阵列 FPGA(Field Programmable Gate Array)。FPGA 是 20 世纪 80 年代中期出现的高密度可编程逻辑器件。与阵列型 HDPLD 不同，FPGA 采用类似于掩膜编程门阵列的通用结构，其内部由许多独立的可编程逻辑模块组成，用户可以通过编程将这些模块连接成所需要的数字系统。它具有密度高、编程速度快、设计灵活和可再配置等许多优点。

FPGA 的基本结构如图 7-32 所示，主要由可重构逻辑模块 CLB(Configurable Logic Block)、可编程输入/输出模块 IOB(Input/Output Block)和互连资源 IR(Interconnect Resource)三部分组成。可重构逻辑模块 CLB 包含多种逻辑功能部件，是实现用户功能的基本单元，它们通常规则地排成一个阵列，散布于整个芯片；可编程输入/输出模块 IOB 主要完成器件内部逻辑与外部引脚之间的接口，可通过编程使引脚成为输入、输出或 I/O，具有较强的负载能力，IOB 通常排列在芯片的四周；互连资源 IR 包括各种长度的连线和可编程连接开关，IR 分布在 CLB 周围和 CLB 及 IOB 之间，以实现 CLB 与 CLB 之间、CLB 和 IOB之间、IOB 与 IOB之间的编程连接，构成特定的功能电路。不同厂家的 FPGA 的 CLB、IOB 差异很大，现在以 Xilinx 的 XC4000 为例来简要介绍 CLB、IOB 及 IR 的基本特点。

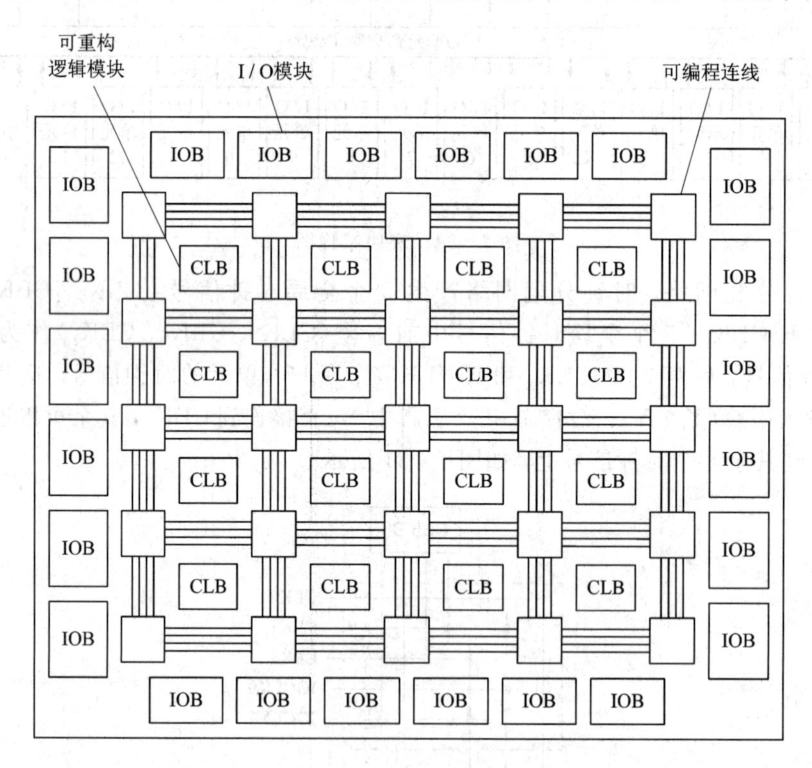

图 7-32 FPGA 的基本结构

(1) 可重构逻辑模块 CLB。CLB 是 FPGA 的主要组成部分。FPGA 之所以能够实现规模大、性能复杂的逻辑电路和系统，就是因为有了功能完善、组态灵活的 CLB。图 7-33 所示为 XC4000CLB 的基本结构框图。它主要由逻辑函数发生器、触发器、数据选择器和信号变换四部分电路组成。

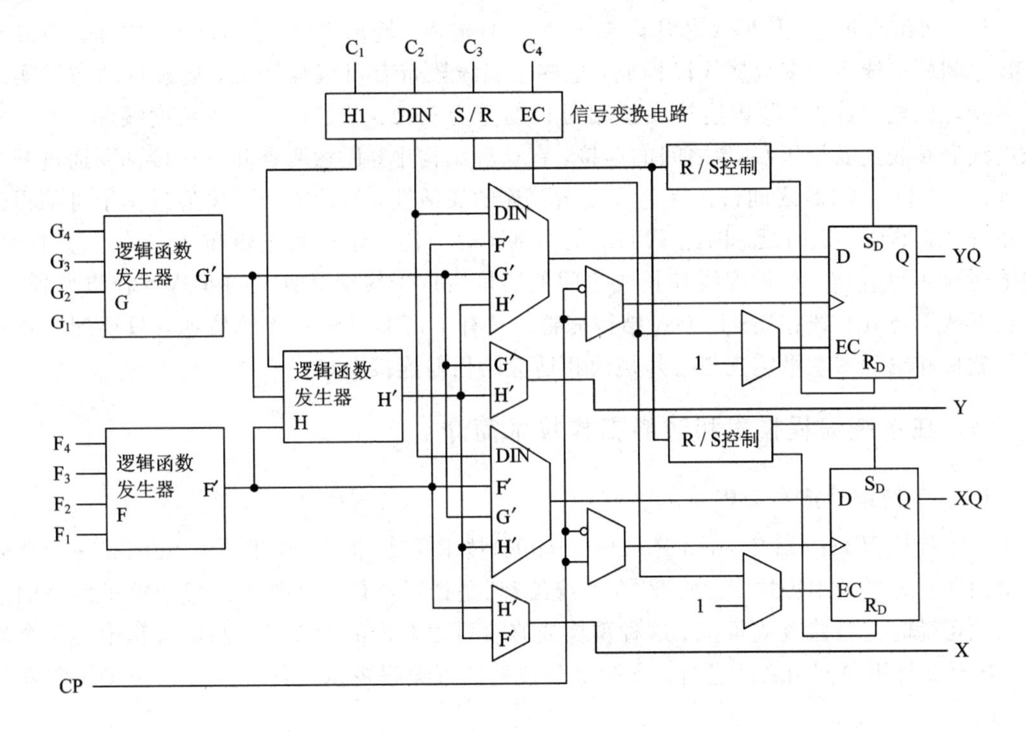

图 7－33　XC4000CLB 的简化逻辑框图

(2) 输入/输出模块 IOB。IOB 提供了器件引脚和内部逻辑阵列的接口电路。每一个 IOB 控制一个引脚(除电源 V_{CC}和地 GND 外)，将它们配置为输入、输出或双向传输信号端。XC4000IOB 的基本结构如图 7－34 所示。包括输入通路、输出通路和输出专用推拉电路。

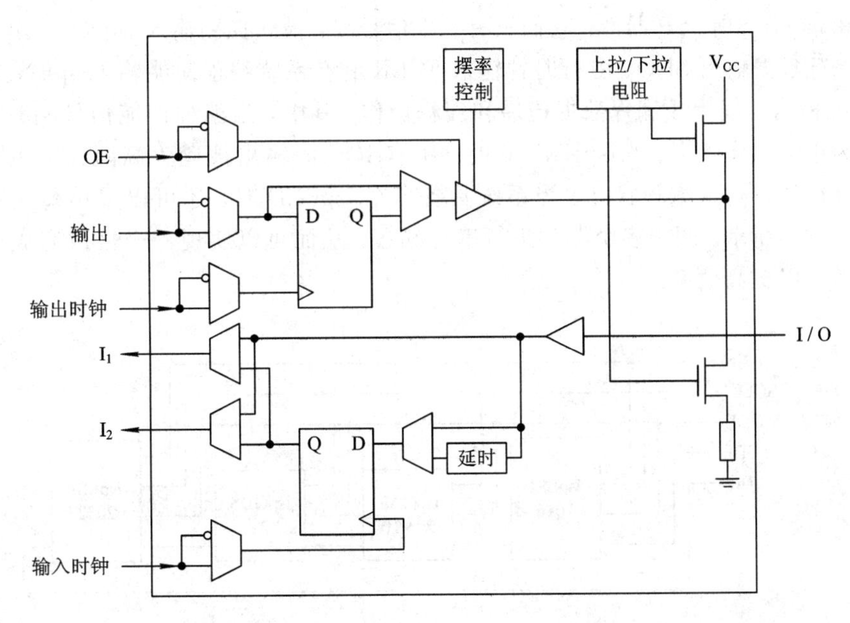

图 7－34　XC4000 I/O 块示意图

(3) 可编程连线。FPGA 芯片内部单个 CLB 输入、输出之间，各个 CLB 之间，CLB 和 IOB 之间的连线由许多金属线段构成，这些金属线段带有可编程开关，通过自动布线实现所需功能的电路连接。片内连接线按相对长度分为三种：单长度线、双长度线和长线。单长度线和长线主要用于 CLB 之间的连接，在这种结构中，任意两点间的连接都要通过开关矩阵。它提供了 CLB 之间快速互连和复杂互连的灵活性，但传输信号每通过一个可编程开关矩阵，就增加一次时延。因此 FPGA 的内部延时与器件结构和逻辑布线有关，它的信号传输时延不可确定。单长度线和长线之间的通信由位于线交叉处的可编程互连点所控制。双长度线不与其它线相连。FPGA 结构完善，又有丰富的可编程连线资源，只要配用各种开发软件和编程器就可实现与芯片规模相适应的任何连接电路。

7.5.3 在系统编程技术和边界扫描技术简介

1. 在系统编程技术 ISP

在系统编程 ISP(In System Programmable)技术是 20 世纪 80 年代末 Lattice 公司首先提出的一种先进的编程技术。所谓“在系统编程”是指对器件、电路板或整个电子系统的逻辑功能可随时进行修改或重构。这种重构或修改可以在产品的设计、制造过程中的每个环节，甚至交付用户使用之后进行。支持 ISP 技术的可编程逻辑器件称为在系统可编程器件 ispPLD。

ispPLD 不需要使用编程器，只要通过计算机接口和编程电缆，就可直接在目标系统或印刷线路板上进行编程。一般的 PLD 器件只能插在编程器上先进行编程，然后再装配到线路板上，而 ispPLD 可以先装配后编程。因此 ISP 技术有利于提高系统的可靠性，便于调试和维修。

ISP 技术是一种串行编程技术，其编程接口非常简单。例如 Lattice 公司的 ispLSI、ispGAL 和 ispGDS 等 ISP 器件，它们只有 5 根信号线：模式控制输入 MODE、串行数据输入 SDI、串行数据输出 SDO、串行时钟输入 SCLK 和在系统编程使能输入 $\overline{\text{ispEN}}$。PC 机可以通过这五根信号线完成编程数据传递和编程操作。其中，当编程使能信号 $\overline{\text{ispEN}}=1$ 时，ISP 器件为正常工作状态；当 $\overline{\text{ispEN}}=0$ 时，所有 IOC 的输出被置为高阻，与外界系统隔离，这时允许器件进入编程状态。当系统具备多个 ispPLD 时，还可以采用菊花链形式编程，如图 7-35 所示。图中多个器件进行串行编程，从而可以实现一个接口完成对多芯片的编程工作，以提高效率。

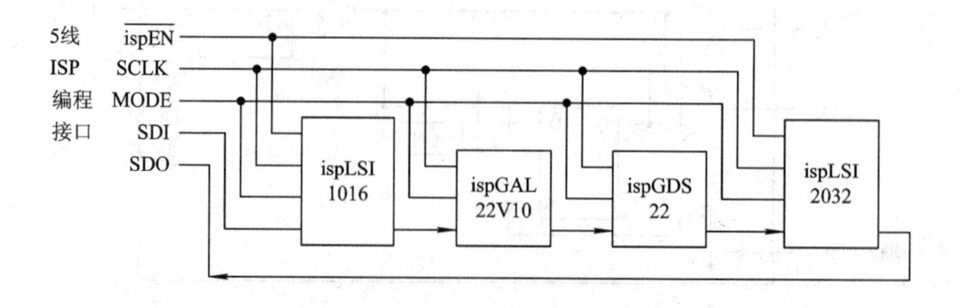

图 7-35 在系统编程器件的编程连接

基于 SRAM 的现场可编程技术实际上也具备与 ISP 技术一样的效能，ISP 也支持现场可编程。无论现场可编程还是在系统可编程都可以实现系统的重构。现场可编程和在系统可编程是 PLD 器件的发展方向，由此，我们可以预见未来的硬件系统将不再是一个固定的结构，而是一个灵活的结构，它具备了软件的某些特征，可以在运行状态下根据需要重新配置硬件功能。

2. 边界扫描技术 JTAG

边界扫描技术主要解决了芯片的测试问题。20 世纪 80 年代后期，对电路板和芯片的测试出现了困难。以往，在生产过程中对电路板的检验是由人工或测试设备进行的，但随着集成电路密度的提高，集成电路的引脚也变得越来越密，测试变得很困难。例如 TQFP 封装器件，管脚间距仅有 0.6 mm，这样小的空间几乎放不下一根探针。同时，由于国际技术的交流和降低产品成本的需要，也要求为集成电路和电路板的测试制定统一的规范。

边界扫描技术就是在这种背景下产生的。IEEE1149.1 协议是由 IEEE 组织联合测试行动组(JTAG)在 20 世纪 80 年代提出的边界扫描测试技术标准，用来解决高密度引线器件和高密度电路板上的元件的测试问题。标准的边界扫描测试只需要 4 根信号线便能够对电路板上所有支持边界扫描的芯片内部逻辑和边界管脚进行测试。应用边界扫描技术能增强芯片、电路板甚至系统的可测试性。

本 章 小 结

本章主要介绍了存储器与可编程逻辑器件的结构、工作原理等方面的内容。

(1) 随机存取存储器 RAM 可以随时对任何地址的数据进行读取或写入操作，但断电后器件中所存储的信息也会随之消失。

(2) ROM 在正常工作时可以随时对任何地址的数据进行读取操作，但不能写入信息。ROM 中的信息是在制造时或用专门的写入设备写入的，并可以长期保存，断电后信息也不会丢失；PROM 可以编程一次，一般需要专用的编程器来编程；EPROM 可以多次编程和擦除，但擦除时需要用紫外光来擦除；E^2PROM 可以多次编程，可以用电信号来擦除信息。

(3) ROM 也可以看做是与阵列固定或阵列可编程的 PLD 器件。PLA 是早期的 PLD 器件，其与阵列和或阵列都是可以编程的。PAL 是另一种早期 PLD 器件，其或阵列是固定的，与阵列可以编程。GAL 是在 PAL 的基础上改进而来的，其结构也是或阵列也是固定的，与阵列可以编程。GAL 芯片是目前仍在使用的低密度 PLD 器件。

(4) EPLD/CPLD 是典型的阵列型高密度 PLD 器件，其结构与 GAL 类似，但规模大得多。FPGA 是典型的单元型高密度 PLD 器件，它是以门阵列为基础发展起来的，是目前使用最广泛的 HDPLD 器件。

(5) PLD 器件的编程通常都需要专用软件配合专用的编程器来完成编程，isp 技术允许编程者直接使用电缆来对 PLD 器件进行编程。JTAG 技术解决了芯片的测试问题。

习 题

7-1 简述 PLD 器件的特点及其分类。

7-2 简述 ROM 和 RAM 的区别。

7-3 简述 ROM、PLA 和 PAL 之间的区别。

7-4 观察如题 7-4 图所示的 PLA 阵列，试分析该电路的功能。

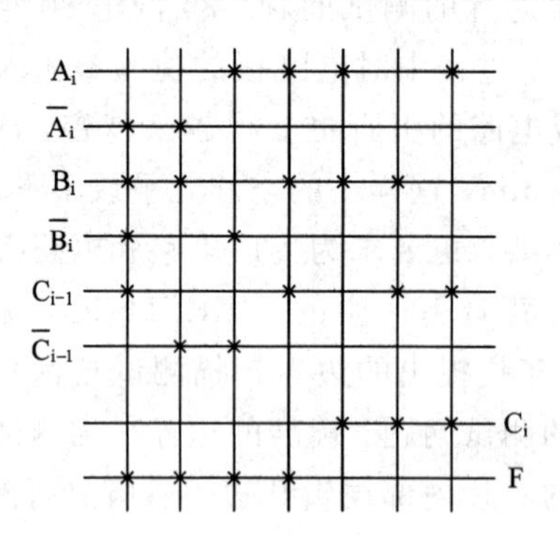

题 7-4 图

7-5 GAL 和 PAL 的相同点和不同点是什么？

7-6 GAL 的 OLMC 有哪几种工作模式？

7-7 CPLD 和 FPGA 有何区别？

第 8 章　脉冲单元电路

本章介绍矩形波的产生和整形电路，主要有施密特触发器、多谐振荡器和单稳态电路。它们可以由门电路组成，也可由 555 定时器构成，同时还有一些脉冲单元集成电路芯片。在这三种电路中，多谐振荡器是产生矩形波的电路，单稳态电路和施密特触发器是波形整形电路。本章重点介绍 555 定时器构成的脉冲单元电路。

脉冲单元电路是脉冲信号产生和波形变换的电路，是数字系统的重要组成部分。

什么是脉冲信号呢？从广义上讲，所有的非正弦信号都可以称为脉冲信号。脉冲信号按波形形状的不同可分为矩形波、梯形波、阶梯波、三角波、锯齿波等。

矩形波是数字系统最常用的信号，波形的好坏直接影响到系统的性能。为了描述矩形波，常用以下参数表示，如图 8-1 所示。

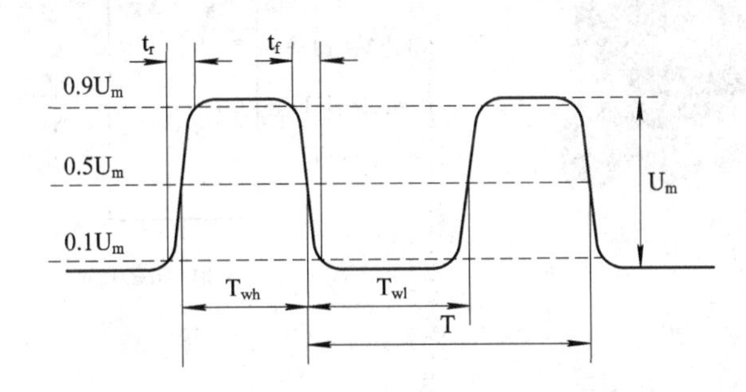

图 8-1　脉冲波形参数

· 脉冲幅度 U_m：脉冲波形中电压幅度变化的最大值。

· 脉冲宽度 T_w：正脉冲宽度 T_{wh} 从波形上升沿 $0.5U_m$ 开始到波形下降沿 $0.5U_m$ 结束；负脉冲宽度 T_{wl} 从波形下降沿 $0.5U_m$ 开始到波形上升沿 $0.5U_m$ 结束。

· 上升时间 t_r：脉冲波形从上升沿的 $0.1U_m$ 上升到 $0.9U_m$ 所需的时间。

· 下降时间 t_f：脉冲波形从下降沿的 $0.9U_m$ 下降到 $0.1U_m$ 所需的时间。

· 脉冲周期 T：在周期性重复波形中，相邻两个脉冲间的时间间隔。

· 占空比 q：正脉冲宽度与周期之比，即 $q=T_{wh}/T$。

8.1　555 定时器

555 定时器(时基电路)是一种用途广泛的模拟数字混合集成电路。555 定时器于 1972 年由西格尼蒂克斯公司(Signetics)研制，其设计新颖、构思奇巧，备受电子专业设计人员和电子爱好者青睐。555 定时器结构简单、使用灵活、用途广泛，因而在控制、定时、检测、仿声、报警等方面有着广泛的应用，它具有如下三个特点：

(1) 外部只需连接几个阻容元件便可以方便地构成施密特触发器、多谐振荡器、单稳态触发器和压控振荡器等多种应用电路。

(2) 电源电压范围宽(3～18 V)，能够提供与 TTL 及 CMOS 集成电路兼容的逻辑电平。

(3) 具有一定的输出功率，可驱动微电机、指示灯和扬声器等。

8.1.1 芯片的电路结构

555 定时器有 TTL 型和 CMOS 型两类产品，TTL 型产品型号最后三位为 555，CMOS 型产品型号最后四位为 7555。它们的功能和外部引脚排列完全相同。

该器件的内部结构如图 8-2(c)所示，它由三个阻值为 5 kΩ 的电阻构成的电阻分压器、两个高精度电压比较器、基本 RS 触发器和泄放三极管 V 组成。图 8-2(a)、(b)、(d)分别为实物图、逻辑符号图和引脚排列图。

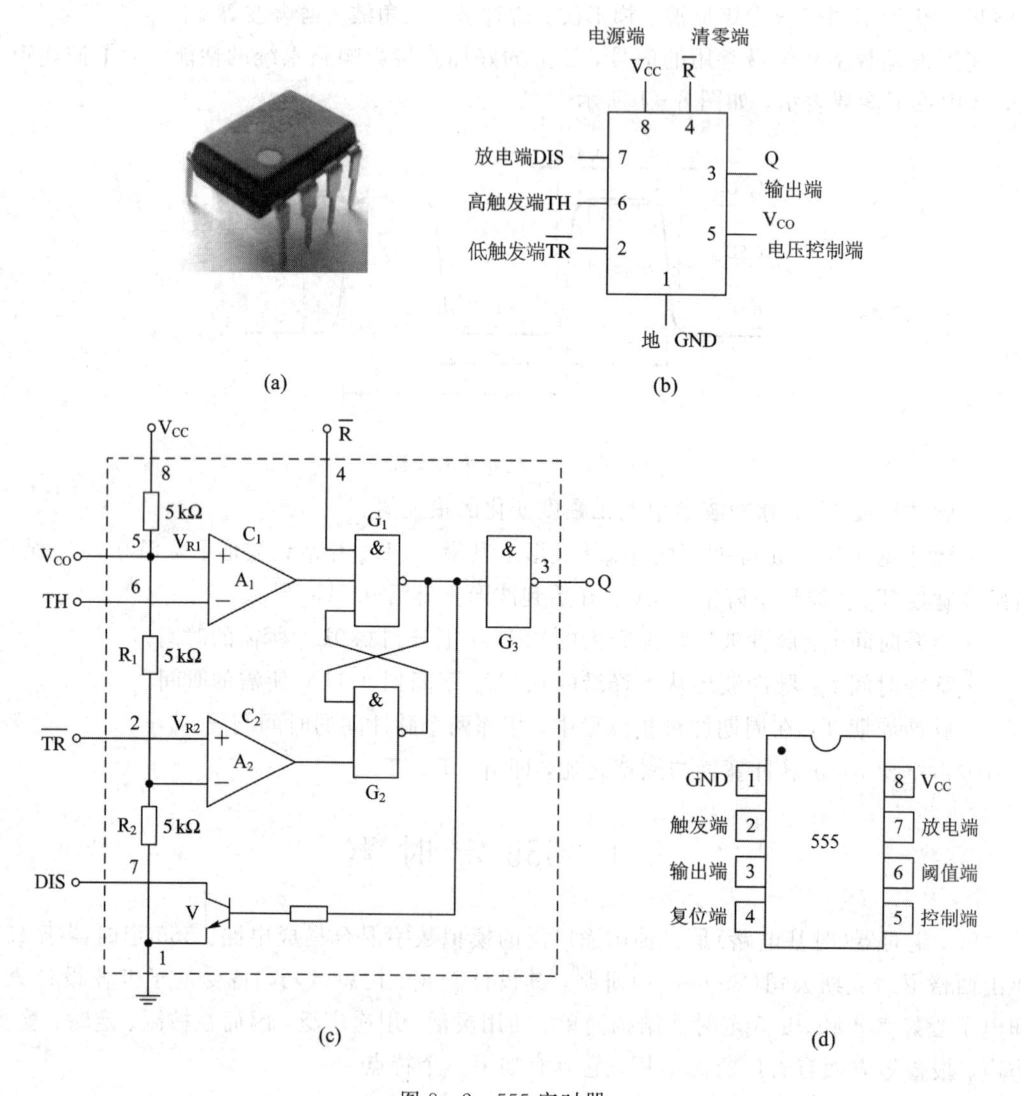

图 8-2 555 定时器

555定时器的八个引脚的名称及作用介绍如下：

PIN1——接地端。

PIN2——低电平触发输入端$\overline{TR}$，当该端电平低于$1/3V_{CC}$时，输出Q=1为高电平。

PIN3——输出端Q。

PIN4——复位端$\overline{R}$(或$\overline{R}_d$)，当$\overline{R}=0$时，Q=0。

PIN5——控制电压输入端V_{CO}。

PIN6——阈值输入端(高电平触发端)TH，当该端电平高于$2/3V_{CC}$时，输出Q=0为低电平。

PIN7——放电端DIS。

PIN8——电源V_{CC}。

8.1.2　芯片的功能

555定时器的功能如表8-1所示。

表8-1　555定时器功能表

输入			输出	
TH	$\overline{TR}$	$\overline{R}$	Q	T
×	×	0	0	导通
大于$2/3V_{CC}$	大于$1/3V_{CC}$	1	0	导通
小于$2/3V_{CC}$	小于$1/3V_{CC}$	1	1	截止
小于$2/3V_{CC}$	大于$1/3V_{CC}$	1	保持原态	

由功能表得出：在不使用控制电压输入端(即V_{CO}端通过0.01 μF的电容接地)和$\overline{R}=1$的条件下，比较器的基准电压由分压器产生，分别为$2/3V_{CC}$和$1/3V_{CC}$。比较器A_1的同相端电压为$2/3V_{CC}$，比较器A_2的反相端电压为$1/3V_{CC}$。

(1) 当外加电压使$U_{TH}>2/3V_{CC}$、$U_{\overline{TR}}>1/3V_{CC}$时(比较器$A_1$输出$C_1=0$，比较器$A_2$输出$C_2=1$)，由基本RS触发器的功能表得Q=0，同时V(三极管)导通。这时，外接电容可通过V快速放电。

(2) 当外加电压使$U_{TH}<2/3V_{CC}$、$U_{\overline{TR}}<1/3V_{CC}$时，$C_1=1$，$C_2=0$，Q=1，T截止。

(3) 当外加电压使$U_{TH}<2/3V_{CC}$、$U_{\overline{TR}}>1/3V_{CC}$时，$C_1=1$，$C_2=1$，Q保持不变，V保持原来的截止(或饱和)。

当外接V_{CO}时，比较器A_1的基准电压为V_{CO}，比较器A_2的基准电压为$V_{CO}/2$。

555定时器的应用很广，但多是基于施密特触发器、单稳态电路和多谐振荡器这三种基本应用电路。

8.2　施密特触发器

施密特触发器是数字系统中比较常用的一种电路，它有两个稳定的状态，是由电平触发的双稳态电路。利用其电平触发的特性可以将正弦波、三角波、不规则(失真)的矩形波等变换为矩形波，也可以作为鉴幅器来使用。施密特触发器的电路如图 8-3 所示。

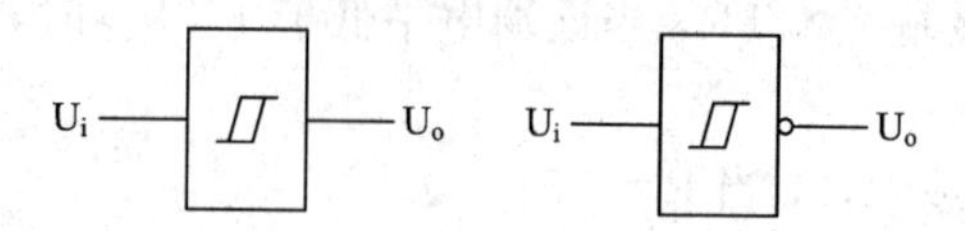

图 8-3 施密特触发器电路

8.2.1 施密特触发器的特点

施密特触发器有两个稳态($U_o=0$ 称为 0 态和 $U_o=1$ 称为 1 态)，在外加信号的作用下，施密特触发器两个稳态之间可以相互转换。施密特触发器属于波形变换电路，它可以将正弦波、三角波、锯齿波等变换为矩形波。

施密特触发器具有以下特点：

(1) 当输入触发信号达到一定值时，输出电平发生变化，即由一个稳态转换到另一稳态，因而称其为电平触发电路。

(2) 具有回差特性。输入触发信号，引起输出状态转换的输入电平称为触发电平。触发电平分为高电平触发电平 V_T^+ 和低电平触发电平 V_T^-。它们的大小不一样，会导致输出电压的滞后，这种电压特性叫回差特性。V_T^+ 与 V_T^- 之间的差值定义为回差电压，即 $\Delta V=V_T^+-V_T^-$。

(3) 可以增加一些逻辑电路的功能(如与、非、与非等)，形成具有施密特触发器特性的与门、非门、与非门等。

8.2.2 由 555 定时器构成的施密特触发器

由 555 定时器构成的施密特触发器的电路结构、工作原理及其电路仿真介绍如下：

(1) 电路结构。由 555 定时器构成的施密特触发器是将 555 定时器阈值输入端 TH 和触发输入端$\overline{TR}$连接在一起作为输入，输出端 Q 作为输出(或放电端 DIS 通过上拉电阻作为输出)，这样便可构成施密特触发器，如图 8-4(a)所示。

(2) 工作原理。根据 555 定时器的功能表可方便地分析电路，由于输入端 TH 和$\overline{TR}$同时接 U_i，则 $U_{TH}=U_{\overline{TR}}=U_i$($V_T^+=V_{TH}=2/3V_{CC}$、$V_T^-=V_{\overline{TR}}=1/3V_{CC}$)。设输入 U_i 为三角波(如图 8-4(b)所示)，那么

当 $0\leqslant U_i<1/3V_{CC}$时，即 $U_{TH}<2/3V_{CC}$、$U_{\overline{TR}}<1/3V_{CC}$时，根据 555 定时器的功能表，可得输出 U_o 为高电平“1”。

当 U_i 上升到 $1/3V_{CC}<U_i<2/3V_{CC}$时，即 $U_{TH}<2/3V_{CC}$、$U_{\overline{TR}}>1/3V_{CC}$时，$U_o$ 保持“1”不变。

当 U_i 上升到 $U_i>2/3V_{CC}$时，即 $U_{TH}>2/3V_{CC}$、$U_{\overline{TR}}>1/3V_{CC}$时，输出 U_o 为低电平“0”。

当 U_i 从峰值开始下降至 $1/3V_{CC}<U_i<2/3V_{CC}$时，即 $U_{TH}<2/3V_{CC}$、$U_{\overline{TR}}>1/3V_{CC}$时，$U_o$ 保持“0”不变。

当 U_i 下降到 $U_i<1/3V_{CC}$时，即 $U_{TH}<2/3V_{CC}$、$U_{\overline{TR}}<1/3V_{CC}$时，输出 U_o 为高电平“1”。

由以上分析可得如图 8-4(b)所示的工作波形，该施密特触发器的触发电平 $V_T^+=$

$2/3V_{CC}$，$V_T^- = 1/3V_{CC}$，回差电压 $\Delta V_T = 1/3V_{CC}$。

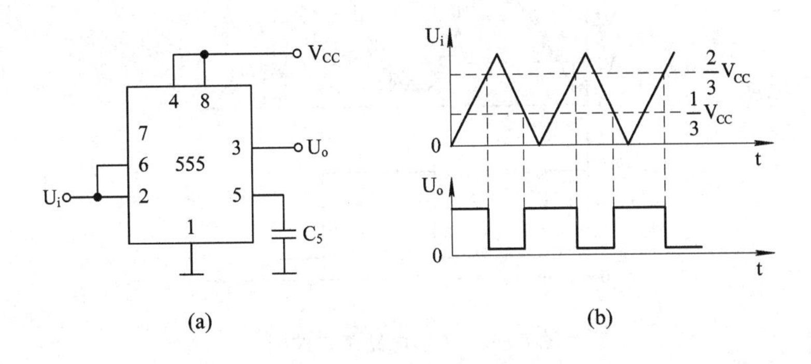

图8-4　555定时器构成施密特触发器

(3) 555定时器构成的施密特触发器的仿真电路及结果如图8-5所示。

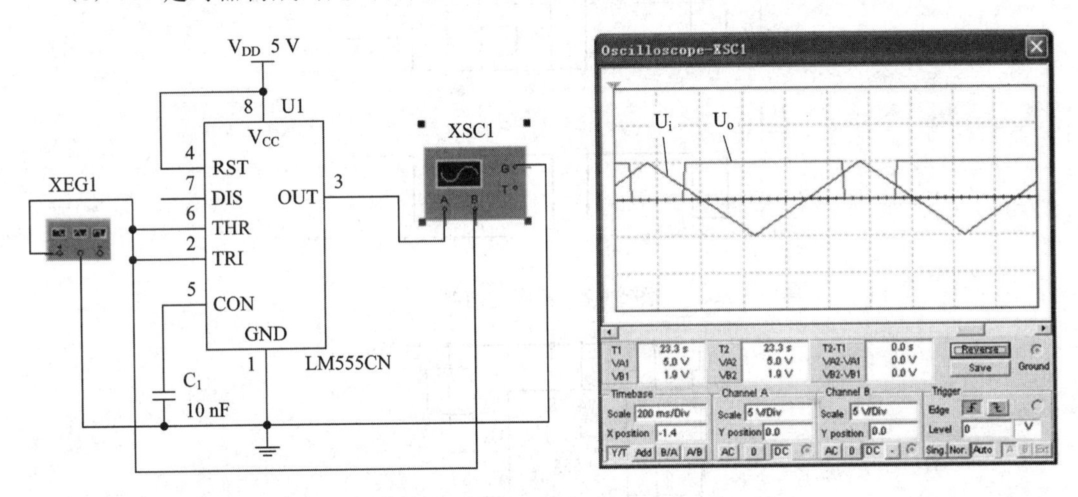

图8-5　施密特触发器仿真电路及结果

8.2.3　施密特触发器的应用

利用施密特触发器的回差特性，可完成波形的整形、波形的变换和幅度鉴别等功能。

(1) 脉冲整形。如果输入是正弦波或发生畸变的矩形波，都可以通过施密特触发电路进行整形，获得较为理想的矩形波。整形电路工作波形如图8-6所示。

(2) 幅度鉴别。幅度鉴别是从一连串幅度不等的脉冲波形中，选出幅度较大的脉冲电路。利用施密特触发器可以实现这一目的。图8-7所示的工作波形是幅度鉴别器将幅度大于 V_T^+ 的脉冲从波形中选出的过程。

(3) 555定时器构成的施密特触发器用作光控开关。图8-8所示电路为555定时器构成的施密特触发器用作光控开关的电路图。图中的 R_L 为光敏电阻，有光照时电阻值小，无光照时阻值大。有光照时，电路设计(选取合适的可变电阻值)使得 $U_i < 1/3V_{CC}$，输出 U_o 为高电平，继电器J不动作；无光照时，光敏电阻大，电路设计使得 $U_i > 2/3V_{CC}$，输出 U_o 为低电平，继电器J吸合，从而实现光控的作用。

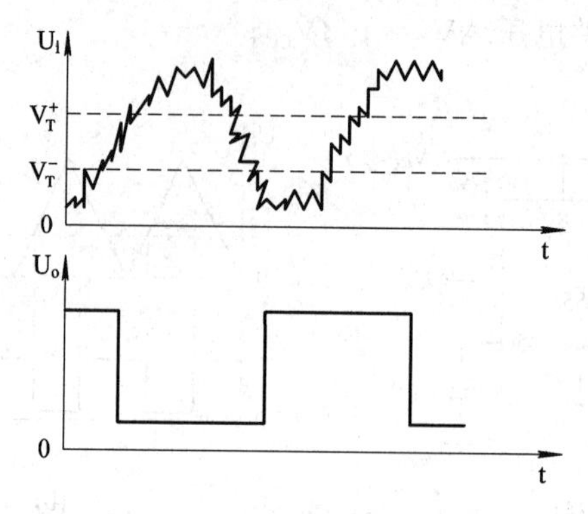

图 8-6 整形电路工作波形

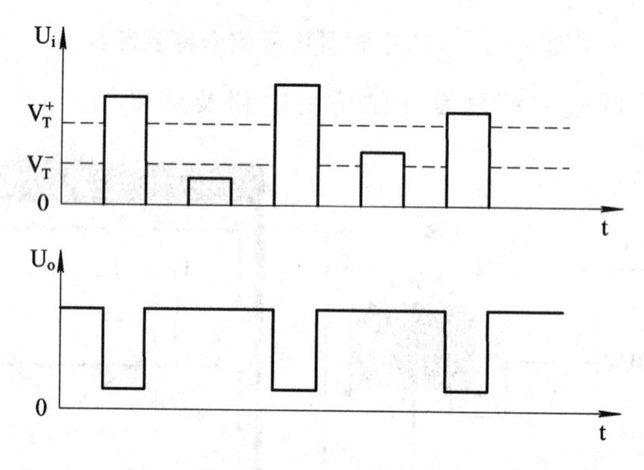

图 8-7 幅度鉴别器

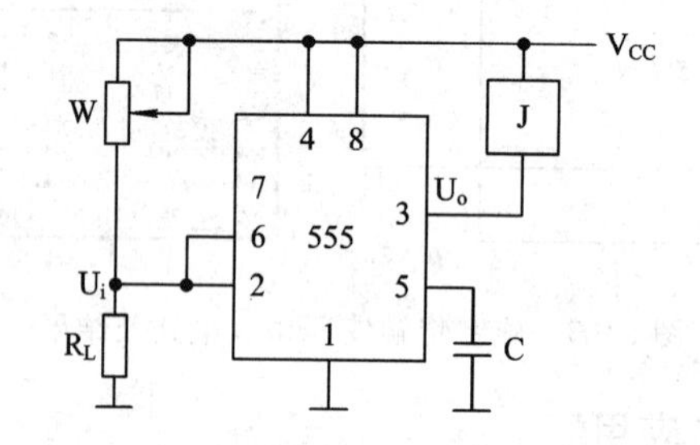

图 8-8 施密特触发器用作光控开关

8.3 多谐振荡器

多谐振荡器是一种产生矩形波的自激振荡器。由于矩形波含有丰富的高次谐波成分，所以矩形波振荡器又称为多谐振荡器。多谐振荡器没有稳定状态，只有两个暂态(暂时稳定状态)，不需要外加触发信号就能够周期性地从一个暂态转到另一个暂态，产生幅度和宽度都一定的脉冲信号。

8.3.1 与非门组成的多谐振荡器

1. TTL 与非门构成的多谐振荡器

1）电路结构

图 8-9 所示为电容正反馈多谐振荡器，它由两级与非门和电容 C 构成。

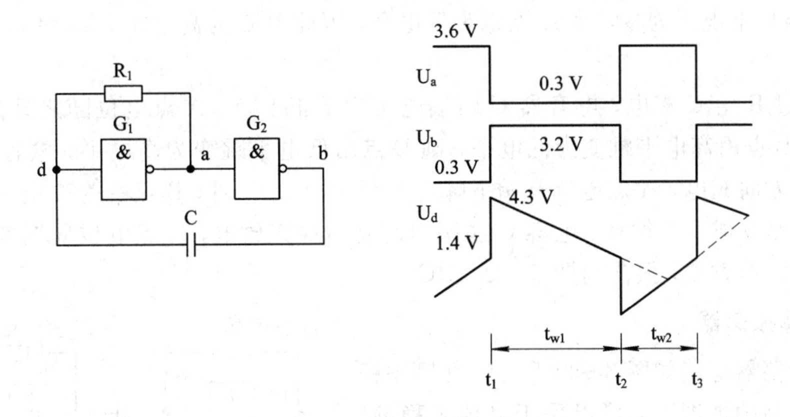

图 8-9　多谐振荡器

2）工作原理

多谐振荡器的工作，主要依靠电容C的充放电，通过引起电压 U_d 的变化来完成其功能。当 U_b 为低电平，U_a 为高电平时，称为第一暂态；当 U_b 为高电平，U_a 为低电平时，称为第二暂态。设起始为第一暂态，这时 U_a 通过门电路的内阻 R_0 和电阻 R_1 对电容C充电，工作波形如图 8-9 所示。随着电容C的充电，电压 U_d 不断上升。当 U_d 上升到 $U_d > V_T = 1.4$ V时(其中 V_T 为门限电压)，U_d 为高电平，电路发生翻转。U_a 由原来的高电平变为低电平，U_b 由原来的低电平变为高电平，电路进入第二暂态。

第二暂态的电路中 U_b 为高电平，U_a 为低电平。因为电路从第一暂态进入第二暂态时，$\Delta U_b = 2.9$ V，所以 $\Delta U_d = 2.9$ V。U_d 从 1.4 V 上升到 4.3 V，这时电容C开始放电，U_d 随之下降。当 U_d 下降到 $U_d < V_T = 1.4$ V时，U_d 变为低电平，电路再次翻转，这时 U_a 从低电平上升到高电平，U_b 从高电平下降到低电平，回到第一暂态。这样周而复始，于是 U_b 输出矩形波。

3）周期估算

周期估算的计算公式为

$$T = T_{W1} + T_{W2} \approx 2.2R_1C$$

2. CMOS与非门构成的多谐振荡器

1）电路结构

CMOS与非门构成的多谐振荡器电路如图 8-10 所示。多谐振荡器电路由两个CMOS反相器和RC反馈支路构成。

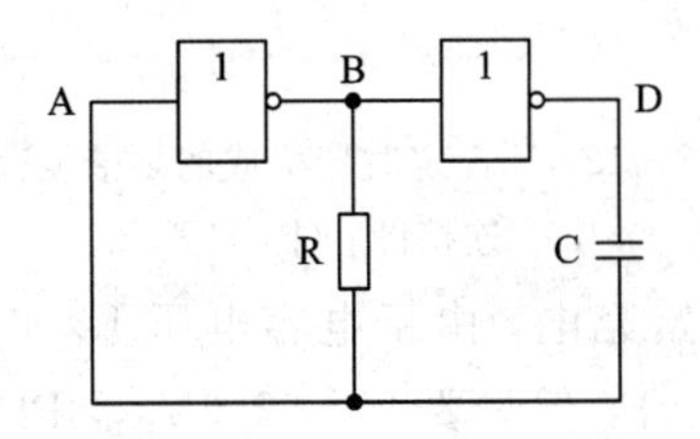

图 8-10　CMOS多谐振荡器

2）工作原理

设门限电压 $V_T = V_{DD}/2$，电容器C上初始电压为零。接通电源时，设D点为低电平，由于电容器 C 上电压为零，故 A 点也为低电平，因此 B 点为高电平，$U_B=V_{DD}$，输出电压 $U_D=0$。

U_B 通过 R 给 C 充电，电容器 C 两端电压为下正上负，A 点电位随之升高。当 $U_A \geq V_{DD}/2$ 时，B 点由高电平跳变为低电平，则 D 点由低电平跳变为高电平，电容器 C 通过 R 放电，且反方向充电，A 点电位开始下降。当 $U_A < V_{DD}/2$ 时，B 点变为高电平，D 点变为低电平，电路完成一个循环。电容 C 这样周而复始地充放电，D 点电位周期性地高、低变化，故输出矩形方波，振荡周期 $T \approx 2.2RC$。

3. 晶体振荡器

晶体振荡器电路如图 8-11 所示。在频率稳定度要求较高的情况下，可以采用晶体来稳频。该电路与一般振荡器的区别是其在一条耦合支路中串入了石英晶体。

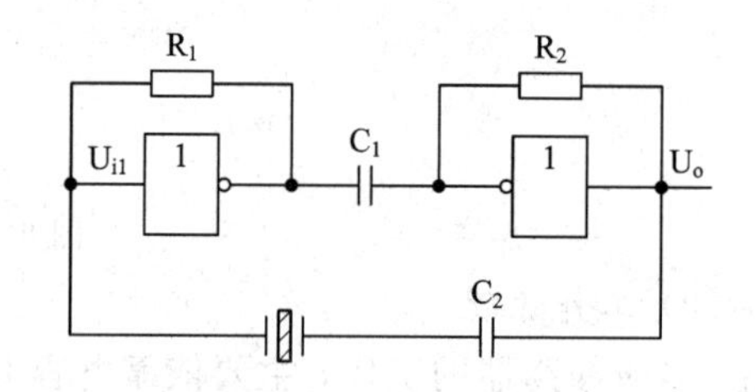

图 8-11　晶体振荡器

石英晶体具有一个极其稳定的串联谐振频率 f_s，在这个频率的两侧，晶体电抗值迅速增加，而在 f_s 处等效阻抗几乎为零。把晶体串入两级正反馈电路的反馈支路中，只有在 f_s 这个频点形成正反馈时，晶体振荡器才能满足起振条件而起振。因此振荡频率由晶体决定($f=f_s$)，且频率稳定度极高，很容易达到 10^{-5}。图 8-11 中 C_1、C_2 为耦合电容，同时可以通过 C_2 来微调振荡频率。

8.3.2　由 555 定时器构成的多谐振荡器

当 555 定时器按图 8-12(a)所示电路连接时，就构成了多谐振荡器，其中 R_A 和 R_B 是外接电阻，C 是外接电容。

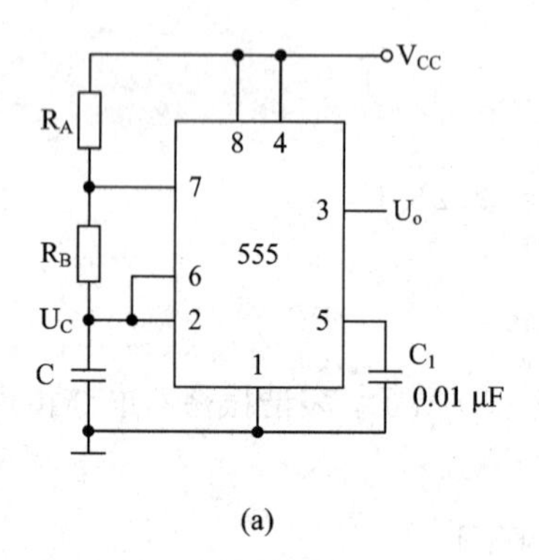

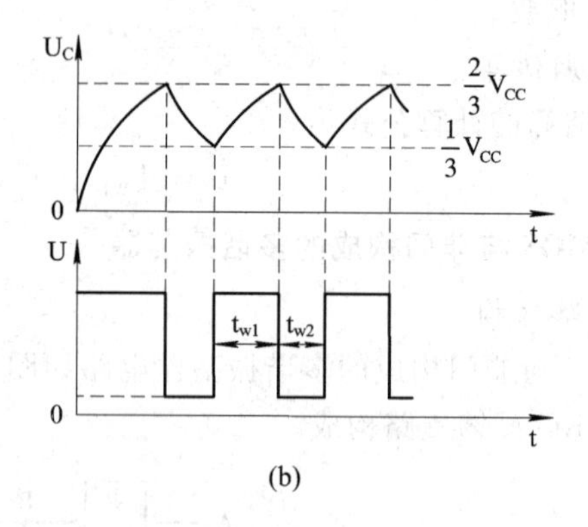

图 8-12　555 定时器构成的多谐振荡器

(a) 连接图；(b) 波形图

当刚接通电源时，电容开始充电，由于电容电压 $U_C < 1/3V_{CC}$，因此 PIN3 输出高电平。随着电容 C 的充电，U_C 上升，但只要 $U_C < 2/3V_{CC}$，PIN3 的输出仍为高电平。555 定时器内部的晶体管 V 仍截止。

当电容的电压 $U_C > 2/3V_{CC}$ 时，由 555 定时器的功能表可知，PIN3 输出为低电平，555 定时器内部的三极管 V 导通，电容 C 通过 R_B 及 555 内部与 PIN7 相连的三极管 V 开始放电。

随着电容 C 的放电，U_C 随之下降，当 U_C 下降至 $U_C<1/3V_{CC}$ 时，由 555 定时器的功能表可知，PIN3 又输出高电平，同时 V 截止，电容 C 又重新开始充电。电容 C 的充放电使电路输出矩形波。555 定时器构成的多谐振荡器的电路工作波形如图 8－12(b)所示，其输出频率、周期与电阻、电容的关系如图 8－13 所示。

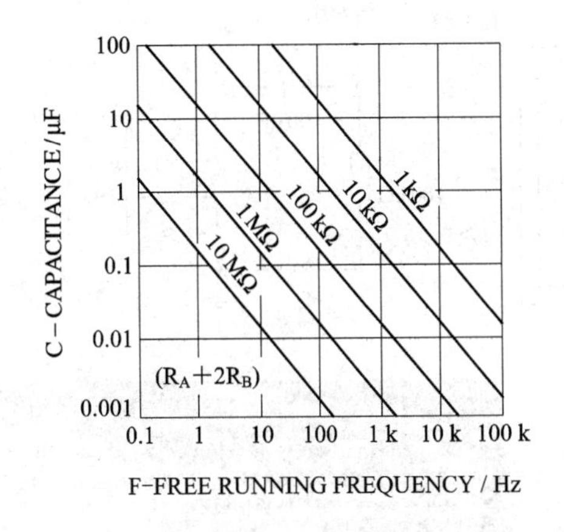

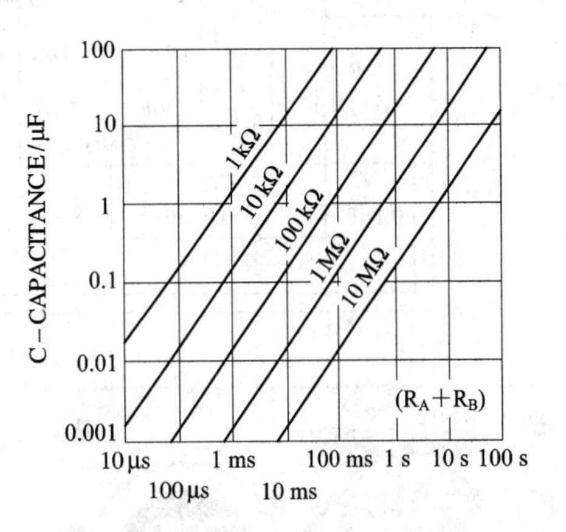

图 8－13　多谐振荡器输出频率、周期与电阻、电容的关系

由 RC 的充放电过程及 U_C 的波形可得：

$$T_{W1}\approx 0.7(R_A+R_B)C$$

$$T_{W2}\approx 0.7R_BC$$

所以

$$T=T_{W1}+T_{W2}\approx 0.7(R_A+2R_B)C$$

例如：若产生 1 kHz 信号，即 T＝1 ms。根据上面公式和图 8－13，如果取 $C=0.22\ \mu F$，则 $R_A+2R_B=6.5\ k\Omega$。R_A 及 R_B 的值在这里可以取 $R_A=2.5\ k\Omega$，$R_B=2\ k\Omega$。

8.3.3　多谐振荡器的应用

多谐振荡器作为矩形信号发生器在实践中得到了广泛的应用。

1. 秒信号发生器

秒信号发生器可以由输出频率为 1024 Hz 的多谐振荡器和 1024 分频比的分频器构成。多谐振荡器输出的 1024 Hz 信号可作为分频器的输入时钟信号，经过 1024 分频后得到 1 Hz 的矩形波，即秒脉冲。电路连接框图如图 8－14 所示。

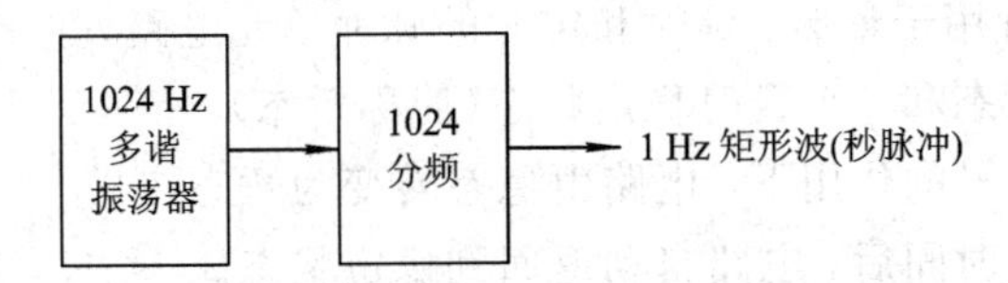

图 8－14　秒信号发生器框图

2. 报警电路

由 555 定时器和三极管构成的报警电路如图 8－15 所示。其中 555 定时器构成多谐振荡器，振荡频率 $f_o=1.43/[(R_1+2R_2)C]$，其输出信号经三极管推动扬声器。PR 为控制信

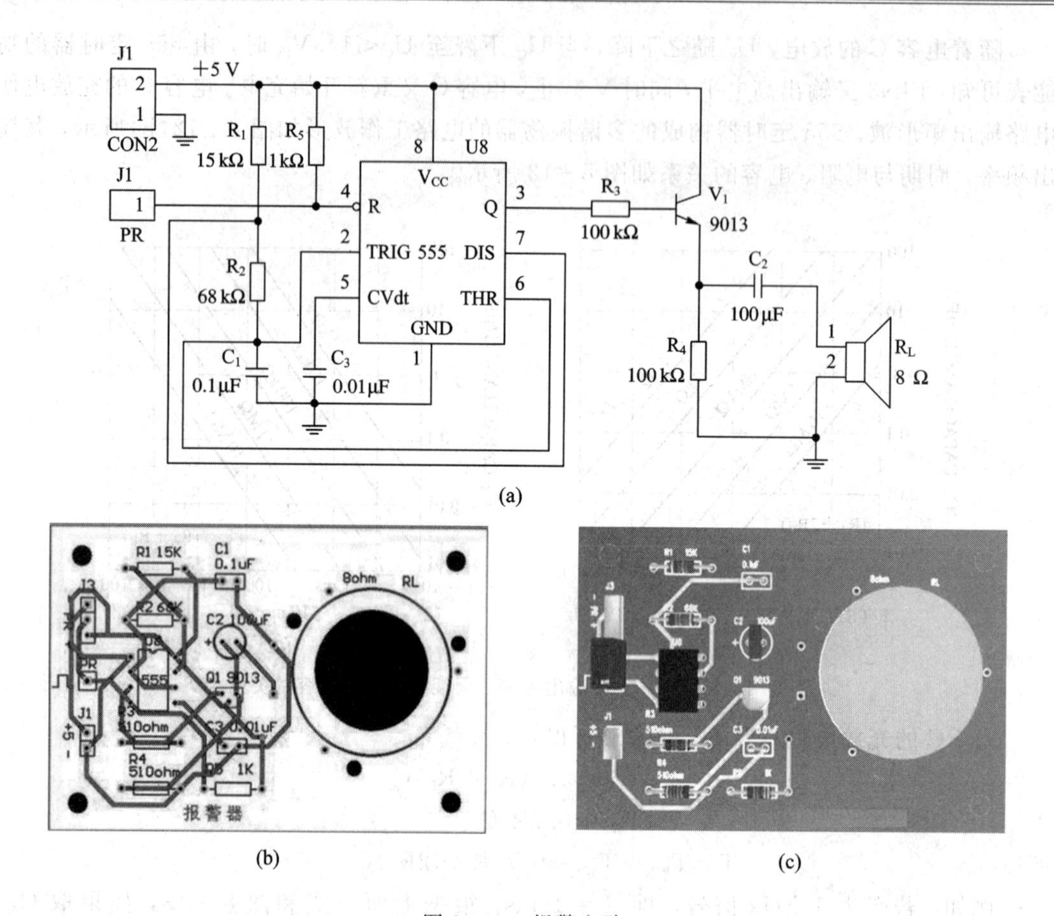

图 8-15 报警电路

(a) 原理电路图；(b) 印刷电路图；(c) 安装图

号，可以接收各种传感器的输出，异常时 PR 为高电平，多谐振荡器工作发出报警，正常时 PR 为低电平，电路停振。

8.4 单稳态触发器

8.4.1 单稳态触发器的特点

单态触发器是一种用于整形、延时和定时的脉冲单元电路，它具有如下特点：

(1) 有一个稳定状态和一个暂时稳定状态(简称暂态)。

(2) 在外加脉冲信号的作用下，电路由稳态转变为暂态。

(3) 暂态持续一段时间后，电路自动返回到稳定状态。

8.4.2 由 555 定时器构成的单稳态触发器

1. 电路结构

555 定时器构成的单稳态电路如图 8-16 所示。

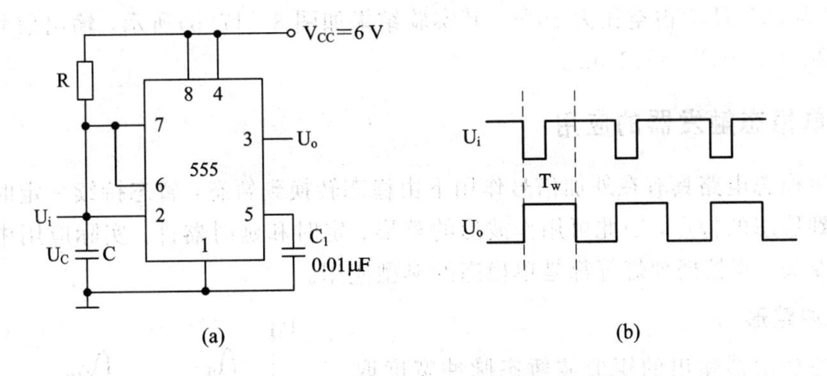

图 8-16　555 定时器构成的单稳态电路

设外加输入矩形波信号 U_i 的电压幅度为 5 V，当 U_i 为高电平(5 V)时，$U_{TR}=U_i>\frac{1}{3}V_{CC}$；同时，由于 V_{CC} 通过 R 对电容 C 充电，U_c 不断上升，当 U_c 上升到 $\frac{2}{3}V_{CC}$ 时，即 $U_{TR}=U_c\geqslant\frac{2}{3}V_{CC}$；根据 555 定时器功能表可知，$U_o$ 输出低电平。这时 555 定时器内部三极管导通，电容 C 快速放电，$U_c=0$，$U_{TH}=U_c=0$，所以电路仍处于稳态，$U_o=0$。

当 U_i 为低电平时，则 $U_{\overline{TR}}=U_i<\frac{1}{3}V_{CC}$，$U_o$ 由 0 变为 1，电路处于暂态。555 内部三极管截止，电容 C 又开始充电，当 $U_{TH}=U_c\geqslant\frac{2}{3}V_{CC}$ 时，U_o 又由 1 变为 0，暂态结束。电容 C 通过 555 内部三极管 T 很快放电。为保证正常工作，U_i 负脉冲宽度必须小于 T_W(暂态脉宽)。

2. 工作波形及参数

由 555 定时器构成的单稳态电路的工作波形如图 8-16(b)所示。其暂态脉宽 $T_W\approx1.1RC$。

3. 单稳态电路仿真

单稳态仿真电路如图 8-17(a)所示，其中，R=1 kΩ，C=1 μF，输入信号 U_i 幅度为

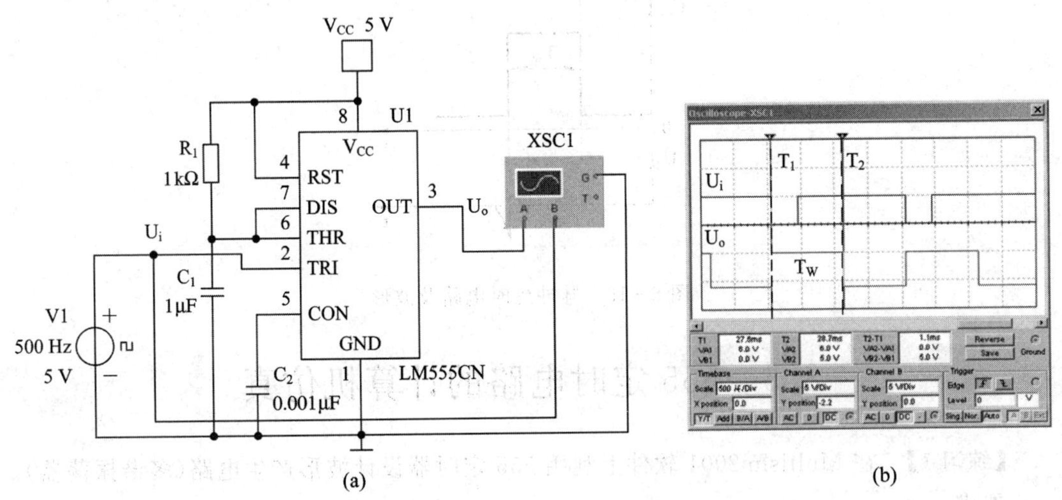

图 8-17　555 定时器构成的单稳态电路仿真

5 V、频率为 500 Hz、占空比为 80%。其实验结果如图 8－17(b)所示，输出信号暂态脉宽 $T_W \approx 1.1RC = T_2 - T_1 = 1.1$ ms。

8.4.3 单稳态触发器的应用

由于单稳态电路具有在外加信号作用下由稳态转换到暂态，暂态持续一定时间后电路自动恢复到稳态的特点，因此可用作波形的整形、定时和延时器件。实际应用中常见的红外控制水龙头、声控楼梯灯等都是单稳态的典型应用。

1. 脉冲整形

单稳态触发器输出的矩形波暂态脉冲宽度取决于电路自身的参数，输出脉冲幅度取决于触发器的电源。因此单稳态电路输出矩形波暂态脉冲的宽度和幅度是一致的。若某脉冲波形不符合要求，可以用单稳态触发器进行整形，得到暂态脉冲宽度和幅度一致的脉冲波形，如图 8－18 所示。

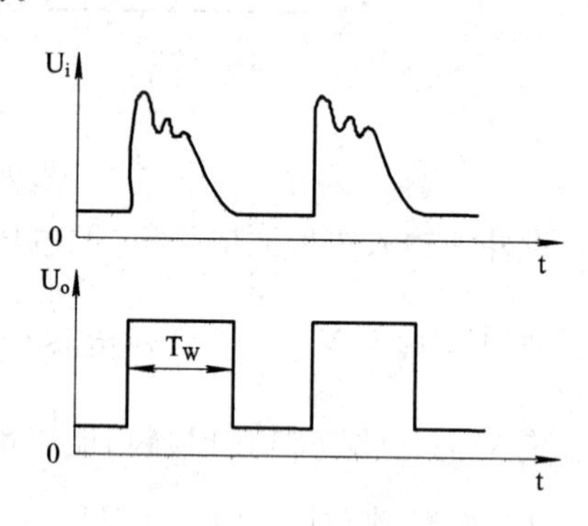

图 8－18 单稳态的整形作用

2. 定时

利用单稳态电路输出脉冲宽度 T_W 一定的特性也可以实现定时作用，即用计时开始信号去触发单稳态触发器，经 T_W 时间后，单稳态触发器便可给出计数停止信号。单稳态定时器还可用于控制定时开关，如楼梯灯定时等。

3. 延时

利用单稳态电路输出脉冲宽度 T_W 一定的特性，也可以实现延时作用。输出脉冲比输入脉冲滞后 T_W 时间才出现，如图 8－19 所示。

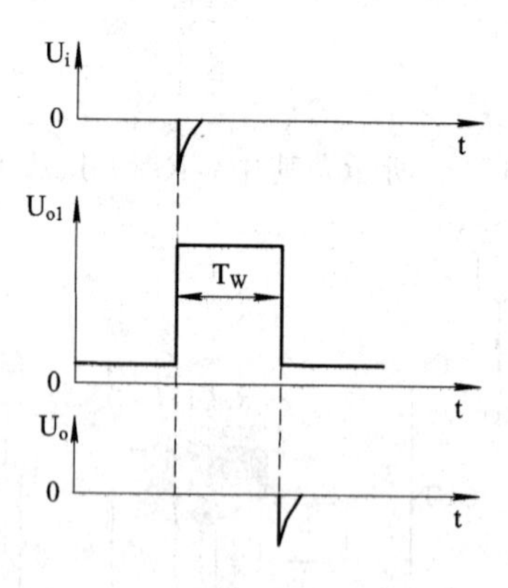

图 8－19 脉冲延时电路及波形

8.5 555 定时电路的计算机仿真

【练习 1】 在 Multisim2001 软件上利用 555 定时器设计波形产生电路(多谐振荡器)。要求：

(1) 利用 555 定时器构成多谐振荡器。电路按图 8－12 所示电路连接，图中 R_A =

10 kΩ，R_B＝100 kΩ，C＝0.01 μF，V_{CC}＝5 V。

（2）计算负脉冲宽度 T_{WL}，正脉冲宽度 T_{WH}，占空比 q 和频率 f。

（3）测量负脉冲宽度 T_{WL}，正脉冲宽度 T_{WH}，占空比 q 和频率 f。

（4）分析测量值与理论值产生误差的原因。

【练习 2】 在 Multisim2001 软件上利用 555 定时器设计施密特电路。

要求：

（1）利用 555 定时器构成施密特电路。电路按图 8－4 所示电路连接，图中输入 U_i 为三角波，V_{CC}＝5 V。

（2）用示波器观察输入、输出波形。

（3）用示波器观察 U_i 输入不同波形时的输出。

（4）计算回差电压。

（5）试利用 555 定时器来设计其它实用电路。

本 章 小 结

脉冲信号的产生与整形电路主要包括多谐振荡器、单稳态触发器和施密特触发器。多谐振荡器用于产生脉冲矩形波信号，而单稳态触发器和施密特触发器主要用于对波形进行整形和变换，它们都是电子系统中经常使用的单元电路。

1. 施密特触发器

施密特触发器有两个稳定状态，它的两个稳定状态是靠两个不同的输入电平来触发的，因此具有回差特性。电路输出脉冲的宽度是由输入信号所决定的，调节回差电压的大小，可改变输出脉冲的宽度。

施密特触发器不仅可将非矩形波变换成矩形波，而且还可以将脉冲波形展宽、延时和进行脉冲幅度的鉴别。

2. 多谐振荡器

多谐振荡器没有稳定状态，只有两个暂稳态。暂稳态间的相互转换完全是靠电路本身电容的充电和放电自动完成的，因此，它无需外加触发信号，只要接通电源，就可产生连续的矩形脉冲信号，常用作信号源。改变 R、C 定时元件数值的大小，可调节振荡频率。在振荡频率稳定度要求很高的情况下，可采用石英晶体振荡器。

3. 单稳态触发器

单稳态触发器有一个稳定状态和一个暂稳态。可将输入触发脉冲变换为一定宽度的输出脉冲，输出脉冲的宽度(暂稳态持续时间)仅取决于电路本身的参数(R、C 定时元件的数值)，而与输入触发信号无关，输入信号仅起触发作用，使触发电路进入暂稳态。改变 R、C 定时元件的参数值可调节输出脉冲的宽度。

单稳态触发器不仅用于波形变换，还可用作对脉冲的展宽、延时、整形等。

4. 555 定时器

555 定时器是一种多用途的集成电路，它把模拟电路和数字电路兼容在一起，只需外接少量阻容元件便可组成多谐振荡器、施密特触发器和单稳态触发器。由于 555 定时器使用方便、灵活，有较强的带负载能力和较高的触发灵敏度，因此，它在自动控制、仪器仪表、家用电器等许多领域都得到了广泛的应用。

习 题

8-1 施密特触发器电路的特点及用途是什么？

8-2 555定时器构成的施密特触发器，当 $V_{CC}=6$ V时，其 V_T^+、V_T^- 及回差 ΔV 各是多少？

8-3 555定时器构成的施密特触发器如题8-3图所示，试画出输出波形。

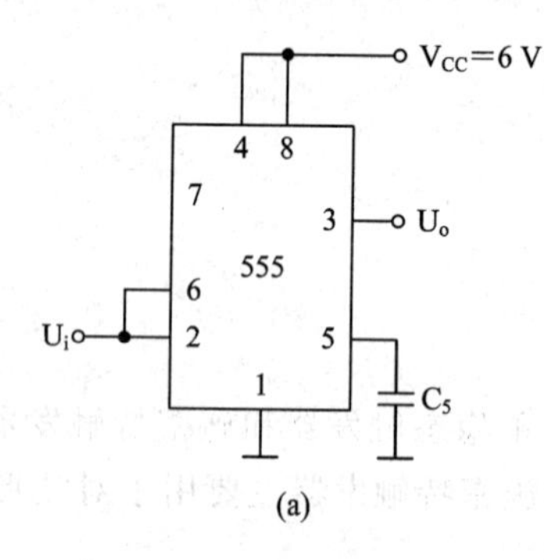

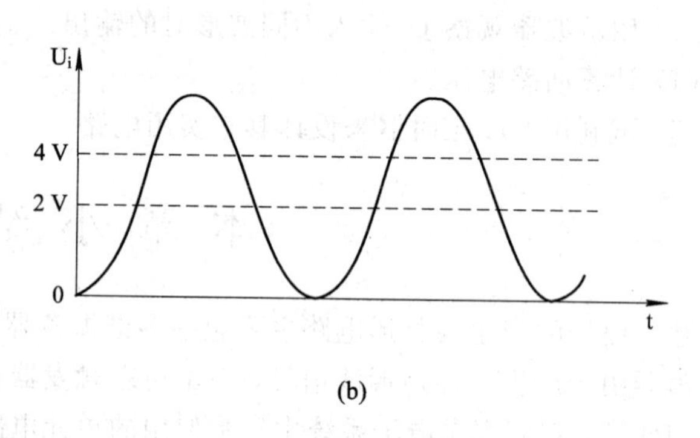

题8-3图

8-4 多谐振荡器的特点是什么？晶体多谐振荡器的特点是什么？

8-5 多谐振荡器有哪些用途？举出其3种以上的用途。

8-6 单稳态电路的工作特点及用途是什么？

8-7 电路如题8-7图所示，计算输出信号的周期。

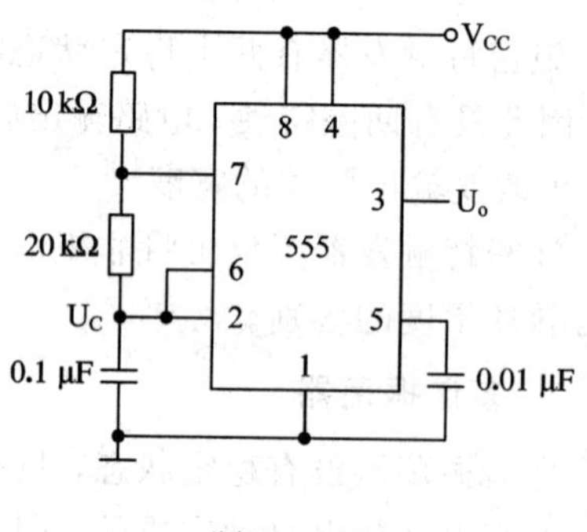

题8-7图

*8-8 试分析题8-8图示电路，要求：

(1) 画出 CP_1 的波形周期。

(2) 画出与 CP_1 对应的 Q_A、Q_B、Q_C 一个计数周期的波形。

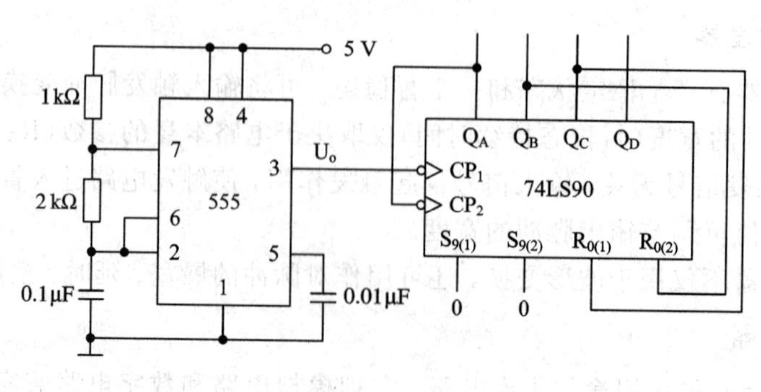

题8-8图

参 考 文 献

[1] 杨颂华. 数字电路与逻辑设计. 西安：西安电子科技大学出版社，2001
[2] 中国集成电路大全编委会. 中国集成电路大全：TTL 集成电路. 北京：国防工业出版社，1985
[3] 中国集成电路大全编委会. 中国集成电路大全：CMOS 集成电路. 北京：国防工业出版社，1985
[4] 康华光. 电子技术基础. 北京：高等教育出版社，1999
[5] 潘松，黄继业. EDA 实用教程. 北京：科学出版社，2002
[6] 郝波. 电子技术基础——数字电子技术. 西安：西安电子科技大学出版社，2002
[7] Thomas L. Floyd. 数字基础. 北京：科学出版社，2002
[8] 内山明治. 数字电路. 北京：科学出版社，2001